PÂTISSERIE
végétale

甜點教父
PIERRE
HERMÉ
純植物烘焙

作 者

皮耶‧艾曼
PIERRE HERMÉ

身為阿爾薩斯四代麵包師與糕點師的繼承者，皮耶‧艾曼的職涯從 14 歲時隨加斯頓‧雷諾特主廚（Gaston Lenôtre）工作時開啟。他對一切充滿好奇，是位靈感豐沛的創作者，「以愉悅作為唯一的指標」，他為糕點帶來品味和現代感。他的作品與無畏使其成為法國美食的重要代表人物。這位糕點師兼巧克力師將他的精湛技術、才華與創造力獻給全球各地所有美食家。

王李娜
LINDA VONGDARA

高端時尚造型設計師出身，王李娜隨後決定追求其一生的熱愛：烘焙。她學習、探索，接著希望能更加接近令其怦然心動的主題：大自然與植物界。她不斷升級實作與技術，重新創造了另一種烹飪方式。如今，她是一位烹飪作家，更是一位以專業人士為主要客群的純植物烘焙培訓師。

譯 者・審 訂 者

Ying C. 陳穎

高端甜點師轉身，華文世界首位以系列深度專文拆解法式甜點奧祕的作者。畢業於「廚藝界的哈佛」Ferrandi 高等廚藝學校，擁有台大商研所、荷蘭 Utrecht University 社會學與社會研究雙碩士學位與數年國際品牌行銷經歷。歷經巴黎米其林星級廚房 Le Meurice、Saint James Paris 及知名甜點店 Carl Marletti 等嚴格淬煉，擁有法國專業甜點師資格認證。

著有《法式甜點裡的台灣》、《法式甜點學》、《巴黎甜點師 Ying 的私房尋味》、《Paris for the Sweet Tooth》；譯有《比利時節慶經典烘焙》、《英式家庭經典烘焙》、《人氣甜點師的新穎傳統甜點藝術》。目前持續第一手引介與開拓法式甜點的專業知識與趨勢，作品散見各大媒體。同為巴黎社群媒體界知名意見領袖，攝影作品亦散見國際媒體。

Facebook：Ying C. 一匙甜點舀巴黎
Instagram：applespoon

Préface
前 言

近年來，烘焙界經歷了重大轉折。如果說 1960 年代，加斯頓‧雷諾特（Gaston Lenôtre）是最早透過深入研究與不斷再新的創造力，開發出不同糕點的人物之一；那麼今日，社群網絡和圖像的力量，則將甜點創作提升至藝術境界。但在視覺以外，甜點的核心仍然在於味道！例如維也納麵包中的優質奶油、卓越蛋糕中的牛奶、鮮奶油和雞蛋的味道。

「純植物烘焙」正在法國悄悄發展，但仍停留在好奇和嘗試的階段，以滿足少量的市場需求。或許是因為它在視覺上並不吸引人，又或是味道與我們熟悉的不同。我自己也是很晚才開始對純植物烘焙感興趣，因為不使用動物性食材的做法，在我的生活中並不具代表性。

我對這個領域的改觀，源於 2018 年在紐約的 ABCV 餐廳中發現了尚喬治‧凡傑利希登（Jean-Georges Vongerichten）主廚的菜餚；接著，在巴黎的 Land&Monkeys 商店開幕時，發現了荷道夫‧朗德曼（Rodolphe Landemaine）主廚的糕點。與過去的想法相去甚遠，這些純植物餐點與甜點超越想像，既精緻又美味，彷彿在我眼前開創了一個新的可能性領域。因此，我必須以與研究經典糕點相同的嚴謹及專業精神來研究純植物烘焙。

2020 年，我與巧克力之家（La Maison du Chocolat）合作時得到了這個機會，當時我必須設計兩款全新的巧克力甜點，並思考自己能為這個頂尖品牌帶來什麼突破。對正想嘗試新領域的我來說，「純植物糕點」似乎是顯而易見的選項，我可以延續尼可拉‧克盧瓦索（Nicolas Cloiseau）主廚[1] 此前推出的「幸福」（Bien-être）巧克力禮盒概念，提供另一種形式的甜點。

---

1 巧克力之家的主廚。

在想法與意願浮現後，接下來我必須讓它們成為現實，創造出全新的美味表達方式。因此，我開發了「沙漠玫瑰」（Rose des Sables）和「黑醋栗之花」（Fleur de Cassis）蛋糕，這在某種程度上，是我踏入純植物烘焙大門、想像未來，也或許是開創前路的一種方式。但僅靠製作兩款純植物甜點，並不足以了解這個嶄新宇宙的富饒。

創作時，永遠不要害怕面對未知，要敢於冒險。例如設定目標，寫出一本顛覆過往做法的書，也是探索這個領域的一種方式。就像挑戰一樣，我必須將自己從傳統規範中解放，才能深厚自己的知識、走出舒適區。

透過不斷地探索，能夠使我們致力尋找出更合適的方法，成功提出一個關於美食和情感的新敘事。但是，如何在不經正統訓練的狀況下，以合適且恰當的方式，將一門新學問轉為己用呢？研究純植物烘焙並非一朝一夕之功，必須深入了解食材，知道如何使用它們，並開發一種新思維方式來創造美味的食譜。簡而言之，我們必須忘記自己的基礎知識，向其他領域敞開心扉。

在純植物烘焙的世界中，目前為止並沒有表格或設定好的規則，能夠提供雞蛋、奶油或鮮奶油的同等替代物。所有的問題都圍繞在如何組合不同元素、找出良好折衷方案，將蛋糕成功製作出來。在這個仰賴經驗的世界，無數次或多或少的成功嘗試是必要的。多虧了與王李娜主廚的相遇，以及我的團隊在創作（研發）中的努力，才能讓我進一步獲得這些新知。

本書圍繞著我的哲學展開──以「愉悅」作為唯一的指標。在書中，我並不試圖重現奶油、雞蛋或鮮奶油的味道，而是想為您提供一個新的創意可能、一種新的品嚐方式。重點不在複製傳統糕點或維也納麵包的質地，而是開啟另一種觀點、另一種口味，或者另一種感官印象、製作方式。品嚐的過程中，我在轉瞬即逝的質地和風味裡，驚訝地發現了無限美味的創意。與眾不同的純植物糕點令人著迷，它們和經典糕點一樣美好、有時甚至更好。改變觀點、不斷進化，正是我的哲學理念之一。

在這部新作中，透過我對一些偉大經典的純植物詮釋，以及共同作者王李娜新穎的創作與食譜，邀請您一同來耕耘這種「與眾不同」。

皮耶・艾曼

Introduction
引 言

純植物烘焙和傳統糕點一樣，必須帶來美味和情感。這種烘焙的風格練習，是美食上的「烏力波（Oulipo）[2]」式潛能實驗，源自我們對生態與動物福利的關注，促使我們因此改變飲食習慣。這種嶄新的做法，無疑將動搖數世紀的烹飪傳統，發展成一門完整的學科與專業知識。這其中也包含質疑我們的文化遺緒，重新思考如何不使用那些在歷史中塑造了法式甜點的基本食材，重新定義配方。

在接受過傳統糕點製作的訓練後，我意識到純植物烘焙在實務知識上的缺乏，於是開始著手研究製作技巧與食譜，以及可以製作出完美「法式」糕點的方法。對我來說最重要的是，能夠透過一套完整的知識系統，為新專業領域的發展做出貢獻，同時，也能夠創造出與當今這個世界及其挑戰相符的甜點。

如果您想在純植物烘焙中找到雞蛋的代替品，請不要想像可以用奇亞籽或奇亞籽膠等輕鬆取代。這種能夠完全對應食材的解決方案，在社群網站上非常普遍，過度簡化了純植物烘焙的實際做法。直接替代會導致成品不那麼討人喜歡、也沒那麼美味……而我們真的想要製作出這樣的糕點嗎？還是別扭曲法國糕點之父安東尼·卡漢姆（Antonin Carême）和居勒·古菲（Julesgouffé）的精神了吧。

作為一個好學生，我重新開始上糕點技術的課程；而作為一個探索者，在老師、廚師、糕點師、麵包師、研究人員和工程師的陪伴下，我著手進行了一項持續大約六年的實驗，這也讓我如今能夠在我創立的學校

---

[2] 「L'Oulipo」或「L'OuLiPo」全名為「Ouvroir de littérature potentielle」，音譯為烏力波或烏力邦，是由一群作家、數學家、大學教授及心理分析師等創立的文學實驗團體，發祥於 1960 年代。成員們以條件限制的寫作法進行各種文字實驗，許多條件奠基於數學難題。著名成員包含小說家伊塔羅·卡爾維諾（Italo Calvino）與喬治·佩雷克（Georges Perec）等人。

Okara³ 中，分享這份逐步誕生的專業知識。就像武術一樣，每個流派都有其風格和奠基原則。因此，我希望建立一套方法、食譜與基礎元素，並賦予它們獨特的名稱，突顯這門學問的特色，如魔法蛋糕（moffa）、雷歐納海綿蛋糕（biscuit léonard）、艾爾巴奶餡（crème alba）、艾斯特奶餡（crème estérelle）或佛密可慕斯（mousse fomico）。

我相信奧古斯特・艾斯考菲（Auguste Escoffier）⁴ 描述的「簡單的好滋味」(« bongoût de la simplicité »)，他也寫道：「『簡單』並未排除美。」(« La simplicité n'exclut pas la beauté. »)⁵。在我的工作中，我始終希望能讓食譜更為純粹，頌揚食材的原始本味。對我來說，尊重這些珍貴的植物性食材很重要，它們取自大地，然後由我們職人的雙手轉化。即便純植物烘焙相當複雜，我仍選擇維持「大道至簡」。

正是帶著這樣的想法，我找到了對自己而言全球最好的糕點師：皮耶・艾曼，他的國際聲譽和才華無庸證明。為了讓純植物烘焙的領域獲得更大的進展，我需要一位才華洋溢的藝術家、一位能和我一起投入其中的代表性人物。而這本書，就是這樣誕生的。

王李娜

---

3 「Okara」來自日文的「おから」，即「豆渣」之意。
4 法國現代料理之父，是奠定整個西方餐飲系統發展的傳奇人物。他影響最深遠的幾個事蹟包括制定五種基礎醬汁、確立現代廚房團隊編制、簡化菜單，發明單點方式（à la carte menu）讓顧客依個人喜好單點菜餚等。繼名廚卡漢姆（Marie-Antoine Carême）之後，被稱為「廚師之王、王者之廚」(le roi des chefs et le chef des rois)。
5 奧古斯特・艾斯考菲主廚在其著作《烹飪指南》（Leguide culinaire : aide-mémoire de cuisine pratique）中，闡述因應逐漸繁忙的現代社會而生的「簡化哲學」（簡化不必要的流程、裝飾、元素等），認為當代烹飪藝術是符合顧客對快速的需求，保留食物的品質和美味最為基礎。本文引用的「簡單的好滋味」與「『簡單』並未排除美」出自1907年的第二版前言中。

Sommaire
目　次

前言 4
引言 6
純植物烘焙的成功關鍵 11

維也納麵包 Viennoiseries
指尖的誘惑 À manger du bout des doigts 16

布里歐許麵包 .... 18　　伊斯法罕可頌 32
肉桂布里歐許麵包捲 .... 22　　杏仁可頌 36
巴布卡麵包 .... 26　　開心果巧克力麵包 40
可頌麵包 29

旅人蛋糕 Gâteaux de voyage
出逃邀約 Invitation à l'évasion 44

無限克萊蒙橙長條蛋糕 .... 46　　布列塔尼酥餅 66
究極長條蛋糕 .... 50　　擠花餅乾 68
草莓長條蛋糕 .... 55　　弗洛迷你杏仁布丁塔 70
杏仁費南雪 .... 58　　西洋梨焦糖魔法蛋糕 73
四喜蛋糕 .... 60　　巧克力熔岩蒸蛋糕 76
巧克力熔岩蛋糕 63

巧克力多層蛋糕與夾心巧克力
Entremets chocolat et bonbons de chocolat
巧克力成癮 Chocolat addict 80

巧克力蕎麥塔 .... 82　　巧克力慕斯 105
厄瓜多單一產地無限巧克力塔 ... 87　　南瓜籽杏仁札塔帕林內夾心巧克力 ... 108
皇家帕林內巧克力蛋糕 .... 92　　杏仁咖哩帕林內夾心巧克力 .. 112
黑醋栗之花多層蛋糕 .... 96　　松露巧克力 116
沙漠玫瑰塔 101

〈本書使用說明〉
- 書內所有註解全為「譯註」。
- 所有烘烤程序，烤箱皆需預熱。

水果多層蛋糕與塔 Entremets aux fruits et tartes
果味甜蜜溫柔鄉 Douceurs fruitées 118

魔法花園塔 120	伊斯法罕馬卡龍多層蛋糕 141
無限柚子塔 124	維多利亞帕芙洛娃 145
無限胡桃塔 128	阿特拉斯花園巴巴 149
百香果芒果多層蛋糕 133	法式草莓蛋糕 154
覆盆子多層蛋糕 137	伊斯法罕巴巴 158

冰淇淋與雪酪 Glaces et sorbets
沁人心脾之樂 Plaisirs givrés 162

無限椰子冰淇淋 164	烏瑞亞雪酪 172
無限榛果帕林內冰淇淋 166	米蓮娜冰淇淋 175
無限馬達加斯加香草冰淇淋 170	

馬卡龍 Macarons
小確幸 Quelques grammes de bonheur 178

無限巧克力馬卡龍 180	無限榛果帕林內馬卡龍 190
無限柚子馬卡龍 184	沙漠玫瑰馬卡龍 194
無限玫瑰馬卡龍 187	無限胡桃馬卡龍 198

盤式甜點 Desserts à l'assiette
獨樂眾樂皆可樂 Desserts à partager... ou pas 202

之間——菲莉希雅 204	烏瑞亞盤式甜點 225
漂浮島 210	杏仁香草千層派 229
芒果椰奶米布丁漂浮島 213	2000 層派 233
香草與焦糖布里歐許法式吐司 216	無限巧克力千層派 239
厄瓜多單一產地巧克力風味、質地與溫度研究 220	無限杏仁義式奶酪 244

純植物烘焙的成功關鍵
Les points clés d'une pâtisserie végétale réussie

如果不先了解某些基礎知識和使用方法，就很難進行純植物烘焙。本篇介紹了開始動手前需要掌握的一些要點，在我看來，有三個必要主題：澱粉、乳化與烘烤。此外，本篇也提及糖的角色與風味。

澱粉 LES AMIDONS
基底與結構

無論是否含有麩質，穀物粉（farine）都是澱粉類產品，即含有澱粉。穀物粉中所含的澱粉和麩質，形成傳統與純植物糕點中的主要天然結構，因為它們可以增稠奶餡，並透過凝膠化使蛋糕成形。我們可以透過先水合穀物粉和/或澱粉，接著靜置至少20分鐘，使澱粉形成結構、優化效果。縱使看來驚人，但這兩種元素的存在，已在很大程度上取代了雞蛋及其凝結力。

有些澱粉（米穀粉、玉米澱粉、馬鈴薯澱粉）在潮濕、冷凍和儲存狀態時，或多或少都能保持穩定。所有純植物烘焙創作，即使是最要求高技術的糕點，都能利用這些天然澱粉，配合時間與專業知識製作。但為了提升速度、效率，有時還有穩定性，可以選擇使用玉米糖膠（gomme xanthane）、關華豆膠（gomme deguar）或果膠（pectine）等食用膠來加速這個過程。

若是製作無麩質產品,則有必要添加增稠劑(如亞麻籽、奇亞籽或洋車前籽)來代替麩質的膠黏作用。這樣可以保持足夠的黏彈性,使麵團能夠蓬鬆柔軟,並在烘烤後保持布里歐許麵包、海綿蛋糕或長條蛋糕(cakes)[6]的形狀及柔軟度。這些增稠劑對蛋糕麵糊的組織結構發揮重要作用。

乳化 ÉMULSIONS
油脂、風味與質地

油脂對香氣的產生不可或缺,它們也與組織結構有關。如果選擇液態油,奶餡會更具流動性、蛋糕會更柔軟。若使用在室溫下為固態的脂肪,如可可脂或椰子油,奶餡則會有更好的支撐力。另外還有蛋糕結構中的流心,以及藉著打發奶餡,使其充滿空氣感等概念。在固態脂肪中,可以使用去味椰子油來增強支撐力與化口性,同時不影響原有風味。少量使用可可脂,則能使乳霜質地更為明顯,也能幫助打發。艾斯特奶餡(crème estérelle)就是其中一例,其製作法的靈感來自於打發甘納許的過程。一般而言,固體脂肪物質能增稠奶餡,並且在低溫時會重新結晶,凝固後形成最終質地。

對品嚐過程中的感知和愉悅感來説,這些油脂的熔點也扮演著重要角色,例如:艾爾巴奶餡(crème alba)是一種含有去味椰子油的打發奶餡,可快速從固態轉變為液態,其熔點在 20°C 至 25°C 之間。它能在口中快速融化,給人留下並不油膩、非常輕盈的印象。相當於經典香緹鮮奶油(la chantilly)的艾斯特奶餡,由熔點在 37°C 左右的可可脂製成,因此在唇齒間縈繞時間更長,感覺更馥郁豐厚。因此,油脂的使用關乎不同的感官印象。

---

[6] 源自英國加了葡萄乾與果乾的蛋糕,「cake」在 1795 年左右以外來語的方式進入法國甜點詞彙中。目前在法國,「cake」特指使用長條型模具(moule à cake)烤出來的蛋糕,和中文直譯的「蛋糕」內涵有些許差異,也不同於英、美各種形狀的蛋糕都可稱之為「cake」的狀態。

所有植物油脂都可用於純植物烘焙，無論其在室溫下是液態或固態。如未去味椰子油或橄欖油具有風味優勢；葡萄籽油、花生油或葵花籽油等液態油則可增加柔軟度，且具有味道中性的優點。

值得注意的是，油脂必須在調製品中乳化，因為乳化物（即水和脂肪物質間的穩定混合物）對糕點的風味感知和最終結構影響重大。這一點對純植物烘焙的成功至關重要。

在傳統烘焙中，雞蛋和乳製品的存在就保證了良好的乳化，這歸功於它們天然的表面活性劑。相對地，在純植物烘焙中必須使用含有天然乳化劑的成分，如大豆製品（含有卵磷脂）或鷹嘴豆（粉狀）。其他天然成分如羽扇豆（lupin）[7]或亞麻籽也是乳化劑。還可以使用向日葵卵磷脂或植物纖維乳化劑，如特別用於冰淇淋的柑橘纖維（fibre d'agrumes）和亞麻纖維（fibre de lin），以穩定調製品的質地。請注意，增稠劑和膠凝劑將有助穩定乳化作用。

人造奶油（margarine）[8]是千層酥皮與維也納麵包的首選。它們像奶油一樣具可塑性，便於折疊，與可可脂不同，可可脂更適合製作不需折疊的布里歐許麵包。人造奶油味道中性之餘，還有讓海綿蛋糕柔軟、易塑型的優點。

7　別名魯冰花。

8　「Margarine」又稱乳瑪琳、瑪琪琳等。最早的人造奶油使用動物性油脂，1950 年代後則幾乎全為植物性油脂。人造奶油製作過程中可能需要把脂肪氫化，若氫化不完全，留下的不飽和脂肪將有部分轉為人造反式脂肪。但近年來製程進步，已有反式脂肪含量極低或零的植物奶油。台灣自 2018 年 7 月 1 日起，已全面禁用在食品中添加會產生人造反式脂肪的不完全氫化油。

烘烤 CUISSON
成形

最後一個關鍵點在於烘烤。有些簡單的規則需要遵守：烘烤蛋糕麵糊時，需要用更高的溫度、烘烤更長時間（如同烤麵包一般），然後使其冷卻、固定結構。請注意，成形的結構作用所需時間會依據蛋糕食材不同而有所變化，如雞蛋所製成的蛋糕，便和以小麥麵粉或無麩質粉類製作的純植物蛋糕成形時間不同。

糖 LES SUCRES
在甜點中扮演的角色

在傳統烘焙中，糖的選擇會影響質地、風味和保存。這些特性在純植物烘焙中也是相同的。但此中訣竅，是先將糖在植物奶中溶解，然後再加至粉類中，優化水合作用。

替換了這些食材後的風味？
風味元素與增味劑

少了雞蛋和奶油，水果和巧克力的風味表現往往更加濃郁。反之，對維也納麵包和布里歐許麵包來說，沒有奶油會減弱其風味，但前者的酥脆度與後者的輕盈質地，會使它們變得可口。

純植物烘焙的烘烤設定

蛋糕形狀	糕點類型	溫度設定	旋風設定	烘烤時間
在深、高的模具與烤圈中烘烤的大型蛋糕體	整模蛋糕 分層蛋糕（gâteaux à étages） 大型旅人蛋糕	160°C-180°C	無，或弱風	30 分鐘（6 人份蛋糕）至 2 小時（超過 30 人份的特大型蛋糕）
在下窄上寬的模具中烘烤的蛋糕體	巧克力布朗尼 堅果蛋糕 扁平狀的旅人蛋糕 高油脂含量的麵團/麵糊	180°C-200°C	弱風（巧克力麵糊）至中等風速（其他糕點）	15 至 20 分鐘
在烤盤中烘烤的薄片蛋糕	雷歐納海綿蛋糕 多層蛋糕（entremets）[9] 及蛋糕卷之蛋糕體	200°C	中等風速或強風	10 分鐘
單人份小蛋糕	迷你蛋糕 費南雪 瑪德蓮 單人份烘焙糕點	初始烤溫：220°C-240°C 根據食材大小，如有需要可將溫度降至 180°C 並繼續烘烤	中等風速或強風	高溫初始烘烤：2 到 5 分鐘 降溫後繼續烘烤：5 到 8 分鐘
餅乾與塔皮	餅乾 甜塔皮 不填餡空烤的塔皮	150°C-170°C	無，或弱風	15 至 30 分鐘（時間長短取決於烤溫），直至均勻上色
填餡烘烤的塔類	蘋果塔 水果塔	180°C-190°C	弱風或中等風速	30 至 45 分鐘，取決於使用的水果及餡料

9　多層蛋糕（entremets）指的是堆疊了蛋糕體與奶餡、慕斯、果醬等多種層次的法式蛋糕，此處指的是在此類蛋糕中使用的蛋糕體，可能是全蛋打發海綿蛋糕（biscuit génoise），也可能是手指餅乾（biscuit à la cuillère / ladyfingers）、達克瓦茲（dacquoise）或成功蛋糕（succès）。在法式甜點廚房中，會以大型烤盤烘烤後，再以模具裁切成所需形狀後組裝。而上方的分層蛋糕（gâteaux à étages），指的則是在深模（特別是圓形圈模）中烘烤後再分層切片、組裝的蛋糕體。

Viennoiseries

À manger du bout des doigts

維也納麵包

指尖的誘惑

作為奶油、新鮮雞蛋、酥脆金黃的千層酥皮之代名詞，維也納麵包總能滿足我的饞蟲。但若其主要成分——「奶油」從食譜中消失，這種象徵法國的味道和質地會有什麼變化呢？

純植物烘焙的維也納麵包，是一個能夠為其質地重新詮釋，帶來意想不到的輕盈和新鮮感的嶄新機會。我們通常很難不將純植物烘焙與傳統烘焙比較，但這種比較在此毫無必要。在整個產品開發過程中，我僅讓品嚐時的感官印象和愉悅引領著自己。

研發期間，須熟悉植物油、可可脂、卵磷脂和各種種子混合物，如奇亞籽或亞麻籽。儘管折疊和烘烤技術與純奶油製作的維也納麵包相同，但食材清單更長、更複雜。我們須努力尋找優質的天然食材，然後學會分配不同的作用，將其組合起來，並在適當的溫度與精確的順序下混合。

我必須跳脫思考框架、測試其他食譜，才能得到剛出爐的維也納麵包所帶來的金黃酥脆又柔軟的樂趣。但除了自己給的限制，創造力沒有極限。成功開發這些麵包產品，對我來說是一個全新挑戰。創造第一個布里歐許麵包食譜時，我不知道結果會如何，我也承認對此感到驚訝與困惑。這是我第一次體驗到純素布里歐許麵包那種瞬間消失、輕盈如絮的質地，幾乎是一次超現實的味覺體驗。第一次吃到可頌時，我的感受也類似如此。事實上，我從小就熟悉人造奶油，1950 年代，除了咕咕霍夫（kouglof）使用奶油，我的父親用人造奶油來製作所有的麵團。純植物烘焙讓我再次沉浸在這種極為特別的風味中，這是熟悉的童年味道。儘管我始終更偏好奶油，但無奶油可頌麵包的酥脆感仍深深攫住了我，讓我徹底忘記沒有奶油這件事。若再加上填餡，更大幅提升了風味和品嚐時的樂趣。

當然，對純植物烘焙的每一個作品而言，都不應該嘗試在其中找到傳統維也納麵包的滋味。這是一種截然不同的體驗，應從舌尖上的愉悅感和享受美食的角度來進行。

布里歐許麵包
Brioche

在我們第一批開發的食譜中，布里歐許麵包讓我難以忘懷。充分吸收水分的植物種子結合植物油，賦予它一種轉瞬即逝、令人難以置信的輕盈質地，讓人忘記其中不含奶油，同時完整保持了布里歐許的柔軟所帶來的愉悅感。

皮耶・艾曼

分量：3 個布里歐許

製作時間
3 小時
靜置時間
17 至 18 小時
烘烤時間
40 分鐘

水合綜合植物種子（前日準備）

10g 奇亞籽
10g 亞麻籽
10g 燕麥片
30g 礦泉水

在製作布里歐許麵團前 30 分鐘，以食物調理機將植物種子與燕麥片大致打碎混合，使它們能充分吸收水分。加入室溫礦泉水。

布里歐許麵團
（前日準備）

425g T45 麵粉 [10]
10g 葛宏德鹽之花
（fleur de sel deguérande）
65g 細砂糖
20g 新鮮酵母
310g 礦泉水
107.5g 可可脂（法芙娜）
107.5g 去味椰子油
60g 水合綜合植物種子
6g 向日葵卵磷脂

將去味椰子油與可可脂一同融化，然後在 25°C 的溫度下靜置備用。在適用少量食材的桌上型攪拌機裝上鉤型或葉片型攪拌頭，攪拌盆中放入事先過篩的麵粉、細砂糖、酵母與向日葵卵磷脂，以第一檔攪拌，一邊倒入約 70% 的礦泉水。持續以第一檔攪拌至麵團變稠。分兩次加入剩餘的水，兩次之間需等水被完全吸收、麵團變得更稠後再加水。當麵團脫離攪拌盆壁後，加入鹽之花、水合綜合植物種子，以及在 25°C 下靜置的融化可可脂與去味椰子油。以第二檔攪拌至麵團脫離攪拌盆壁。取出麵團放入調理盆中，以保鮮膜貼緊表面，在室溫下發酵 1 小時。稍微折疊一下麵團以排氣，放入冰箱發酵約 2 至 2.5 小時。取出麵團後再次折疊，放回冰箱發酵 12 小時。當麵團均勻冷卻後，即可進行加工和擀製，做成慕斯林布里歐許、南特布里歐許或吐司麵包形狀的布里歐許。

變化

慕斯林布里歐許

布里歐許麵團
適量人造奶油

收集 3 個直徑 10cm、高 12cm 的空罐頭 [11]。撕下罐上的紙標標籤，以清水洗淨，乾燥後刷上人造奶油，然後在 250°C 的烤箱中「燒」7 至 8 分鐘。從烤箱取出後，以乾淨的紗布清潔，模具就可以使用了。在底部塗上少許人造奶油，以 30x35cm 的烘焙紙鋪在模具內緣。將布里歐許麵團的四角向中央折疊，然後以雙手滾成重約 350g 的球狀。在每個模具中填入一球麵團，然後使用擀麵杖將模具底部的麵團輕輕壓平。在 28°C 的發酵箱中靜置 3 至 4 小時，直到麵團高出模具邊緣 1-2cm。將布里歐許放入已預熱的烤箱中，以 170°C 烘烤約 40 分鐘，每隔 10 分鐘稍微打開烤箱門幾秒，讓水氣散出。稍微冷卻後脫模。

---

10 法國麵粉分類和台灣不同，是以灰份質「T」（taux de cendres）的高低來區分，T 後面的數值越高，表示保留的礦物質（灰份質）越高，即穀粒研磨精製度越低。由於越接近小麥中心的胚乳其蛋白質含量越低，所以精製程度小的 T65 麵粉保留較多蛋白質、筋度較強，會用來製作麵包，而精製白麵粉 T45 則用在甜點、蛋糕類。

11 原文另標註規格為「4/4」（99mmx118mm，容量 850ml），即「4 人份」之意。

南特布里歐許

布里歐許麵團
適量人造奶油

準備 2 個尺寸為 14x8cm、高 8cm 的馬口鐵長條蛋糕模，塗上少許人造奶油。將麵團分成 12 份，每份 85g，一一捏成球狀。一個模具中放入 6 份麵團（分 2 排，每排 3 份），輕輕往下按壓入模。在 28°C 的發酵箱中靜置 2 小時。放入 160°C 的烤箱中烘烤約 45 分鐘，每隔 10 分鐘稍微打開烤箱門幾秒，讓水氣散出。稍微冷卻後脫模。

吐司型布里歐許

950g 布里歐許麵團
適量人造奶油

在尺寸為 50x8cm、高 8cm 的直邊長條蛋糕模上塗抹少許人造奶油。將麵團塑形為長條圓木狀，然後放入模具中，入模時輕輕往下按壓。在 28°C 的發酵箱中靜置 3 小時。放入 160°C 的烤箱中烘烤約 45 至 55 分鐘，每隔 10 分鐘稍微打開烤箱門幾秒，讓水氣散出。稍微冷卻後脫模。

肉桂布里歐許麵包捲
Brioche roulée à la cannelle

美味的肉桂布里歐許麵包捲適合在早餐或點心時間分享。它非常柔軟，用手即可輕鬆撕開每一塊。

王李娜

分量：2 個 6-7 人份的布里歐許

製作時間
3 小時
靜置時間
17 小時
烘烤時間
40 分鐘

水合綜合植物種子
（前日準備）

10g 奇亞籽

10g 亞麻籽

10g 燕麥片

30g 礦泉水

在製作布里歐許麵團前 30 分鐘，以食物調理機將植物種子與燕麥片大致打碎混合，使它們能充分吸收水分。加入室溫礦泉水。

布里歐許麵團
（前日準備）

425g T45 麵粉

10g 葛宏德鹽之花

65g 細砂糖

20g 新鮮酵母

310g 礦泉水

107.5g 可可脂（法芙娜）

107.5g 去味椰子油

60g 水合綜合植物種子

6g 向日葵卵磷脂

將去味椰子油與可可脂一同融化，然後在 25°C 的溫度下靜置備用。在適用少量食材的桌上型攪拌機裝上鉤型或葉片型攪拌頭，攪拌盆中放入事先過篩的麵粉、細砂糖、酵母與向日葵卵磷脂，以第一檔攪拌，一邊倒入約 70% 的礦泉水。持續以第一檔攪拌至麵團變稠。分兩次加入剩餘的水，兩次之間需等水被完全吸收、麵團變得更稠後再加水。當麵團脫離攪拌盆壁後，加入鹽之花、水合綜合植物種子，以及在 25°C 下靜置的融化可可脂與去味椰子油。以第二檔攪拌至麵團脫離攪拌盆壁。取出麵團放入調理盆中，以保鮮膜貼緊表面，在室溫下發酵 1 小時。稍微折疊一下麵團以排氣，放入冰箱發酵約 2 至 2.5 小時。取出麵團後再次折疊，放回冰箱發酵 12 小時。當麵團均勻冷卻後，即可進行加工和擀製。

肉桂布里歐許麵包捲

880g 布里歐許麵團

50g 人造奶油

60g 紅糖（sucre roux）[12]

10g 肉桂粉

少許豆漿或燕麥奶

在裝了葉片型攪拌頭的桌上型攪拌機鋼盆中，將人造奶油攪拌成膏狀質地。再加入糖與肉桂粉，攪拌至呈現乳霜狀。為直徑 16cm、高 6cm 的圈型模薄薄上油，然後將其放在鋪了烘焙紙的烤盤上備用。將布里歐許麵團分成兩塊。在撒了少許麵粉的工作檯上，以擀麵杖將每塊麵團擀成約 35x25cm 大、厚 7-8mm 的長方形。使用 L 型抹刀，在麵團上塗上一層極薄的人造奶油、肉桂與紅糖的混合物。然後將麵團從長邊捲起。以鋒利的刀，將捲起的麵團切成七等分。將 6 個麵包捲垂直排列在圈型模邊緣，然後將最後一捲放在中央。以少許豆漿或燕麥奶輕刷表面。在 28°C 下靜置發酵 2 小時。

---

[12] 每個國家的砂糖做法與分類不同。法國的「sucre roux」來源包含未經精煉的蔗糖（cassonade）與熬煮程度不一的甜菜糖（vergeoise），顏色也有淺（blond / blonde）和深（brun / brune）之分。讀者可依想呈現的風味與當地可得的糖種選擇，如台灣從二砂至黑糖皆可使用。

酥粒

50g T65 麵粉或糙米粉

50g 黃糖
（sucre cassonade blond）[13]

40g 冰涼的人造奶油

2g 葛宏德鹽之花

將所有食材放入調理盆中。以指尖略略混合所有食材，直到成為砂礫般的顆粒。放在冰箱中靜置備用。

烘烤與完工

烤箱開啟旋風功能，預熱至 170°C。將酥粒覆蓋肉桂布里歐許麵包捲頂端，然後將其放入烤箱，烘烤約 40 分鐘。稍微冷卻後脫模。

---

[13] 承第 23 頁譯註 12，這裡的「sucre cassonade blond」指的是未經精煉的蔗糖，呈現淺金黃色。台灣讀者可選用二號砂糖。

巴布卡麵包
Babka

巴布卡，一種源自波蘭的布里歐許麵包，近年來已成為麵包店的經典。我喜歡在這個極為清爽的版本裡，填入富含榛果的自製抹醬。

王李娜

分量：2個6人份的布里歐許

製作時間
3 小時
靜置時間
15 小時
烘烤時間
40 分鐘

水合綜合植物種子
（前日準備）

10g 奇亞籽

10g 亞麻籽

10g 燕麥片

30g 礦泉水

在製作布里歐許麵團前 30 分鐘，以食物調理機將植物種子與燕麥片大致研磨混合，使它們能充分吸收水分。加入室溫礦泉水。

布里歐許麵團
（前日準備）

425g T45 麵粉
10g 葛宏德鹽之花
65g 細砂糖
20g 新鮮酵母
310g 礦泉水
107.5g 可可脂（法芙娜）
107.5g 去味椰子油
60g 水合綜合植物種子
6g 向日葵卵磷脂

將去味椰子油與可可脂一同融化，然後在 25°C 的溫度下靜置備用。在適用少量食材的桌上型攪拌機裝上鉤型或葉片型攪拌頭，攪拌盆中放入事先過篩的麵粉、細砂糖、酵母與向日葵卵磷脂，以第一檔攪拌，一邊倒入約 70% 的礦泉水。持續以第一檔攪拌至麵團變稠。分兩次加入剩餘的水，兩次之間需等水被完全吸收、麵團變得更稠後再加水。當麵團脫離攪拌盆壁後，加入鹽之花、水合綜合植物種子，以及在 25°C 下靜置的融化可可脂與去味椰子油。以第二檔攪拌至麵團脫離攪拌盆壁。取出麵團放入調理盆中，以保鮮膜貼緊表面，在室溫下發酵 1 小時。稍微折疊一下麵團以排氣，放入冰箱發酵約 2 至 2.5 小時。取出麵團後再次折疊，放回冰箱發酵 12 小時。當麵團均勻冷卻後，即可進行加工和擀製。

完工

880g 布里歐許麵團
380g 榛果抹醬
200g 鏡面果膠，加入半量的礦泉水稀釋

塑形、烘烤與完工

為直徑 16cm 的圈型模薄薄上油，然後將其放在鋪了烘焙紙的烤盤上備用。將布里歐許麵團分成兩塊。在撒了少許麵粉的工作檯上，以擀麵杖將麵團擀成約 35x25cm 大、厚約 7-8mm 的長方形。使用 L 型抹刀，在麵團上塗上一層極薄的榛果抹醬。然後將麵團從長邊捲起。以一把鋒利、稍稍上油的刀，將麵包捲沿縱向從中央切成兩半。將兩半一上一下編成辮子狀，夾餡部分朝上，然後捲成蝸牛狀。輕輕地將捲好的麵團放在圈型模中心，在 28°C 的發酵箱中發酵 2 小時。烤箱開啟旋風功能，預熱至 170°C，烘烤約 40 分鐘。出爐時，趁熱在頂部刷上一層稀釋的鏡面果膠。稍微冷卻後脫模。

可頌麵包
Croissant

我們致力於在經典的可頌麵包中取得極好的鹽、糖平衡,這也成為其特色之一。純植物版本中保留了這種平衡,且其酥脆感是如此令人印象深刻,以至於比起可頌固有的、相當中性的味道來說更佔上風。這些感官印象讓我徹底成為其俘虜。

皮耶・艾曼

分量:10 個可頌

製作時間
4 小時
靜置時間
20 小時
烘烤時間
20 至 25 分鐘

可頌麵團(前日準備)
340g 高蛋白質 T45 麵粉
（farine degruau T45）[14]
25g 人造奶油
8g 葛宏德鹽之花
50g 細砂糖
8g 新鮮酵母
95g 礦泉水
66g 燕麥奶

在調理盆中,以打蛋器將鹽之花溶解於水和燕麥奶中。在裝了鉤型攪拌頭的桌上型攪拌機鋼盆中,倒入鹽之花、水與燕麥奶的混合物,接著加入所有其他食材,以第一檔揉合麵團 5 分鐘,然後以第二檔揉合 17 至 20 分鐘。揉麵結束時,麵團溫度須為 24-25°C。

1/ 揉麵結束後,將麵團塑形成緊實的球狀。以保鮮膜裹好,於 25°C 下靜置 1 小時。

2/ 將麵團放入冰箱冷藏 4 小時,接著擀成邊長 10cm 的正方形。

3/ 將麵團再次以保鮮膜裹好,放入冰箱靜置隔夜。

---

[14] 參照第 19 頁譯註 10,T 值雖和蛋白質含量有關,但不等同台灣習慣的「筋度」。法國的高筋麵粉「farine degruau」就是最好的案例。其蛋白含量需 ≥ 12.5%,麵粉強度(force boulangère W、W ratings)則需 ≥ 250;麵團保持空氣的能力 g 值(即膨脹值,Gonflementg)需 ≥ 20。這種高蛋白質精製麵粉適合布里歐許與麵包類,也會加在千層折疊麵團的基本揉合麵團(détrempe)中,增加麵團的延展性與強度。

可頌麵團擀製與塑形

可頌麵團（前頁食譜的全部分量）
215g 人造奶油（室溫 18-19°C）

將可頌麵團從冰箱中取出。以擀麵杖敲擊人造奶油，使其均勻呈方形。在撒了少許麵粉的工作檯上，將麵團擀成約為人造奶油兩倍大小的正方形。

包裹與折疊

將人造奶油放在麵團中央，然後將其完全包覆。包覆完成後，連續進行兩次單折（tour simple）[15]。將麵團放入冰箱中靜置 45 分鐘，然後再進行第三次、也是最後一次單折。將麵團放入冷凍庫中靜置 1 小時，然後擀開。

擀製、切分與塑形

在撒了少許麵粉的工作檯上，將麵團擀開至約 3mm 厚、30cm 寬。鬆弛麵團後，整齊切成 10 片底邊為 9cm 的三角形，每片約 85g。將可頌捲起，不要捲得太緊，讓麵團有充分發酵的空間，並將收口朝下方固定。將可頌放在鋪了烘焙紙的烤盤上，冷藏 2 小時。

刷液

50g 豆漿
15g 楓糖漿

混合豆漿與楓糖漿，放入冰箱備用。

烘烤與完工

從冰箱中取出烤盤，讓可頌在 28°C 的發酵箱中發酵 2 至 3 小時。烤箱開啟旋風功能，預熱至 190°C。將豆漿與楓糖漿混合液刷在可頌上，然後將其放入烤箱，溫度降至 170°C，烘烤 20 至 25 分鐘，每隔 8 分鐘將烤箱門稍微打開幾秒鐘，讓水氣散出。從烤箱取出後，移至不鏽鋼架上晾涼。

---

[15] 單折（tour simple）即將麵團分別由上往下、由下往上折 1/3，形成三層的平整麵團。

伊斯法罕可頌
Croissant Ispahan

除了可頌麵包的酥脆外,伊斯法罕可頌的風味來自玫瑰、覆盆子與荔枝的三重奏,沒有奶油使得它們的風味更加突出。

皮耶‧艾曼

分量:10 個可頌

製作時間
6 小時
靜置時間
18 小時
烘烤與烹煮時間
40 至 45 分鐘

可頌麵團(前日準備)
340g 高蛋白質 T45 麵粉
25g 人造奶油
8g 葛宏德鹽之花
50g 細砂糖
8g 新鮮酵母
95g 礦泉水
66g 燕麥奶

在調理盆中,以打蛋器將鹽之花溶解於水和燕麥奶中。在裝了鉤型攪拌器的桌上型攪拌機鋼盆中,倒入鹽之花、水與燕麥奶的混合物,接著加入所有其他食材,以第一檔揉合麵團 5 分鐘,然後以第二檔揉合 17 至 20 分鐘。揉麵結束時,麵團溫度須為 24-25°C。

1/ 揉麵結束後,將麵團塑形成緊實的球狀。以保鮮膜裹好,於 25°C 下靜置 1 小時。

2/ 將麵團放入冰箱冷藏 4 小時,接著擀成邊長 10cm 的正方形。

3/ 將麵團再次以保鮮膜裹好,放入冰箱靜置隔夜。

玫瑰杏仁膏（前日準備）

250g 65% 杏仁膏 [16]
1.5g 玫瑰萃取液（酒精萃取法）
數滴天然紅色色素

在裝了葉片型攪拌頭的桌上型攪拌機鋼盆中，將所有食材混合。在兩片塑膠片之間放上玫瑰杏仁膏，並以擀麵杖擀平。切出一片約 40x10cm 的長方形，接著裁切出 10 片底長 7cm、高 10cm 的三角形。將它們放在一張烘焙紙上，以保鮮膜覆蓋，存放於冷凍庫中備用。

糖煮覆盆子與荔枝

400g 覆盆子果泥
60g 細砂糖
10g 結蘭膠（gommegellane）
40g 糖水荔枝

瀝乾荔枝水分，略切數塊並儘可能地將糖漿擠出。混合細砂糖、結蘭膠與冰覆盆子果泥，然後一邊攪拌一邊煮至沸騰。關火後加入荔枝。在鋪了矽膠烘焙墊的托盤中放入約 20x10cm 的方框模具，倒入糖煮覆盆子與荔枝。於冰箱冷卻後凝固成形，然後切成 10 根 7x2cm 的長條。以保鮮膜包裹，放入冷凍庫中靜置備用。

可頌麵團擀製與塑形

可頌麵團（前頁食譜的全部分量）
215g 人造奶油（室溫 18-19°C）

將可頌麵團從冰箱中取出。以擀麵杖敲擊人造奶油，使其均勻呈方形。在撒了少許麵粉的工作檯上，將麵團擀成約為人造奶油兩倍大小的正方形。

包裹與折疊

將人造奶油放在麵團中央，然後將其完全包覆。包覆完成後，連續進行兩次單折。將麵團放入冰箱中靜置 45 分鐘，然後再進行第三次、也是最後一次單折。將麵團放入冷凍庫中靜置 1 小時，然後擀開。

擀製、切分與塑形

在撒了少許麵粉的工作檯上，將麵團擀開至約 3mm 厚、30cm 寬。鬆弛麵團後，整齊切成 10 片底邊為 9cm 的三角形，每片約 85g。在每個三角形麵團上放一片三角形的玫瑰杏仁膏，接著在上方放上一根糖煮覆盆子與荔枝長條。將可頌捲起，不要捲得太緊，讓麵團有充分發酵的空間，並將收口朝下方固定。將可頌放在鋪了烘焙紙的烤盤上，冷藏 2 小時。

---

16 杏仁膏由杏仁粉、糖粉與蛋白混合而成，65% 指的是杏仁粉比糖粉為 65:35 的比例。

刷液

50g 豆漿
15g 楓糖漿

混合豆漿與楓糖漿，放入冰箱備用。

糖漿淋面

250g 糖粉
50g 礦泉水

混合糖粉與礦泉水，放入冰箱中冷藏備用。

完工

糖漿淋面
50g 乾燥覆盆子脆片

烘烤與完工

從冰箱中取出烤盤，讓可頌在 28°C 的發酵箱中發酵 2 至 3 小時。烤箱開啟旋風功能，預熱至 190°C。將豆漿與楓糖漿混合液刷在可頌上，然後將其放入烤箱，溫度降至 170°C，烘烤 20 至 25 分鐘，每隔 8 分鐘將烤箱門稍微打開幾秒鐘，讓水氣散出。

從烤箱中取出並稍微冷卻。將可頌麵包的表面浸入糖漿淋面中，放在網架上，瀝除多餘淋面，然後撒上覆盆子脆片。移至不鏽鋼架上晾涼。

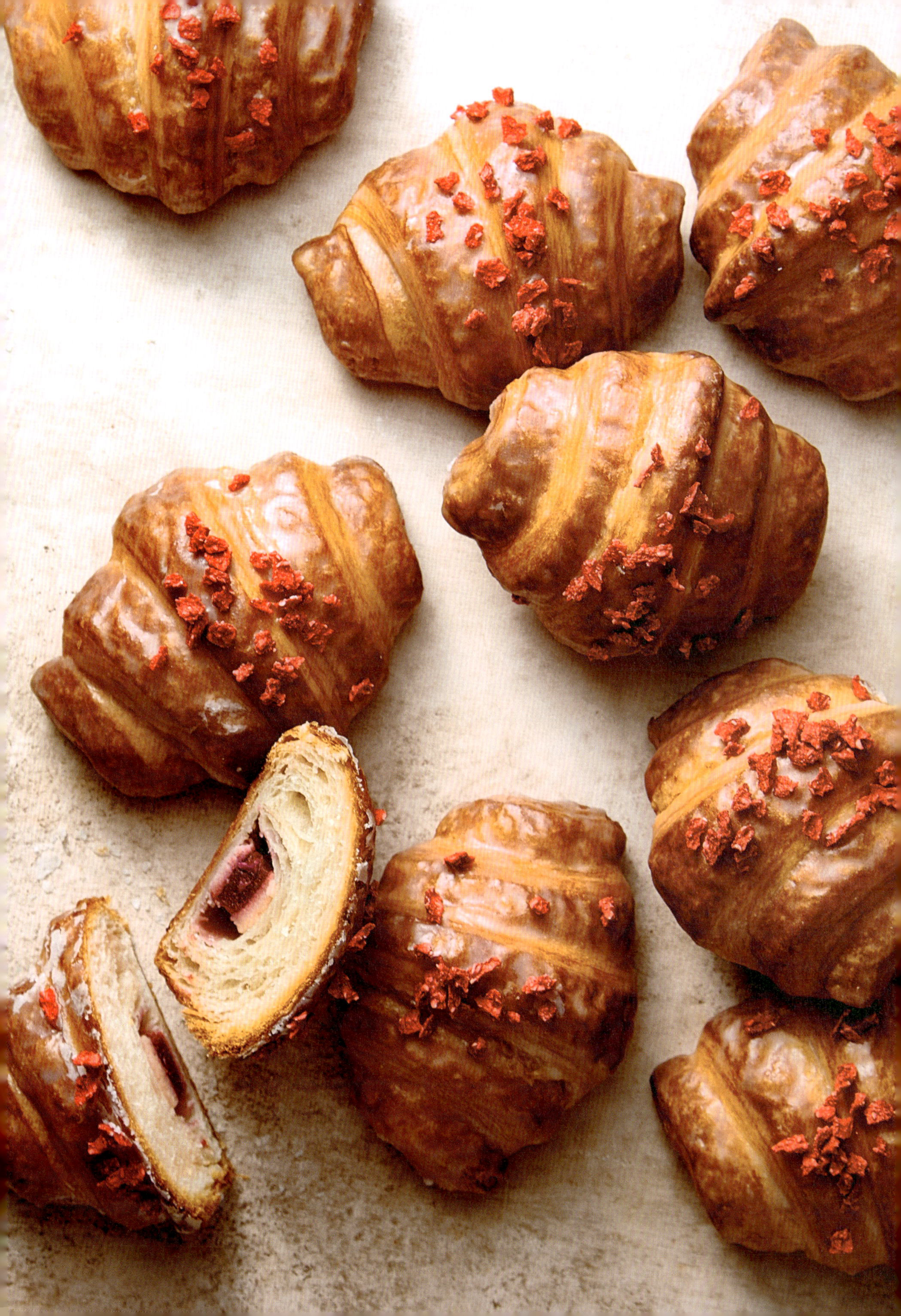

杏仁可頌
Croissants aux amandes

和伊斯法罕可頌一樣,這款可頌的風味和美味皆來自於杏仁膏,讓人遺忘奶油的缺席。由於不含動物脂肪,會更加突顯其他食材的風味,因此它必須品質優異。

皮耶‧艾曼

分量:10 個可頌

製作時間
6 小時
靜置時間
18 小時
烘烤與烹煮時間
30 至 40 分鐘

可頌麵團(前日準備)
340g 高蛋白質 T45 麵粉
25g 人造奶油
8g 葛宏德鹽之花
50g 細砂糖
8g 新鮮酵母
95g 礦泉水
66g 燕麥奶

在調理盆中,以打蛋器將鹽之花溶解於水和燕麥奶中。在裝了鉤型攪拌頭的桌上型攪拌機鋼盆中,倒入鹽之花、水與燕麥奶的混合物,接著加入所有其他食材,以第一檔揉合麵團 5 分鐘,然後以第二檔揉合 17 至 20 分鐘。揉麵結束時,麵團溫度須為 24-25°C。
1/ 揉麵結束後,將麵團塑形成緊實的球狀。以保鮮膜裹好,於 25°C 下靜置 1 小時。
2/ 將麵團放入冰箱冷藏 4 小時,接著擀成邊長 10cm 的正方形。
3/ 將麵團再次以保鮮膜裹好,放入冰箱靜置隔夜。

1260 糖漿或 30° 波美糖漿 [17]
（前日準備）

70g 細砂糖
65g 礦泉水

將水和砂糖煮沸，除去雜質，冷卻後裝入密封容器中，放入冰箱冷藏。

核桃與榛果軟心杏仁膏
（前日準備）

145g 帶皮核桃
145g 皮埃蒙（Piémont）產帶皮榛果
145g 帶皮整粒杏仁
370g 細砂糖
115g 1260 糖漿

以食物調理機將核桃、榛果、杏仁和細砂糖打碎混合。將此混合物倒入裝了葉片型攪拌頭的桌上型攪拌機鋼盆中，加入糖漿，以第一檔混合。放置冰箱中保存隔夜，取出後以擀麵杖將杏仁膏擀成 1cm 厚。裁切出 10 塊 1.5x4cm 的長方形。

可頌麵團擀製與塑形

可頌麵團（前頁食譜的全部分量）
215g 人造奶油（室溫 18-19°C）

將可頌麵團從冰箱中取出。以擀麵杖敲擊人造奶油，使其均勻呈方形。在撒了少許麵粉的工作檯上，將麵團擀成約為人造奶油兩倍大小的正方形。

包裹與折疊

將人造奶油放在麵團中央，然後將其完全包覆。包覆完成後，連續進行兩次單折。將麵團放入冰箱中靜置 45 分鐘，然後再進行第三次、也是最後一次單折。將麵團放入冷凍庫中靜置 1 小時，然後擀開。

擀製、切分與塑形

在撒了少許麵粉的工作檯上，將麵團擀開至約 3mm 厚、30cm 寬。鬆弛麵團後，整齊切成 10 片底邊為 9cm 的三角形，每片約 85g。在每個三角形麵團上放一塊長方形的杏仁膏。將可頌捲起，不要捲得太緊，讓麵團有充分發酵的空間，並將收口朝下方固定。將可頌放在鋪了烘焙紙的烤盤上，冷藏 2 小時。

---

17 「1260 糖漿」指的是該糖漿在沸騰時的密度值（Dencité）為「1260°D」，即每公升的水中約含有 1,260g 的糖。「波美度」（degré Baumé）則是一種透過密度間接測量溶濃度的單位。30° 波美糖漿，指該糖漿的波美度為 30°B。30°B 約等於 1260°D，可將 1,350g 的糖在 1 公升水中煮沸溶解成糖漿即得。1260 糖漿或 30° 波美糖漿，是法式甜點中用途廣泛的基礎糖漿，可混合烈酒製作浸潤蛋糕的酒糖液、刷在糕點外層增亮，也能用來稀釋翻糖糖霜，使其更易操作。

烘烤杏仁片

200g 去皮杏仁片

將杏仁片攤平在鋪了烘焙紙的烤盤上，放入烤箱以 170°C 烘烤 12 至 15 分鐘。

刷液

50g 豆漿
15g 楓糖漿

混合豆漿與楓糖漿，放入冰箱備用。

糖漿淋面

250g 糖粉
50g 礦泉水

混合糖粉與礦泉水，放入冰箱中冷藏備用。

完工

糖漿淋面
100g 烘烤杏仁片

烘烤與完工

從冰箱中取出烤盤，讓可頌在 28°C 的發酵箱中發酵 2 至 3 小時。烤箱開啟旋風功能，預熱至 190°C。將豆漿與楓糖漿混合液刷在可頌上，然後將其放入烤箱，溫度降至 170°C，烘烤 20 至 25 分鐘，每隔 8 分鐘將烤箱門稍微打開幾秒鐘，讓水氣散出。

從烤箱中取出並稍微冷卻。將可頌麵包的表面浸入糖漿淋面中，放在網架上，瀝除多餘淋面，然後撒上烘烤杏仁片。移至不鏽鋼架上晾涼。

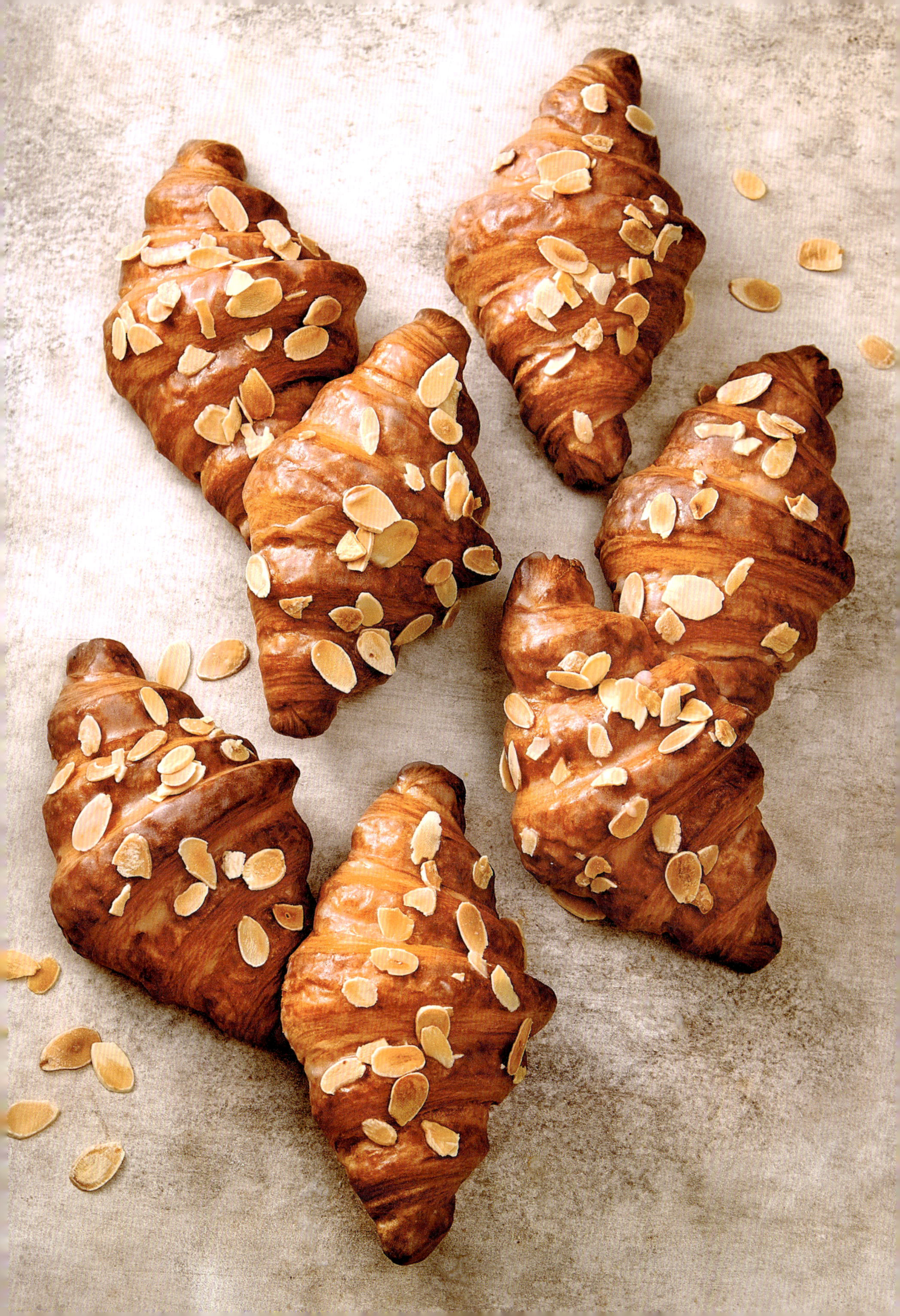

開心果巧克力麵包
Pain Chocolat et Pistache

在我們品牌的巧克力麵包中,填入的內餡是以巧克力與占度亞榛果巧克力（gianduja）混合製成。本食譜中,自製巧克力棒與開心果杏仁膏的風味組合,以及酥脆、輕盈的酥皮質地,完全帶出了維也納麵包的美味。

皮耶‧艾曼

分量：10 個巧克力麵包

製作時間
6 小時
靜置時間
18 小時
烘烤與烹煮時間
35 至 40 分鐘

可頌麵團（前日準備）

340g 高蛋白質 T45 麵粉
25g 人造奶油
8g 葛宏德鹽之花
50g 細砂糖
8g 新鮮酵母
95g 礦泉水
66g 燕麥奶

在調理盆中,以打蛋器將鹽之花溶解於水和燕麥奶中。在裝了鉤型攪拌頭的桌上型攪拌機鋼盆中,倒入鹽之花、水與燕麥奶的混合物,接著加入所有其他食材,以第一檔揉合麵團 5 分鐘,然後以第二檔揉合 17 至 20 分鐘。揉麵結束時,麵團溫度須為 24-25°C。

1/ 揉麵結束後,將麵團塑形成緊實的球狀。以保鮮膜裹好,於 25°C 下靜置 1 小時。
2/ 將麵團放入冰箱冷藏 4 小時,接著擀成邊長 10cm 的正方形。
3/ 將麵團再次以保鮮膜裹好,放入冰箱靜置隔夜。

巧克力棒

200g 64% 黑巧克力
（法芙娜孟加里 [Manjari] 64%）

先調溫黑巧克力，以保持其光澤度、柔滑與穩定性。將巧克力以鋸齒刀切碎，放入碗中，再放至單柄湯鍋中隔水加熱融化。以木匙輕輕攪拌，直到升溫至 50-55°C。將巧克力碗從單柄湯鍋中取出，放入另一個裝有水和 4、5 個冰塊的碗內。由於巧克力會開始在碗壁凝固，需不時攪拌，保持融化狀態。一旦降溫至 27-28°C，便將巧克力碗放回裝了熱水的單柄湯鍋中，同時密切監控溫度，溫度應落在 31-32°C 之間。此時巧克力已調溫完成。將調溫完成的巧克力倒入 20x10cm 的方框模具中，厚度為 1cm。以刀切出 20 根 1x8cm 的長條巧克力棒，放入冰箱中備用。您也可以從麵包店購買巧克力棒。

開心果杏仁膏

250g 65% 杏仁膏
25g 開心果醬
20g 去殼原味開心果

在鋪了烘焙紙的烤盤上，鋪上去殼開心果，注意果仁不要重疊。將其放入旋風烤箱中，以 150°C 烘烤 14 分鐘。完全冷卻後略略壓碎。在裝了葉片型攪拌頭的桌上型攪拌機鋼盆中，混合所有食材。完成後即刻使用。

切分開心果杏仁膏

將開心果杏仁膏鋪在兩片塑膠片之間，以擀麵杖壓至厚度約 1cm。裁切出 10 片 11x7cm 的長方形。將它們放在烘焙紙上，以保鮮膜覆蓋，放入冷凍庫中備用。

可頌麵團擀製與塑形

可頌麵團（前頁食譜的全部分量）
215g 人造奶油（室溫 18-19°C）

將可頌麵團從冰箱中取出。以擀麵杖敲擊人造奶油，使其均勻呈方形。在撒了少許麵粉的工作檯上，將麵團擀成約為人造奶油兩倍大小的正方形。

包裹與折疊

將人造奶油放在麵團中央，然後將其完全包覆。包覆完成後，連續進行兩次單折。將麵團放入冰箱中靜置 45 分鐘，然後再進行第三次、也是最後一次單折。將麵團放入冷凍庫中靜置 1 小時，然後擀開。

擀製、切分與塑形

在撒了少許麵粉的工作檯上，將麵團擀開成一個約 32x45cm、2.5mm 厚的長方形。鬆弛麵團後，整齊切成 10 片 16x9cm 的長方形。將長方形短邊向著自己擺放。在每塊麵團上方放上一片長方形杏仁膏與一根黑巧克力棒。將麵團從短邊覆蓋住第一根巧克力棒，然後放上第二根巧克力棒，接著捲起麵團，不要捲得太緊，使其有充分發酵的空間。將巧克力麵包放在鋪了烘焙紙的烤盤上，冷藏 2 小時。

開心果糖漿淋面

250g 糖粉
50g 礦泉水
12.5g 開心果醬

混合糖粉、水與開心果醬，放入冰箱中冷藏備用。

刷液

50g 豆漿
15g 楓糖漿

混合豆漿與楓糖漿，放入冰箱備用。

完工

開心果糖漿淋面
60g 精選去皮翠綠開心果碎
（pistaches émondées extra vertes et concassées）[18]

烘烤與完工

從冰箱中取出烤盤，讓巧克力麵包在 28°C 的發酵箱中發酵 2 至 3 小時。烤箱開啟旋風功能，預熱至 190°C。將豆漿與楓糖漿混合液刷在巧克力麵包上，然後將其放入烤箱，溫度降至 170°C，烘烤 20 至 25 分鐘，每隔 8 分鐘將烤箱門稍微打開幾秒鐘，讓水氣散出。

從烤箱中取出並稍微冷卻。將巧克力麵包表面浸入開心果糖漿淋面中，放在網架上瀝除多餘淋面，然後撒上精選去皮翠綠開心果碎。移至不鏽鋼架上晾涼。

---

18 此處的「pistaches émondées」，指的是將開心果去皮後氽燙保持翠綠顏色的處理程序。

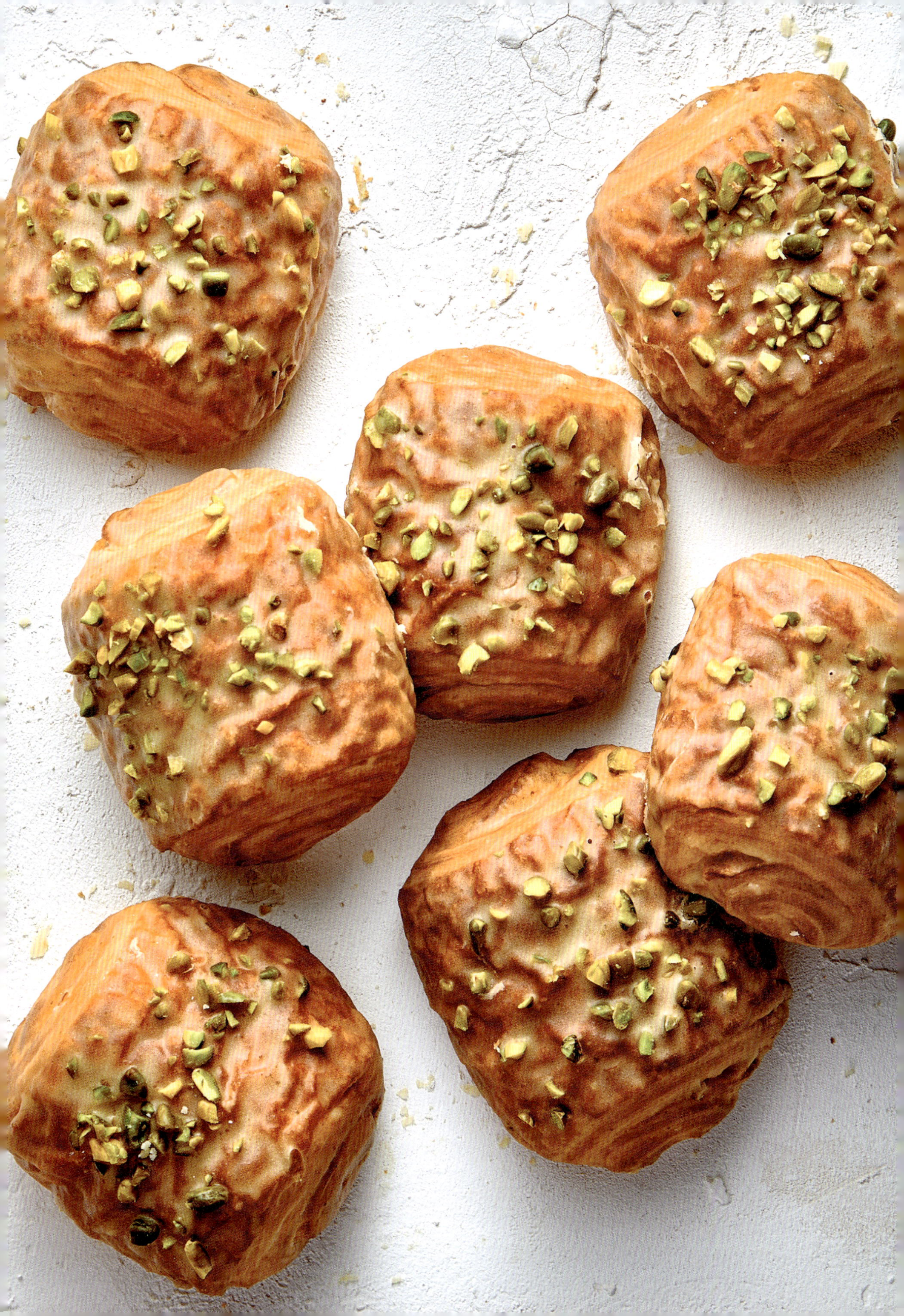

GÂTEAUX DE voyage

Invitation à l'évasion

旅人蛋糕

出逃邀約

就像維也納麵包一樣，長條蛋糕、費南雪或砂布列酥餅都擁用奶油和雞蛋所賦予的美味滋味——首先是風味，其次是化口的質地。因此，要找到這兩種基本食材的替代品並不容易。我們必須嘗試混合不同食材，再現這些旅人蛋糕中令人鍾愛的質地，並探索出能夠讓香氣發揮並持續的所需組合。

因此，要開發純植物食譜，必須先拆解傳統食材的預期作用，接著將那些能夠模仿其效果的食材組合起來。我試著忘記自己的經典之作，透過三階段得到新的思考機制：了解是什麼賦予傳統蛋糕結構與風味、熟悉包含天然添加劑在內的植物性食材系統、分析每種成分的特性。但是，在此階段，一切都還未固定下來，我們必須重新開發食譜、測試不同的組合，直到找到滿意的。因此，即便都是長條蛋糕，兩份蛋糕的食譜可能完全不一樣。

就奶油而言，以熔點為基準選擇不同的植物油相對容易。為每個食譜找到油脂的正確比例和組合也很重要。例如，風味中性的葡萄籽油提供油脂，和絹豆腐混合則能提供化口性。

但對雞蛋而言，這種做法就有風險。因為雞蛋是傳統糕點的基礎，能建立起製品的結構。蛋黃有乳化、黏合作用，使蛋糕麵糊變得柔軟；蛋白則和結構的穩定性有關。除了雞蛋，簡直別無他法！然而，我們可以重現蛋黃的乳化特性，例如混合馬鈴薯蛋白與水。

以究極長條蛋糕（Cake Ultime）為例，我們使用綜合植物種子來調整質地，以豆漿和絹豆腐來調整水分。相較之下，無限克萊蒙橙長條蛋糕（Cake Infiniment Clémentine）的食材組合完全不同，其中含有馬鈴薯蛋白、葡萄籽油和人造奶油，但不含綜合植物種子；製作莓果類蛋糕時選擇糖煮水果；製作費南雪時，則需要混合植物油、植物奶和杏仁粉，才能得到想要的質地。

每一道食譜，都是一次創作！這些旅人蛋糕在品嚐時帶來的愉悅感和濃郁風味，和經典配方一樣怡人。

無限克萊蒙橙長條蛋糕
Cake Infiniment Clémentine

選擇與組合食材,使純植物長條蛋糕擁有眾人喜愛的柔軟質地,對開發這類蛋糕食譜來說是非常重要的工作。儘管比起經典蛋糕,組織更緊實、沒有那麼蓬鬆,但具有極為美味的濕潤與化口質地。

皮耶・艾曼

分量:4 條蛋糕

製作時間
3 小時
靜置時間
14 小時
烘烤與烹煮時間
2 小時 40 分鐘

自製淺漬克萊蒙橙
(前日準備)
2 顆科西嘉有機克萊蒙橙
500g 礦泉水
250g 細砂糖

以鋸齒刀切除克萊蒙橙頭尾兩端,然後從上至下切成四等分。連續汆燙三次:放入大量沸水中,煮沸 2 分鐘,接著以冷水沖洗。再次重複以上操作兩次,瀝乾水分。將細砂糖與礦泉水混合並煮沸,製成糖漿。加入克萊蒙橙,蓋上蓋子煮以維持其柔軟度,維持微沸狀態以文火慢燉約 2 小時。離火後繼續浸在糖漿中,在冰箱靜置隔夜。取出後以篩網瀝乾糖漿 1 小時。放入冰箱備用。

克萊蒙橙糖漿

155g 礦泉水

125g 細砂糖

10g 科西嘉有機克萊蒙橙橙皮屑

60g 科西嘉有機克萊蒙橙橙汁

將水和細砂糖在單柄湯鍋中煮沸，加入橙皮屑，靜置 30 分鐘，加入橙汁。使用糖漿浸潤蛋糕時，糖漿溫度應該保持在 40°C 左右。如溫度不足，可稍微加熱。

克萊蒙橙蛋糕麵糊

476g T55 麵粉

27g 泡打粉

5g 葛宏德鹽之花

175g 杏仁粉

300g 科西嘉有機克萊蒙橙橙汁

100g 礦泉水

11g 馬鈴薯蛋白

11g 柑橘纖維（fibres d'agrumes）

127g 葡萄籽油 / 芥花油 / 花生油（自行選擇）

160g 人造奶油

360g 糖粉

10g 科西嘉有機克萊蒙橙橙皮屑

120g 自製淺漬克萊蒙橙丁

將麵粉和泡打粉一同過篩，加入鹽之花和杏仁粉混勻，取 1/3 用來包覆淺漬克萊蒙橙丁。在裝了葉片型攪拌頭的桌上型攪拌器鋼盆中，將人造奶油、糖粉和橙皮屑一起打發。將馬鈴薯蛋白、柑橘纖維、礦泉水和橙汁以手持均質機均質，接著倒入植物油，再次均質使其完全乳化。將乳化液、打發的人造奶油與糖粉、橙皮屑一同倒入調理盆中，以打蛋器攪拌後，加入剩下的粉類混合物，混拌均勻，然後加入裹粉的淺漬克萊蒙橙丁。混合均勻後立刻使用。

入模

適量人造奶油

100g 葡萄籽油 / 芥花油 / 花生油（自行選擇）

入模與烘烤

為 4 個尺寸為 14x8cm、高 8cm 的馬口鐵長條蛋糕模薄薄上油，並在其中填入 450g 蛋糕麵糊。事先以烘焙紙折出三角錐形擠花袋並浸在油中，以此在每條蛋糕的中央縱向劃出痕跡，使蛋糕在烘烤過程中能充分膨脹。將蛋糕放入烤箱，開啟旋風功能，先以 180°C 烘烤 10 分鐘，然後以 160°C 繼續烘烤 30 分鐘。以小刀刺入蛋糕中確認是否已烤熟，若已烤熟，將其脫模並放在網架上。靜置冷卻 15 分鐘，接著以克萊蒙橙糖漿浸潤。

浸潤糖漿

將蛋糕放在網架上,網架下方放置一個烤盤或托盤。以勺子舀起 40°C 左右的糖漿,淋 3 勺在蛋糕上。瀝乾 30 分鐘後進行最後裝飾。

克萊蒙橙糖漿淋面
100g 糖粉
1 顆科西嘉有機克萊蒙橙橙皮屑
20g 科西嘉有機克萊蒙橙橙汁
10g 黃檸檬汁

混合所有食材,加熱至 40°C 使用。

完工

烤箱開啟旋風功能,預熱至 160°C。在蛋糕上淋上克萊蒙橙糖漿淋面,然後將其放入烤箱中烘烤 3 分鐘。蛋糕靜置放涼後保存在冰箱中,享用前 1 小時從冰箱中取出。

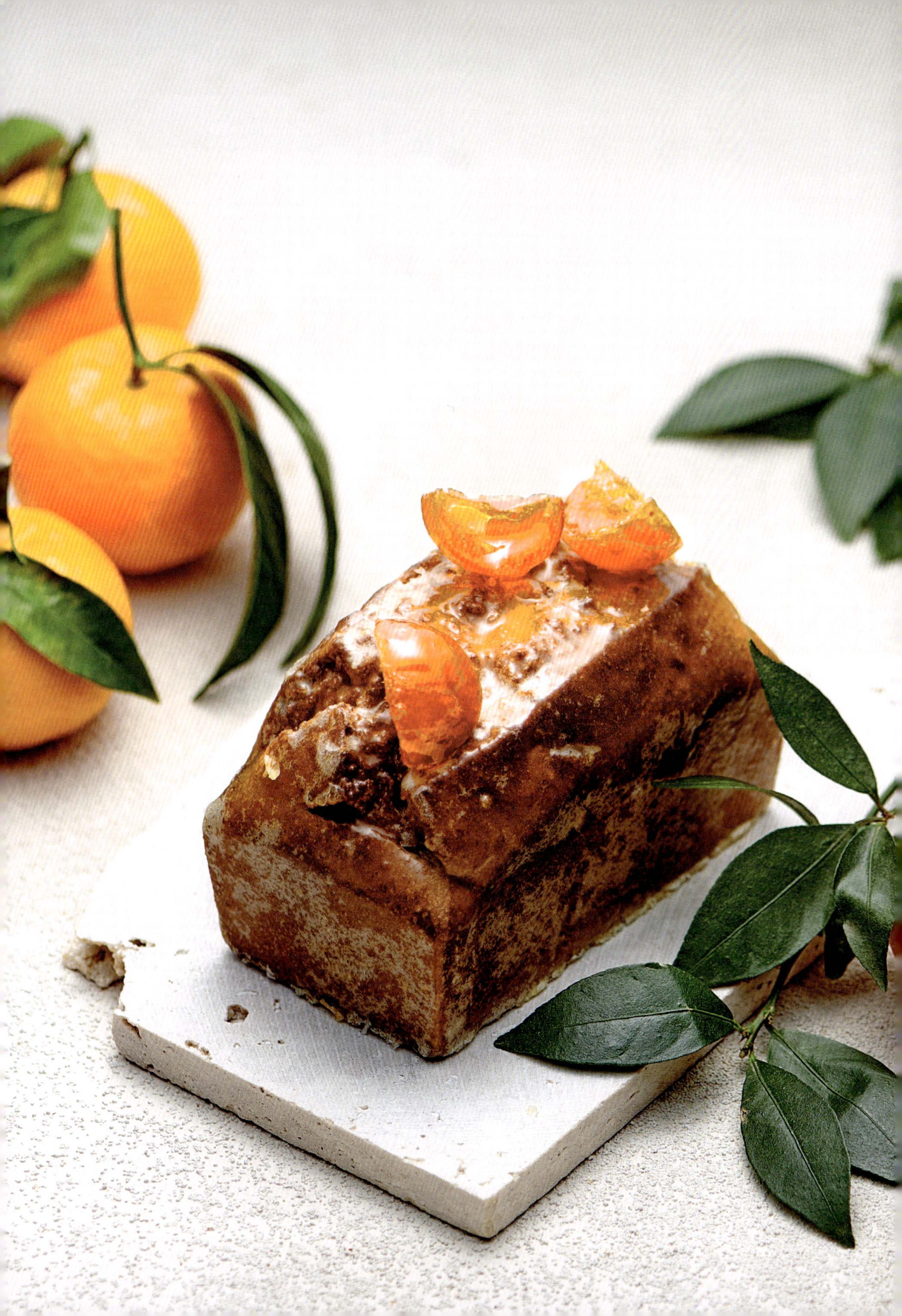

究極長條蛋糕
Cake Ultime

究極長條蛋糕風味之純正讓我非常驚訝，香草和巧克力的二重奏表現得更為濃郁、始終處在完美平衡。蛋糕組織稍微更緊實緻密一些，滋味無限。

皮耶・艾曼

分量：4 至 5 條蛋糕

製作時間
3 小時
靜置時間
1 小時
烘烤與烹煮時間
1 小時

鹽之花貝里斯巧克力方塊
250g 64% 黑巧克力
（法芙娜 Xibun Pur Bélize 64%）
5g 葛宏德鹽之花
2g 香草粉

以擀麵杖將鹽之花結晶顆粒壓碎，然後以中或細網目篩網過篩，留下最細的顆粒。先調溫黑巧克力，以保持其光澤度、柔滑與穩定性。將巧克力以鋸齒刀切碎，放入碗中，再放至單柄湯鍋中隔水加熱融化。以木匙輕輕攪拌，直到升溫至 50-55°C。將巧克力碗從單柄湯鍋中取出，放入另一個裝有水和 4、5 個冰塊的碗內。由於巧克力會開始在碗壁凝固，需不時攪拌，保持融化狀態。一旦降溫至 27-28°C，便將巧克力碗放回裝了熱水的單柄湯鍋中，同時密切監控溫度，溫度應落在 31-32°C 之間。此時巧克力已調溫完成。混拌入鹽之花和香草粉。

在一張塑膠片上，將調溫後的鹽之花巧克力倒入一個方形或長方形不鏽鋼圈中攤平，厚度約 1cm。放入冰箱並讓其結晶至少 1 小時，隨後以刀切出邊長 1cm 的方形，將其彼此分開，避免互相沾黏。待完全結晶後即刻使用，或置於密封容器中於冰箱冷藏保存。

香草糖漿

325g 礦泉水

250g 細砂糖

1 根馬達加斯加香草莢，剖半取籽

40g 天然香草精

將所有食材在單柄湯鍋中一起煮沸，浸泡至少 30 分鐘。使用糖漿浸潤蛋糕時，糖漿溫度應在 40°C 左右。如溫度不足，可稍微加熱。

自製增稠劑

30g 黃金亞麻籽

17.5g 奇亞籽

7.5g 洋車前子

以食物調理機將所有食材一起研磨成粉末並即刻使用。

香草蛋糕麵糊

250g T55 麵粉

11g 泡打粉

2g 葛宏德鹽之花

12.5g 香草粉

25g 自製增稠劑

150g 豆漿

200g 絹豆腐

5g 蘋果醋

10g 天然香草精

150g 細砂糖

120g 花生油

將麵粉和泡打粉一起過篩；加入鹽之花、香草粉和增稠劑。以食物調理機將先前的混合物與豆漿、絹豆腐、蘋果醋和天然香草精研磨混合。先混合 1 分 30 秒，接著加入砂糖混合 2 分鐘，再加入花生油混合 30 秒。完成後即刻使用。

巧克力蛋糕麵糊

250g T55 麵粉

11g 泡打粉

25g 可可粉（法芙娜）

2g 葛宏德鹽之花

25g 自製增稠劑

150g 豆漿

200g 絹豆腐

5g 蘋果醋

150g 細砂糖

120g 花生油

將麵粉和泡打粉、可可粉一起過篩；加入鹽之花和增稠劑。以食物調理機將先前的混合物與豆漿、絹豆腐和蘋果醋研磨混合。先混合 1 分 30 秒，接著加入砂糖混合 2 分鐘，再加入花生油混合 30 秒。完成後即刻使用。

入模

適量人造奶油

100g 葡萄籽油 / 芥花油 / 花生油（自行選擇）

入模與烘烤

為 4 個尺寸為 14x8cm、高 8cm 的馬口鐵長條蛋糕模薄薄上油。使用 2 個不裝擠花嘴的擠花袋，在模具中填入 100g 巧克力蛋糕麵糊，然後在上方填入 100g 香草蛋糕麵糊。撒上 40g 的鹽之花貝里斯巧克力方塊，再次以擠花袋擠入 75g 巧克力蛋糕麵糊，然後擠入 75g 香草蛋糕麵糊。事先以烘焙紙折出三角錐形擠花袋並浸在油中，以此在每條蛋糕的中央縱向劃出痕跡，使蛋糕在烘焙過程中能充分膨脹。將蛋糕放入已預熱的烤箱，開啟旋風功能，以 160°C 烘烤 45 分鐘。以小刀刺入蛋糕中確認是否已烤熟，若已烤熟，將其脫模並放在網架上。靜置冷卻 15 分鐘，接著以香草糖漿浸潤。

浸潤糖漿

將蛋糕放在網架上，網架下方放置一個烤盤或托盤。以勺子舀起 40°C 左右的糖漿，淋 3 勺在蛋糕上。充分瀝乾後進行最後裝飾。

黑巧克力淋面

200g 法芙娜黑巧克力淋面膏（pâte àglacer noire）

100g 72% 黑巧克力（法芙娜阿拉瓜尼 [Araguani] 72%）

15g 葡萄籽油

將淋面膏和黑巧克力放入玻璃容器中，以隔水加熱或微波方式，在 45°C 下融化。加入葡萄籽油。倒入密封容器中，於冰箱中冷藏保存。使用溫度在 40-45°C 之間。

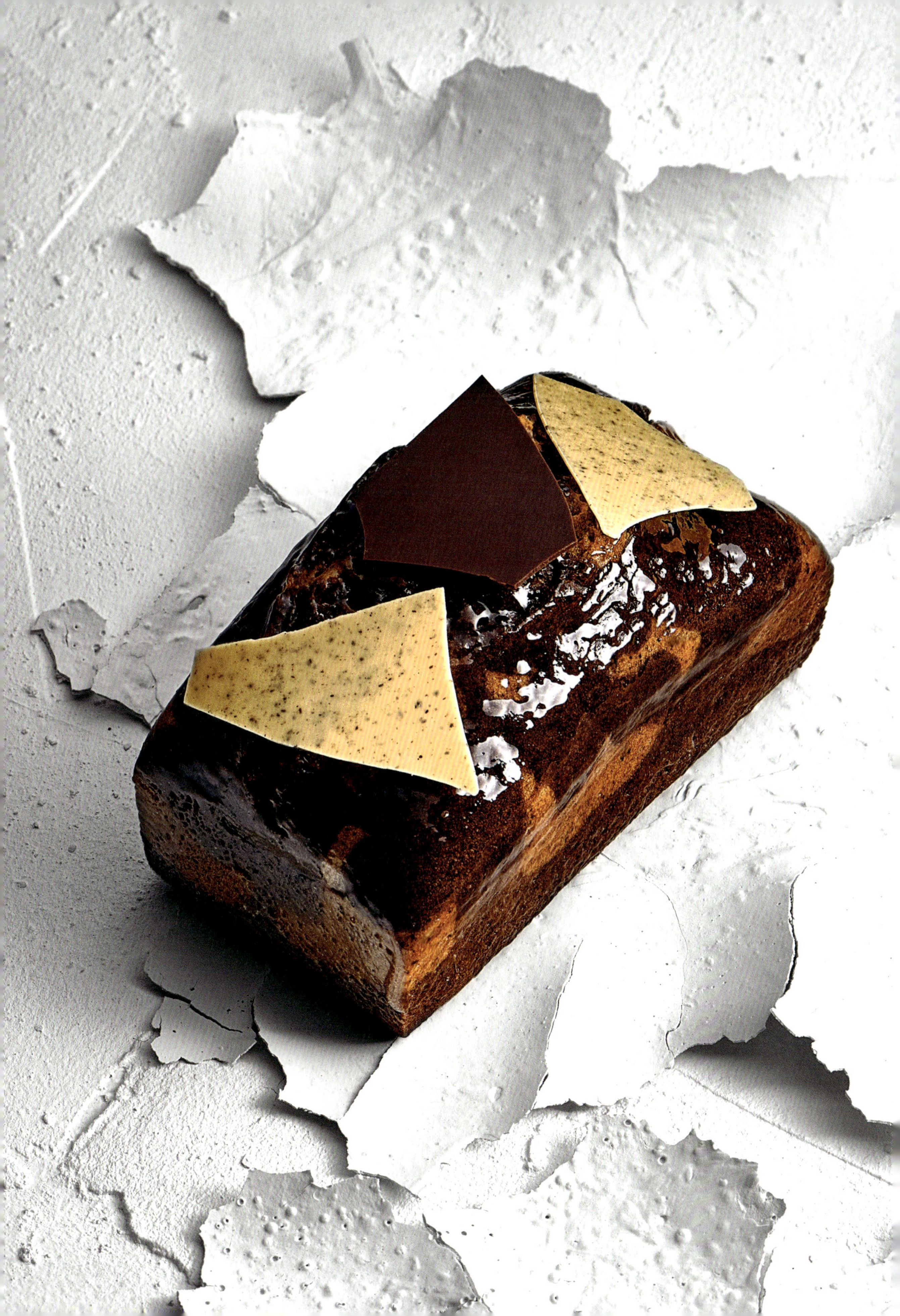

香草白巧克力飾片
100g 白巧克力（法芙娜）
1g 香草粉

先調溫巧克力，以保持其光澤度、柔滑與穩定性。將巧克力以鋸齒刀切碎，放入碗中，再放至單柄湯鍋中隔水加熱融化。以木匙輕輕攪拌，直到升溫至 45-50°C。將巧克力碗從單柄湯鍋中取出，放入另一個裝有水和 4、5 個冰塊的碗內。由於巧克力會開始在碗壁凝固，需不時攪拌，保持融化狀態。一旦降溫至 26-27°C，混拌入香草粉。將巧克力碗放回裝了熱水的單柄湯鍋中，同時密切監控溫度，溫度應落在 28-29°C 之間。此時巧克力已調溫完成。在一張塑膠片上，將調溫後的香草白巧克力薄薄地鋪開，蓋上第二張塑膠片並壓上重物，以防止巧克力結晶時變形。放入冰箱中冷藏保存。

鹽之花巧克力飾片
200g 黑巧克力
（法芙娜莎蒂麗雅 [Satilia] 62%）
3.6g 葛宏德鹽之花

以擀麵杖將鹽之花結晶壓碎，然後以中或細網目篩網過篩，保留最細的結晶顆粒。先調溫巧克力，以保持其光澤度、柔滑與穩定性。將巧克力以鋸齒刀切碎，放入碗中，再放至單柄湯鍋中隔水加熱融化。以木匙輕輕攪拌，直到升溫至 50-55°C。將巧克力碗從單柄湯鍋中取出，放入另一個裝有水和 4、5 個冰塊的碗內。由於巧克力會開始在碗壁凝固，需不時攪拌，保持融化狀態。一旦降溫至 27-28°C，便將巧克力碗放回裝了熱水的單柄湯鍋中，同時密切監控溫度，溫度應該落在 31-32°C 之間。此時巧克力已調溫完成。混拌入壓碎的鹽之花。在一張塑膠片上，薄薄地平鋪上調溫後的鹽之花巧克力，厚度約 1mm。蓋上第二張塑膠片並壓上重物，以防止巧克力結晶時變形。放入冰箱並讓其結晶至少 1 小時。將鹽之花巧克力塊大略壓碎成 5-7cm 的小塊用於裝飾。裝入密封容器中，於冰箱冷藏保存。

完工
以溫度計或電子探針輔助，在 40-45°C 下融化黑巧克力淋面。將蛋糕放在網架上，網架下方放置一個烤盤或托盤。均勻地淋上黑巧克力淋面，確認覆蓋蛋糕整體。在淋面完全凝固之前，在每個蛋糕上放 2 片香草巧克力飾片及 1 片鹽之花巧克力飾片。靜置至淋面凝固，然後存放於冰箱。食用前 1 小時將蛋糕從冰箱取出，於室溫時品嚐。

草莓長條蛋糕
Cake à la fraise

這個蛋糕柔軟且化口,突顯了我最喜歡的水果——草莓。為了讓蛋糕風味更為明顯,以橄欖油和檸檬皮屑稍稍增香。

王李娜

分量:2 條 6 人份的蛋糕

製作時間
2 小時
靜置時間
20 分鐘
烘烤與烹煮時間
55 分鐘

草莓大理石紋凝膠

200g 草莓果泥

120g 細砂糖

2g 洋菜粉

20g 馬鈴薯澱粉

在一個小型單柄湯鍋中,混合所有食材並以小火煮沸。製成的凝膠冷卻後裝入擠花袋中,於室溫中保存備用。

酥粒

25g T65 麵粉或胚芽米粉
（farine de riz semi-complète）[19]

25g 細砂糖

1g 葛宏德鹽之花

10g 去味椰子油

10g 豆漿

食材皆需以冰涼狀態操作。以指尖在小碗大致混合所有食材，不要過度融合，成為砂礫般的顆粒即可。將完成的酥粒放入冰箱中冷藏備用。

草莓蛋糕麵糊

15g 亞麻籽

150g 草莓果泥

200g 絹豆腐或豆乳優格

165g 黃糖

2g 有機檸檬皮屑

250g 高蛋白質 T45 麵粉

10g 泡打粉

80g 葡萄籽油

40g 橄欖油

以食物調理機研磨亞麻籽與草莓果泥，直到成為光滑細膩的凝膠狀。然後加入絹豆腐或豆乳優格、糖和檸檬皮屑，再次混合打勻。將混合物倒入碗中，一次性加入事先過篩的麵粉。以打蛋器混拌均勻，在室溫下靜置至少 20 分鐘。麵糊鬆弛後，加入泡打粉，接著緩緩加入葡萄籽油與橄欖油，使其乳化。以攪拌器攪拌至質地完全均勻。

入模

60g 整粒草莓

入模與烘烤

烤箱開啟旋風功能，預熱至 170-180°C。為 2 個 14cm 長的馬口鐵長條蛋糕模上油並撒上麵粉。模具中倒入 1/3 的蛋糕麵糊，以擠花袋擠上草莓大理石紋凝膠，然後再次倒入蛋糕麵糊。重複倒入蛋糕麵糊與擠上草莓大理石紋凝膠。將草莓切成大塊，放在麵糊頂端，再壓入一半至麵糊中。將酥粒從冰箱中取出，撒滿整個表面。將蛋糕烘烤 45 至 50 分鐘至呈現金黃色。以刀尖確認是否烤熟。蛋糕微溫時脫模，完全冷卻後即可享用。

注意：在本食譜中，油脂和富含大豆蛋白的基底（豆腐或優格）混合物使麵糊柔軟，並確保其質地均勻。靜置麵糊非常重要，如此才能形成網狀結構、產生黏性。澱粉的膠凝作用能使烘烤後蛋糕質地柔軟且化口。麵筋和澱粉在此取代了雞蛋，形成蛋糕結構；大豆卵磷脂則具乳化功能。

---

[19] 糙米去掉米糠後，剩下仍帶有胚乳及胚芽的米粒即為胚芽米。其口感、營養成分和顏色介於糙米及白米之間，因此也稱「半糙米」（riz semi-complète）。

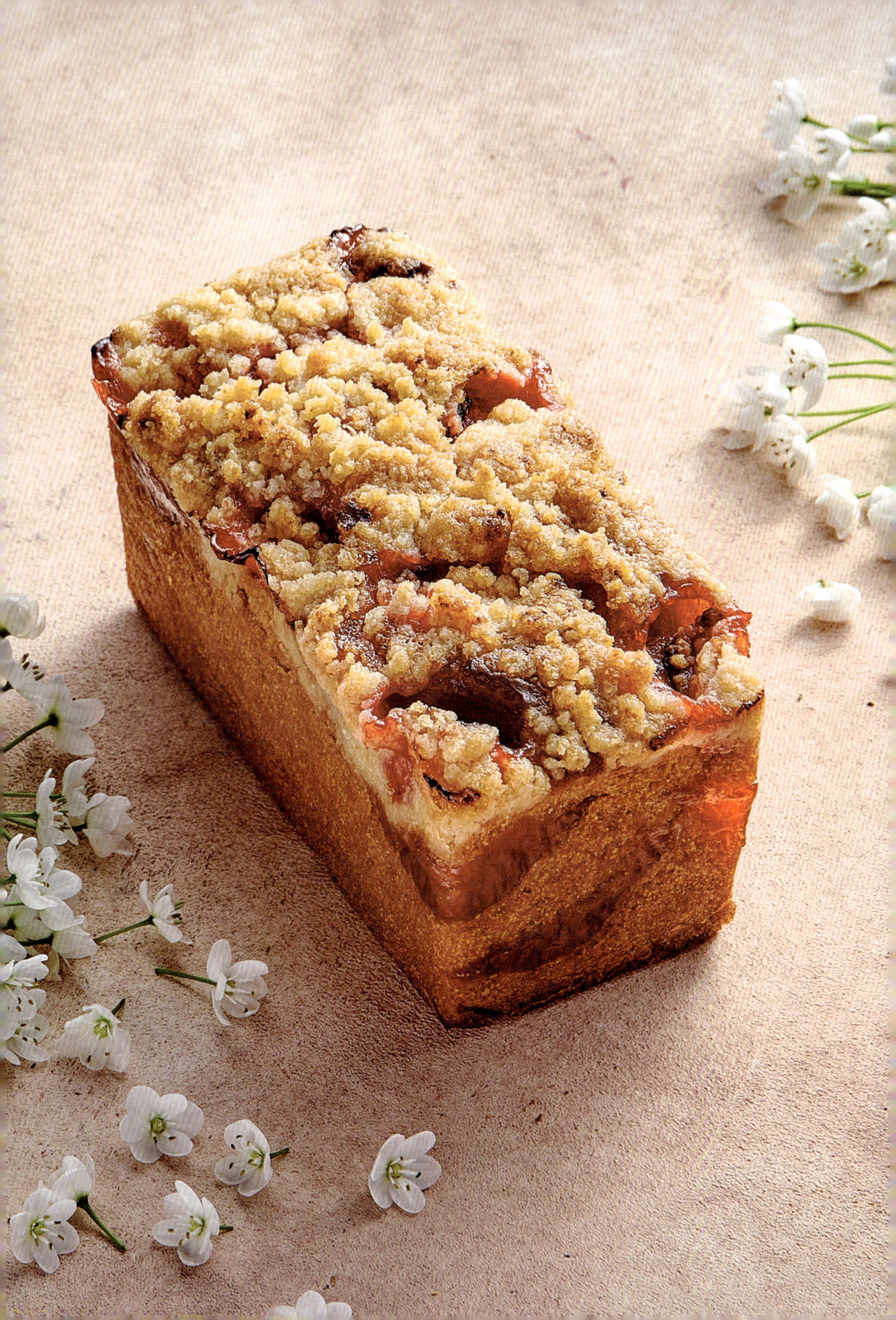

杏仁費南雪
Financiers aux amandes

這是小杏仁蛋糕的美味純植物版本，整天無論何時皆可享用。

王李娜

分量：30 至 40 個迷你費南雪

製作時間
30 分鐘
靜置時間
24 小時
烘烤與烹煮時間
10 分鐘

杏仁費南雪麵糊（前日準備）

150g T55 麵粉

60g 杏仁粉

5g 泡打粉

1 撮葛宏德鹽之花

160g 豆漿

125g 黃糖

50g 去味椰子油

50g 葡萄籽油

將去味椰子油在單柄湯鍋中以小火緩緩融化，然後與葡萄籽油混合，置於室溫中保存。調理盆中放入豆漿，加入黃糖攪拌至完全溶解。將麵粉和泡打粉一起過篩，一次性倒入豆漿混合物中，接著快速攪拌，乳化所有食材。緩緩加入杏仁粉、鹽之花和事先混合好的油，攪拌至麵糊滑順且充分乳化。將麵糊填入擠花袋（無擠花嘴），於冰箱中靜置 24 小時。烤箱開啟旋風功能，預熱至 240°C。將費南雪麵糊擠入直徑 4cm 的圓形模具中。放入烤箱，將溫度調降至 220°C，烘烤 5 分鐘。將費南雪脫模並放在網架上晾涼。

注意：費南雪可在金屬盒中室溫保存 5 天[20]；在冰箱的密封容器中則可保存 2 週。

---

[20] 本書中的室溫保存條件是以乾燥涼爽的歐洲氣候為基準，在天氣濕熱的環境下，建議以冰箱冷藏保存。

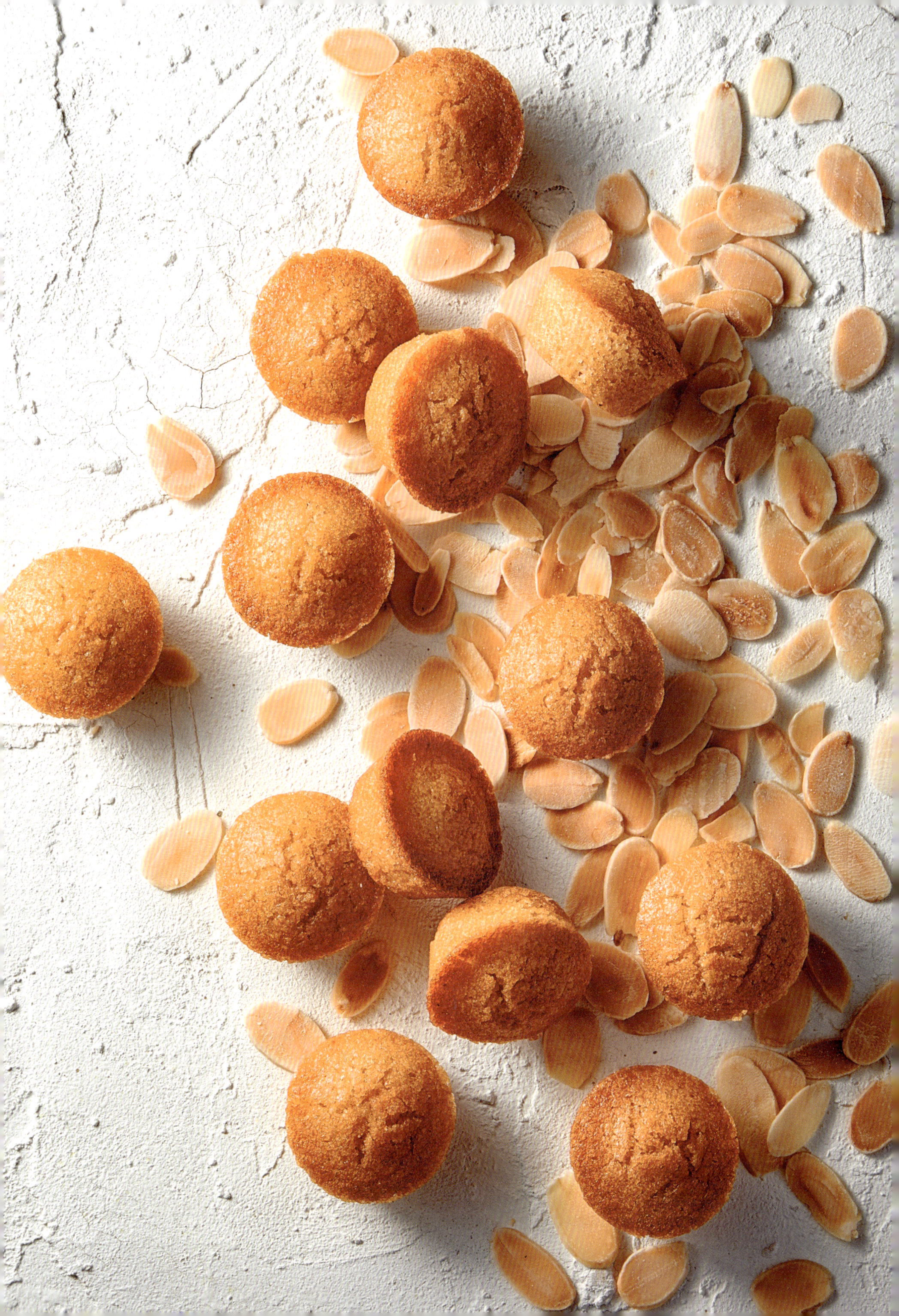

四喜蛋糕
Quatre temps

為慶祝友人班傑明（一位旅行家）的 30 歲生日，我構思了這個食譜。我想製作一款堅果風味的旅人蛋糕，一次烤出四層不同口味和質地的組合。

王李娜

分量：2 個 6 人份的蛋糕

製作時間
2 小時
靜置時間
24 小時
烘烤與烹煮時間
1 小時 40 分鐘

杏仁費南雪麵糊（前日準備）

150g T55 麵粉

60g 杏仁粉

5g 泡打粉

1 撮葛宏德鹽之花

160g 豆漿

125g 黃糖

50g 去味椰子油

50g 葡萄籽油

將去味椰子油在單柄湯鍋中以小火緩緩融化，然後與葡萄籽油混合，置於室溫中保存。調理盆中放入豆漿，加入黃糖攪拌至完全溶解。將麵粉和泡打粉一起過篩，一次性倒入豆漿混合物中，接著快速攪拌，乳化所有食材。緩緩加入杏仁粉、鹽之花和事先混合好的油，攪拌至麵糊滑順且充分乳化。將麵糊填入擠花袋（無擠花嘴），於冰箱中靜置 24 小時。

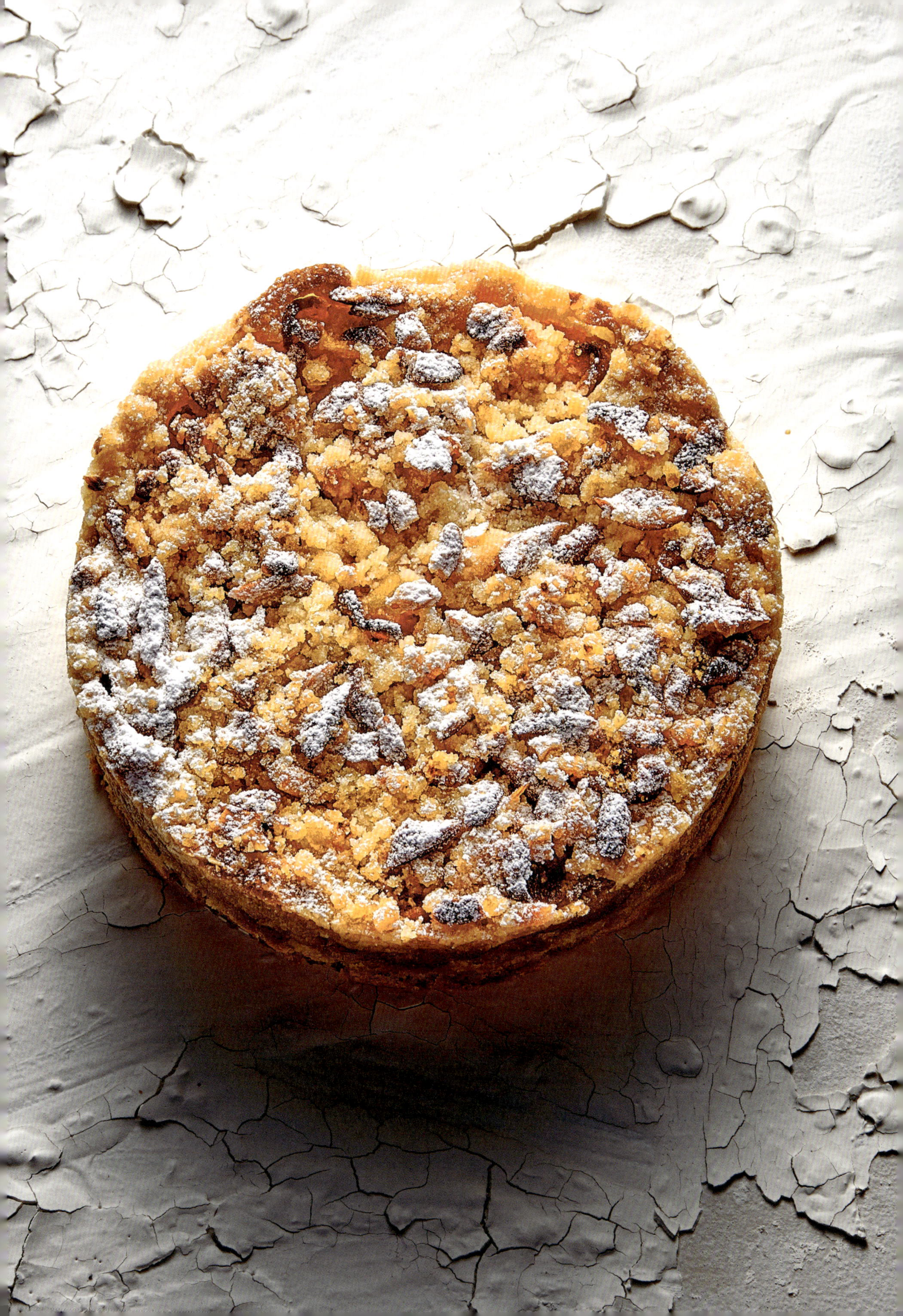

半乾燥糖煮西洋梨

5 顆小型有機西洋梨
250g 細砂糖
500g 礦泉水

西洋梨洗淨，縱向切成兩半後去籽，不需削皮。將水和砂糖放入鍋中煮沸，關小火，將西洋梨浸在糖漿中煮 10 分鐘。烤箱啟動旋風功能，預熱至 150°C。以漏勺瀝乾西洋梨，然後以可吸水的紙巾按壓吸乾。將西洋梨放在鋪了矽膠烘焙墊的烤盤上，放入烤箱中乾燥 20 至 30 分鐘後取出。西洋梨應呈現柔軟且稍稍半透明狀態。放入冰箱冷卻後將每一個半塊西洋梨切成 4 大塊，保存備用。

杏仁奶餡

200g 豆漿
80g 細砂糖
15g 馬鈴薯澱粉
45g 葡萄籽油
110g 杏仁粉
1/2 小匙香草粉

將馬鈴薯澱粉、糖和豆漿一起在單柄湯鍋中以打蛋器混合，開小火煮至濃稠。離火，加入葡萄籽油、杏仁粉和香草粉，以打蛋器強力攪拌均勻。放入冰箱冷卻後，填入擠花袋中。

酥粒

100g T65 麵粉或胚芽米粉
100g 黃糖
80g 冰涼的人造奶油
50g 杏仁碎或杏仁角
4g 葛宏德鹽之花

以指尖在調理盆中略略混合所有食材，直到成為砂礫般的顆粒。放在冰箱中靜置備用。

組裝與烘烤

烤箱開啟旋風功能，預熱至 170°C。為 2 個直徑 16cm、高 4.5cm 的圈型模上油，然後放在鋪了烘焙紙的烤盤上。將費南雪麵糊分別倒入 2 個圈型模中。在費南雪麵糊上以螺旋狀均勻地擠上一層杏仁奶餡。將西洋梨塊放在杏仁奶餡上，輕輕向下按壓。以酥粒將表面完全覆蓋。放入烤箱烘烤約 1 小時。烘烤完成時，蛋糕應該充分上色。完全冷卻後脫模。以篩網篩上薄薄的糖粉裝飾。

注意：若提前 1 晚或 2 日製作費南雪麵糊，效果會更好。四喜蛋糕放在玻璃罩下可於室溫中保存長達 5 天[21]，冰箱冷藏則可保存 1 週以上。

---

[21] 本書中的室溫保存條件是以乾燥涼爽的歐洲氣候為基準，在天氣濕熱的環境下，建議以冰箱冷藏保存。

巧克力熔岩蛋糕
Moelleux au chocolat

無麩質、製作簡單，這款純植物巧克力熔岩蛋糕既美味又輕爽。

王李娜

分量：2 個 4-5 人份的熔岩蛋糕

製作時間
1 小時
靜置時間
2 小時
烘烤與烹煮時間
30 分鐘

巧克力熔岩蛋糕

250g 黑巧克力（法芙娜 72%）

55g 杏仁粉

100g 栗子粉

3g 泡打粉

375g 豆漿

40g 紅糖

8g 馬鈴薯澱粉

22g 葡萄籽油

20g 金蘭姆酒

2g 細粒鹽

先調溫黑巧克力，以保持其光澤度、柔滑與穩定性。將巧克力以鋸齒刀切碎，放入碗中，再放至單柄湯鍋中隔水加熱融化。以木匙輕輕攪拌，直到升溫至 50-55°C。將巧克力碗從單柄湯鍋中取出，放入另一個裝有水和 4、5 個冰塊的碗內。由於巧克力會開始在碗壁凝固，需不時攪拌，保持融化狀態。一旦降溫至 27-28°C，便將巧克力碗放回裝了熱水的單柄湯鍋中，同時密切監控溫度，溫度應落在 31-32°C 之間。

將馬鈴薯澱粉、紅糖和豆漿在單柄湯鍋中以打蛋器混合均勻，以中火煮沸，並不斷攪拌直至濃稠。離火，加入調溫後的黑巧克力和葡萄籽油，以打蛋器攪拌均勻，呈現滑順有光澤的狀態。篩入栗子粉，加入杏仁粉、泡打粉、蘭姆酒和鹽，最後攪拌均勻。烤箱開啟旋風模式，預熱至 180°C。為 2 個直徑 16cm 的圈型模上油，然後放在鋪了烘焙紙的烤盤上。倒入麵糊，放入烤箱烘烤 12 分鐘。靜置冷卻後脫模。

可可鏡面

100g 豆漿

100g 礦泉水

125g 細砂糖

40g 零脂可可粉

15g 可可脂（法芙娜）

9g 325 NH95 果膠粉 [22]

取 2 大匙砂糖與果膠粉混合。將可可粉和可可脂放入調理盆中。取一個單柄湯鍋，將豆漿、水和剩餘的糖一同煮沸，然後將糖和果膠的混合物撒入鍋中，一邊攪拌，並以小火維持沸騰狀態，直到果膠完全溶解。離火，將果膠混合液倒在可可粉和可可脂上，接著以手持均質機乳化。完成後以保鮮膜貼緊表面，放入冰箱冷卻。

黑巧克力薄片

200g 黑巧克力（法芙娜 72%）

適量可可粉（法芙娜）

先調溫黑巧克力。將巧克力以鋸齒刀切碎，放入碗中，再放至單柄湯鍋中隔水加熱融化。以木匙輕輕攪拌，直到升溫至 50-55°C。將巧克力碗從單柄湯鍋中取出，放入另一個裝有水和 4、5 個冰塊的碗內。由於巧克力會開始在碗壁凝固，需不時攪拌，保持融化狀態。一旦降溫至 27-28°C，便將巧克力碗放回裝了熱水的單柄湯鍋中，同時密切監控溫度，溫度應落在 31-32°C 之間。此時巧克力已調溫完成。取一張烘焙紙，切出數張 4cm 寬的長條，在上面薄鋪一層調溫後的黑巧克力，並以篩網篩上可可粉。將巧克力長條放入木柴蛋糕模具 [23] 中，在 18°C 下結晶 2 小時，靜置於 18°C 下備用。

裝飾

適量冷卻的可可鏡面

50g 可可碎粒（grué de cacao；自由選用）

2 片黑巧克力薄片

以手持均質機均質可可鏡面，然後將其填入擠花袋或以烘焙紙折出的三角錐形擠花袋中。在蛋糕表面以可可鏡面擠出螺旋狀，然後撒上少許可可碎粒，並以巧克力薄片裝飾。

注意：在此食譜中，將馬鈴薯澱粉中的澱粉質預先煮熟，可發揮保濕劑作用，讓蛋糕吸收更多水分，使成品質地更加柔軟、化口。

---

22 325 NH95 果膠和 NH 果膠相同，都是低甲氧基（low methoxyl）的醯胺化果膠。325 NH95 果膠適用於所有類型的乳製品或富含鈣的水果類製品，在 40-60°C 之間具有熱可逆性。

23 底部呈圓弧形的長條模具。

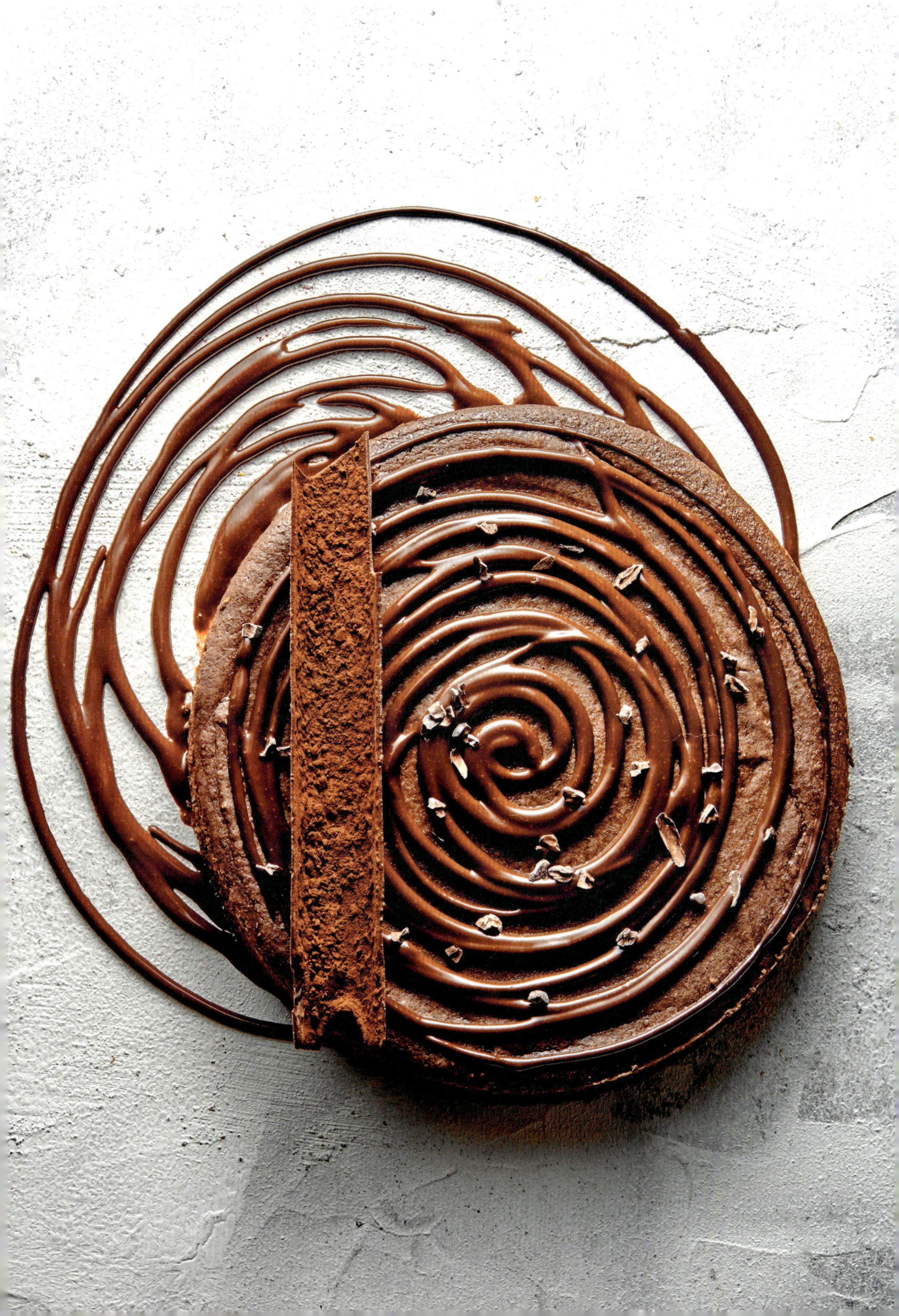

布列塔尼酥餅
Sablé breton

酥脆、可口,這些厚寬的酥餅非常適合純植物烘焙。

王李娜

分量:約 12 片大型酥餅

製作時間
30 分鐘
烘烤與烹煮時間
20 分鐘

布列塔尼酥餅

40g 去味椰子油

40g 葡萄籽油

160g 豆漿

80g 黃糖

70g 胚芽米粉

30g 馬鈴薯澱粉

10g 燕麥粉

10g 鷹嘴豆粉

10g 泡打粉

30g 杏仁粉

2g 葛宏德鹽之花

去味椰子油放入單柄湯鍋中以小火緩緩融化,然後與葡萄籽油混合,置於室溫保存備用。將豆漿和黃糖放入調理盆中,以打蛋器攪拌至糖完全溶解。將胚芽米粉、燕麥粉、鷹嘴豆粉、馬鈴薯澱粉和泡打粉一起過篩,一次性倒入豆漿混合物中,以打蛋器將所有食材快速攪拌均勻。緩緩加入杏仁粉、鹽之花和事先混合好的油,攪拌成滑順亮澤的麵糊。烤箱開啟旋風功能,預熱至 180°C。為 12 個直徑 7cm 的環型模具薄薄上油,放在鋪了烘焙紙的烤盤上,然後將麵糊倒入模具中。烘烤 15 分鐘,酥餅應充分上色。從烤箱中取出後,放在網架上靜置至完全冷卻。

注意:布列塔尼酥餅在室溫下儲存於密封容器中,可保持鬆脆狀態 2 週。[24]

---

[24] 本書中的室溫保存條件是以乾燥涼爽的歐洲氣候為基準,在天氣濕熱的環境下,鬆脆狀態維持時間會大幅縮短,建議在密封容器中加入乾燥劑並盡快食用完畢。

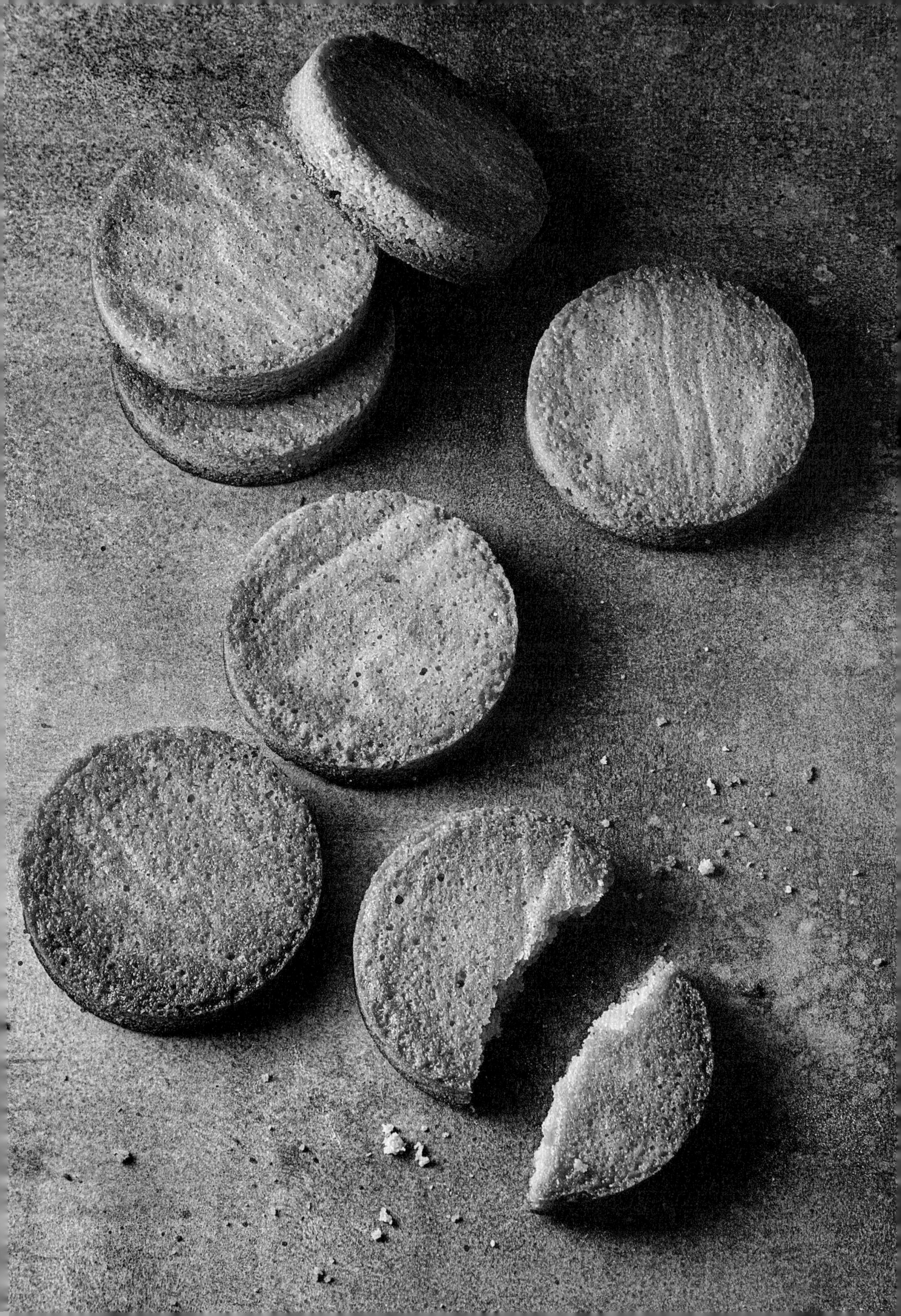

擠花餅乾
Spritz

我混合使用了三種無麩質粉類製作這款維也納餅乾。其中一側覆上巧克力淋面，更加美味誘人。酥脆享用，無需節制。

王李娜

分量：50 片餅乾

製作時間
30 分鐘
烘烤與烹煮時間
30 分鐘

擠花餅乾

55g 去味椰子油

100g 葡萄籽油

190g 糙米粉或胚芽米粉

100g 燕麥粉

20g 鷹嘴豆粉

1.5g 泡打粉

100g 糖粉

1/2 小匙香草粉

120g 冰涼礦泉水

2g 葛宏德鹽之花

巧克力淋面

100g 黑巧克力（法芙娜 72%）

100g 可可脂（法芙娜）

去味椰子油放入單柄湯鍋中以小火緩緩融化，然後與葡萄籽油混合，置於室溫保存備用。將糙米粉、燕麥粉、鷹嘴豆粉和泡打粉一起放入裝了葉片型攪拌頭的桌上型攪拌機中，加入事先混合好的油，攪拌均勻。然後倒入糖粉、香草粉，再次攪拌均勻。緩緩加入水，持續攪拌使麵糊潤濕、乳化，形成奶霜狀但有支撐力的質地（水量視麵糊狀態而定，不見得需全部加入）。加入鹽之花，再攪拌一下子。擠花袋裝上直徑 13mm 的星形花嘴（douille cannelée），填入麵糊。烤箱開啟旋風功能，預熱至 180°C。在鋪了不沾矽膠烘焙墊的烤盤上，擠出小而緊密的 Z 字形餅乾麵糊。烘烤 25 分鐘。烘烤完成時，餅乾應充分上色。在網架上靜置至完全冷卻。

隔水加熱融化黑巧克力和可可脂。當質地變得滑順且濃稠時，將擠花餅乾的一側浸入淋面中，然後放在烘焙紙上冷卻。存放在密封容器中。

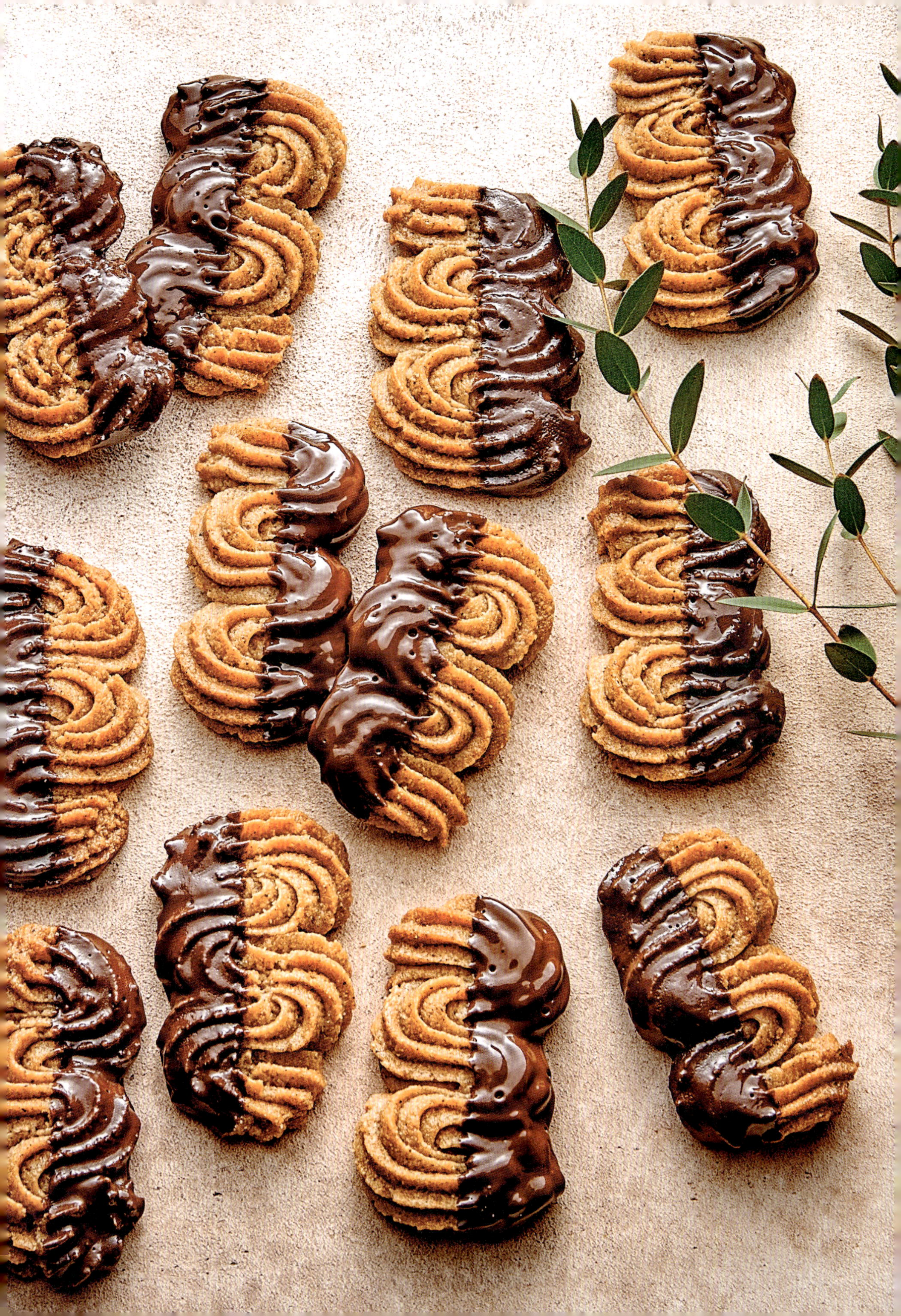

弗洛迷你杏仁布丁塔
Petits Flo à l'amande

這個食譜的靈感來自我的友人弗洛宏,大家稱他為「弗洛」(Flo),而他最愛的甜點是法式布丁塔(flan)[25]。他向我建議了使用植物油籽(oléagineux)泥[26]來製作奶餡基底的想法。

王李娜

分量:約 10-12 個單人份布丁塔

製作時間
1 小時 30 分鐘
靜置時間
20 分鐘
烘烤與烹煮時間
40 至 50 分鐘

甜塔皮
138g T55 麵粉
38g 馬鈴薯澱粉
46g 可可脂(法芙娜)
19g 葡萄籽油
61g 糖粉
23g 杏仁粉
3g 葛宏德鹽之花
61g 豆漿
適量可可脂(塗抹於塔殼防潮)

在裝了葉片型攪拌頭的桌上型攪拌機中,混合麵粉、馬鈴薯澱粉、糖粉、杏仁粉和鹽之花。以小型單柄湯鍋或微波爐融化可可脂,再將其與葡萄籽油混合,然後一起倒入攪拌機中,以中速攪拌直到油脂被粉類吸收。緩緩倒入豆漿,繼續攪拌至均勻。以保鮮膜包覆麵團,放入冰箱冷藏至少 20 分鐘使其變硬。將麵團從冰箱中取出,在兩張烘焙紙之間壓平,厚度約為 2-3mm。以叉子在麵團上戳出孔洞,入模至 10 到 12 個直徑 6cm、高 2.5cm 的塔圈中。塔殼放入冷凍庫冷凍 20 分鐘。

---

25 「Flo」和「flan」諧音。
26 指製作植物油的種子,在本食譜中為杏仁。

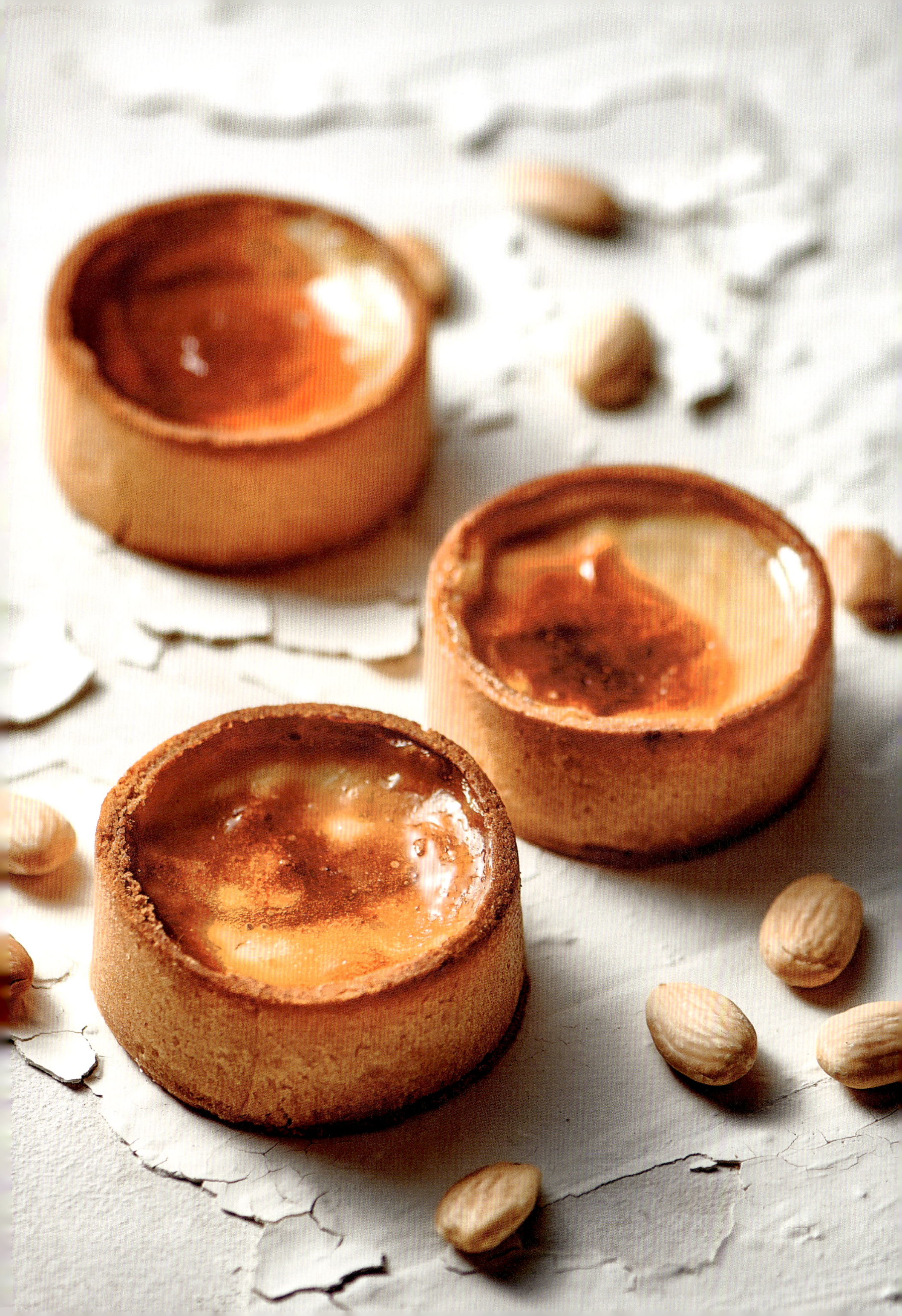

烤箱開啟旋風功能，預熱至 180°C。將塔殼從冷凍庫中取出，以鋁箔紙完全包裹，上面放上重物或乾豆。烘烤 15 至 20 分鐘，取下鋁箔紙、重物或乾豆，然後在 170°C 下烘烤 5 至 10 分鐘，直到表面全部呈金黃色。出爐後，在空烤的塔殼中塗上一些融化的可可脂，以保持酥脆。室溫保存。

布丁塔內餡

250g 燕麥奶
180g 豆漿
110g 黃糖
15g 馬鈴薯澱粉
15g 玉米澱粉
1g 洋菜粉
100g 去皮杏仁醬
（purée d'amandes blanches）[27]
80g 去味椰子油

在單柄湯鍋中混合糖、馬鈴薯澱粉、玉米澱粉與洋菜粉，再以燕麥奶和豆漿溶解後一起煮沸。離火，以手持均質機均質，並加入去皮杏仁醬和去味椰子油，使其充分乳化。均質完成的內餡倒入烤好的塔殼中。烤箱開啟旋風功能，並設定為溫度 200°C 的炙烤模式（modegril）[28]，將迷你杏仁布丁塔在加熱管下烘烤約 5 分鐘，直到表面呈現金黃色。完全冷卻後享用。

---

[27] 類似花生醬，將杏仁打至出油泥狀（可另加油、糖、鹽等調整質地與風味）的產品，可添加在各種糕點中。法國有市售產品；若無法取得，也可以食物調理機自製。

[28] 炙烤模式（英語為 grill 或 broil）指的是以烤箱上火高溫加熱，使表面快速酥脆上色的模式。

西洋梨焦糖魔法蛋糕
Moffa poire et caramel

這款蛋糕以蒸氣烘烤，因而有著無與倫比的柔軟度。可以趁溫熱時享用，也可以依喜好添加水果、焦糖或巧克力。

王李娜

分量：1 個 6 人份的蛋糕

製作時間
1 小時
靜置時間
2 小時
烘烤與烹煮時間
1 小時

焦糖西洋梨
3 顆硬西洋梨
700g 細砂糖
300g 熱水

西洋梨去皮切半、去核。烤箱開啟旋風功能，預熱至 170°C。在單柄湯鍋中加熱砂糖，製作乾式焦糖（caramel à sec）[29]。當呈現琥珀色時，倒入高溫熱水，一邊攪拌將其稀釋。將焦糖液倒入烤盤中，然後放入西洋梨。以鋁箔紙蓋住烤盤，放入烤箱烘烤 40 分鐘，中途將西洋梨翻轉一次。烘烤完成後，讓西洋梨浸在焦糖中冷卻。取出 180g 烘烤後的焦糖液，用於製作打發甘納許。

---

[29] 乾式焦糖是指不加水，僅在單柄湯鍋中加熱砂糖直到成為焦糖液的做法。

杏仁焦糖打發甘納許

1 根馬達加斯加香草莢

120g 豆漿

10g 轉化糖

180g 烘烤西洋梨的焦糖液

170g 無糖去皮杏仁醬

60g 可可脂（法芙娜）

40g 人造奶油

160g 燕麥奶

3g 葛宏德鹽之花

以刀將香草莢切半並刮出香草籽，在單柄湯鍋中與豆漿、轉化糖和焦糖一起加熱，直到轉化糖與焦糖完全溶解。離火後過篩，加入杏仁醬、可可脂和切成小丁的人造奶油。以手持均質機乳化，直到質地顯得滑順有光澤。接著加入燕麥奶和鹽之花，再次均質。將完成的甘納許放入冰箱靜置至少 2 小時。將冰涼的甘納許打發成香緹鮮奶油狀。於冰箱冷藏備用。

魔法蛋糕

200g 豆乳優格

60g 黃糖

60g T55 麵粉

40g 馬鈴薯澱粉

5g 泡打粉

150g 餅乾（或純植物甜塔皮）碎粉

70g 葡萄籽油

將豆乳優格和黃糖在調理盆中以打蛋器攪拌至糖完全溶解。餅乾壓碎，取出 25g，之後作為直徑 16cm 模具的餅乾底用。將麵粉、馬鈴薯澱粉和泡打粉一同過篩，加入剩下的餅乾碎中混合均勻，然後加入加糖優格中，以打蛋器攪拌至滑順。以流線方式注入葡萄籽油，同時以打蛋器快速攪拌乳化，如同製作美乃滋一般。在模具內薄薄抹上一層油，並撒上一層薄薄的餅乾粉。將蛋糕糊倒入模具中，然後將模具放入蒸爐中，持續蒸 15 至 20 分鐘。以小型短刀插入蛋糕中確認熟度，取出時刀刃應該是乾淨無沾黏的。如有必要，延長蒸煮時間。蒸好後，讓蛋糕在模具中靜置降溫，然後脫模並放在網架上冷卻。

組裝與完工

先將焦糖液鋪滿在盤底，然後放上魔法蛋糕，再放上一球可內樂形的杏仁焦糖打發甘納許，以及半顆的焦糖西洋梨。

注意：魔法蛋糕是一種非常柔軟的優格蒸蛋糕。麵糊中加了餅乾碎，使滋味更加豐富，並具細緻的烘烤香氣。這個食譜可以再次利用之前烤過的甜塔皮，或剩餘的蛋糕。您也可以使用市售不含動物成分的香料焦糖餅乾（spéculoos）。

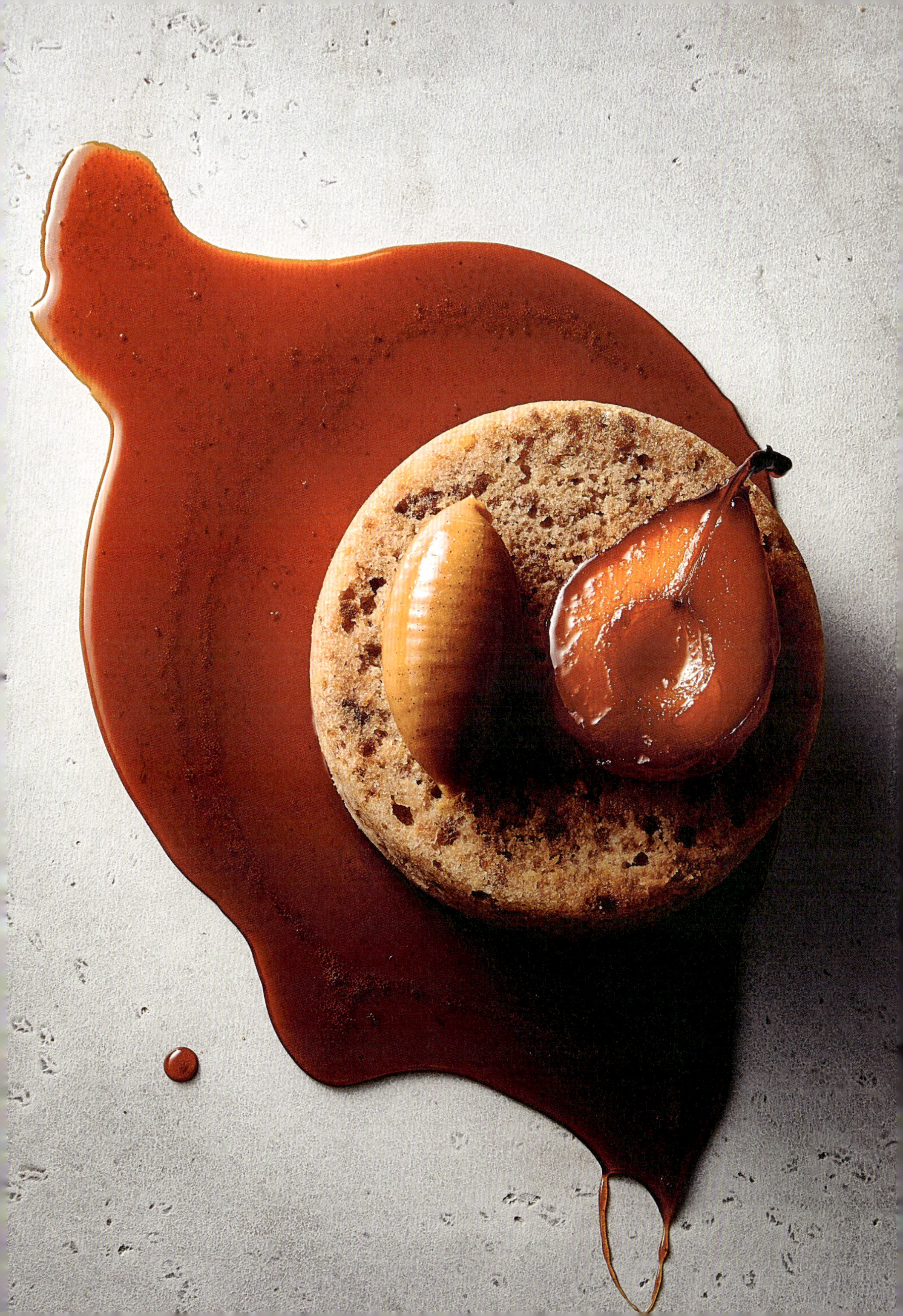

巧克力熔岩蒸蛋糕
Fondant chocolat vapeur

我希望製作一道滿滿巧克力、化口性十足且非常美味的甜點，因此選擇使用溫和的蒸氣製作法。

王李娜

分量：2 個 4-5 人份的蛋糕

製作時間
1 小時
靜置時間
2 小時
蒸製與烹煮時間
30 分鐘

巧克力熔岩蒸蛋糕

120g 豆漿
60g 細砂糖
200g 黑巧克力（法芙娜 62%）
70g 葡萄籽油
70g T55 麵粉
40g 馬鈴薯澱粉
5g 泡打粉

混合豆漿與砂糖，使糖充分溶解。將黑巧克力與葡萄籽油放入單柄湯鍋中，以小火或隔水加熱的方式緩緩融化。巧克力融化後離火，加入混合糖的豆漿，以打蛋器攪打乳化。接著將麵粉、馬鈴薯澱粉和泡打粉一起過篩，加入前述液體混合物中，以打蛋器攪拌直至滑順。為 2 個直徑 16cm 的圈型模具或圓形蛋糕模上油，將蛋糕麵糊倒入其中。蒸製 15 至 20 分鐘，小心不要讓蛋糕中央過熟，應在有熱度時保持略微流心狀態。完全冷卻後再脫模。

巧克力榛果焦糖甘納許

160g 燕麥奶

160g 豆漿

10g 轉化糖

1/2 根大溪地香草莢

40g 人造奶油

170g 無糖焙烤皮埃蒙 [30] 榛果醬
（purée de noisettesgrillées du Piémont）

120g 杏仁奶巧克力
（法芙娜阿瑪蒂卡 [Amatika] 46%）

140g 細砂糖

3g 葛宏德鹽之花

在單柄湯鍋中混合燕麥奶、豆漿和轉化糖。將香草莢剖半取籽後，將香草莢與香草籽一同加入方才的植物奶與轉化糖液中，接著加入人造奶油，加熱至沸騰。離火，蓋上鍋蓋靜置浸泡 15 分鐘，然後取出香草莢。將巧克力和榛果醬放入調理盆中備用。在另一個單柄湯鍋中加入細砂糖，製作乾式焦糖。當顏色呈琥珀色時，緩緩加入之前製作的熱植物奶、轉化糖和人造奶油混合液，並攪拌均勻，然後倒在巧克力和榛果醬上。以手持均質機乳化，並加入鹽之花。以保鮮膜貼緊甘納許表面，室溫冷卻後放入冰箱冷藏至少 2 小時。

可可鏡面

100g 豆漿

100g 礦泉水

125g 細砂糖

40g 零脂純可可粉

15g 可可脂（法芙娜）

9g NH95 果膠粉

取 2 大匙砂糖與果膠粉混合。將可可粉和可可脂放入調理盆中。取一個單柄湯鍋，將豆漿、水和剩餘的糖一同煮沸，然後將糖和果膠的混合物撒入鍋中，一邊攪拌，並以小火維持沸騰狀態，直到果膠完全溶解。離火，將果膠混合液倒在可可粉和可可脂上，接著以手持均質機乳化。完成後以保鮮膜貼緊表面，於冰箱靜置冷卻。

---

30 皮埃蒙（Piémont）位於義大利北部，是歐洲頂級榛果產區。

組裝與完工
200g 可可鏡面
巧克力榛果焦糖甘納許

將巧克力榛果焦糖甘納許填入裝了小型聖多諾黑花嘴的擠花袋中,以平行線條方式擠在巧克力熔岩蒸蛋糕的整個表面上。可可鏡面先以均質機均質至光滑柔順,然後填入擠花袋中。在甘納許線條間擠上一些閃亮的鏡面點綴。將蛋糕放入冰箱冷藏,享用前 15 分鐘取出。

注意:蒸製法可讓熔岩蛋糕中心為流心狀態,並保留巧克力的所有香氣。

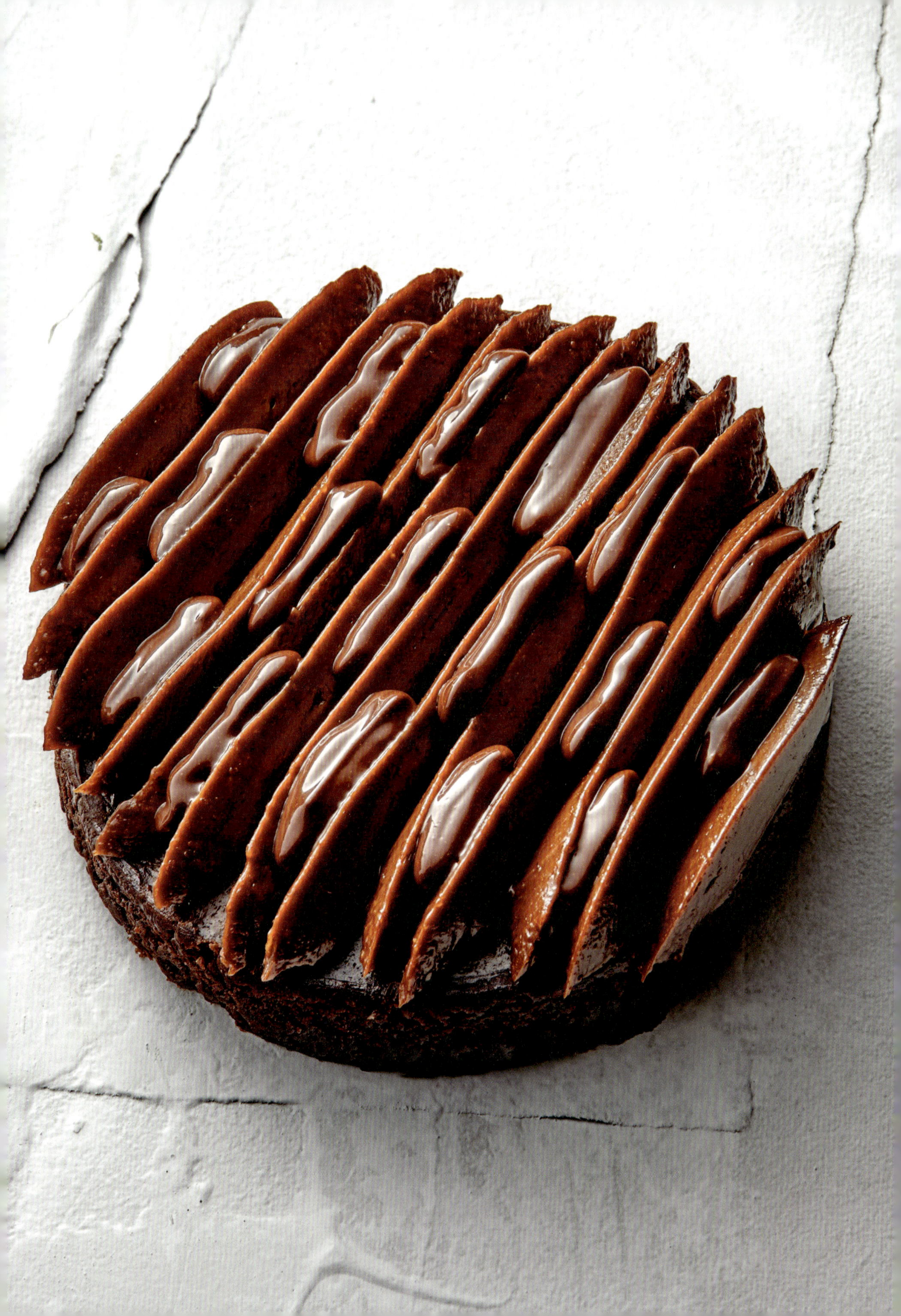

ENTREMETS
chocolat

ET BONBONS DE CHOCOLAT

Chocolat addict

巧克力多層蛋糕與夾心巧克力

巧克力成癮

對巧克力來說，以純植物食材製作的多層蛋糕在味道和質地上的差異更加細微，也很難將它們與經典版本區分開來。即使如此，我尋求的仍是品嚐的樂趣，而非比較。然而，我們也必須承認，我們的味蕾在數十年來充分領略了動物脂肪帶來的貢獻，所以要在品嚐純植物糕點的過程中不提到它們很困難，因為這幾乎是本能性的反應。

在食譜的各種食材裡，奶油擔任香氣載體的角色，而其味道也會影響我們想要強調的元素——此處為巧克力——的風味。若去除奶油，巧克力的風味會以一種更乾淨、純粹的面貌展現。

若以恰好均衡的狀態使用植物油與植物奶，將能夠製成多種質地，如甘納許、慕斯、麵團、蛋糕體等。和植物油相同，各種風味的植物奶如燕麥奶、豆漿、米漿、椰奶、杏仁奶，皆是能穩操勝券的王牌；若想得到更中性的風味，則可使用植物奶油（crème végétale）[31]。

我們以人造奶油、植物油和不同的粉類調整食譜，根據其風味與帶來的結構效果來選擇每樣食材。有時因為需結合多種元素，組成會更複雜；質地也有所不同，通常更紮實、酥脆，但總是風味十足、美味無比。

在這些純植物烘焙作品中，巧克力展現了更濃郁、顯著、更接近其原始風味的另一個面向。

---

[31] 與氫化植物油製成的人造奶油（margarine）不同，植物奶油是由種子、穀物或豆類製成的植物飲料（通常稱為植物「奶」）、植物油與天然增稠劑如關華豆膠或玉米糖膠製成。

巧克力蕎麥塔
Tarte au Chocolat et au Blé noir

這是一份嶄新的食譜。我想製作無麩質塔，因此選擇了蕎麥。在酥脆無比的純植物塔皮、蕎麥帕林內與絲滑甘納許發揮作用之下，形成了對比鮮明的口感。

皮耶・艾曼

分量：2 個 6-8 人份的塔

製作時間
6 小時
靜置時間
12 小時
烘烤與烹煮時間
1 小時 30 分鐘

蕎麥甜塔皮
45g 去味椰子油
45g 可可脂（法芙娜）
110g 糖粉
2g 葛宏德鹽之花
220g 蕎麥粉
80g 杏仁粉
55g 礦泉水

以溫度計或電子探針輔助，在 30-35°C 下融化去味椰子油與可可脂。在裝有葉片型攪拌頭的桌上型攪拌機鋼盆中，倒入杏仁粉、鹽之花、糖粉，接著倒入 30°C 的混合椰子油和可可脂。充分拌合均勻後，倒入加熱至 40°C 的礦泉水，接著加入蕎麥粉。混拌均勻後將麵團取出放在烤盤上，以保鮮膜貼緊表面，冰箱冷藏 2 小時備用。在撒了少許麵粉的工作檯上，將麵團擀開至約 2-3mm 厚。以直徑 27cm 的圈型模裁出 2 片圓片。將其放在烤盤上，於冰箱冷藏 30 分鐘後入模。為 2 個直徑 21cm、高 2cm 的不鏽鋼圈型模上油，將圓形塔皮入模，並切除多餘的麵團。冰箱冷藏 1 小時後，放入冷凍庫靜置至少 2 小時。

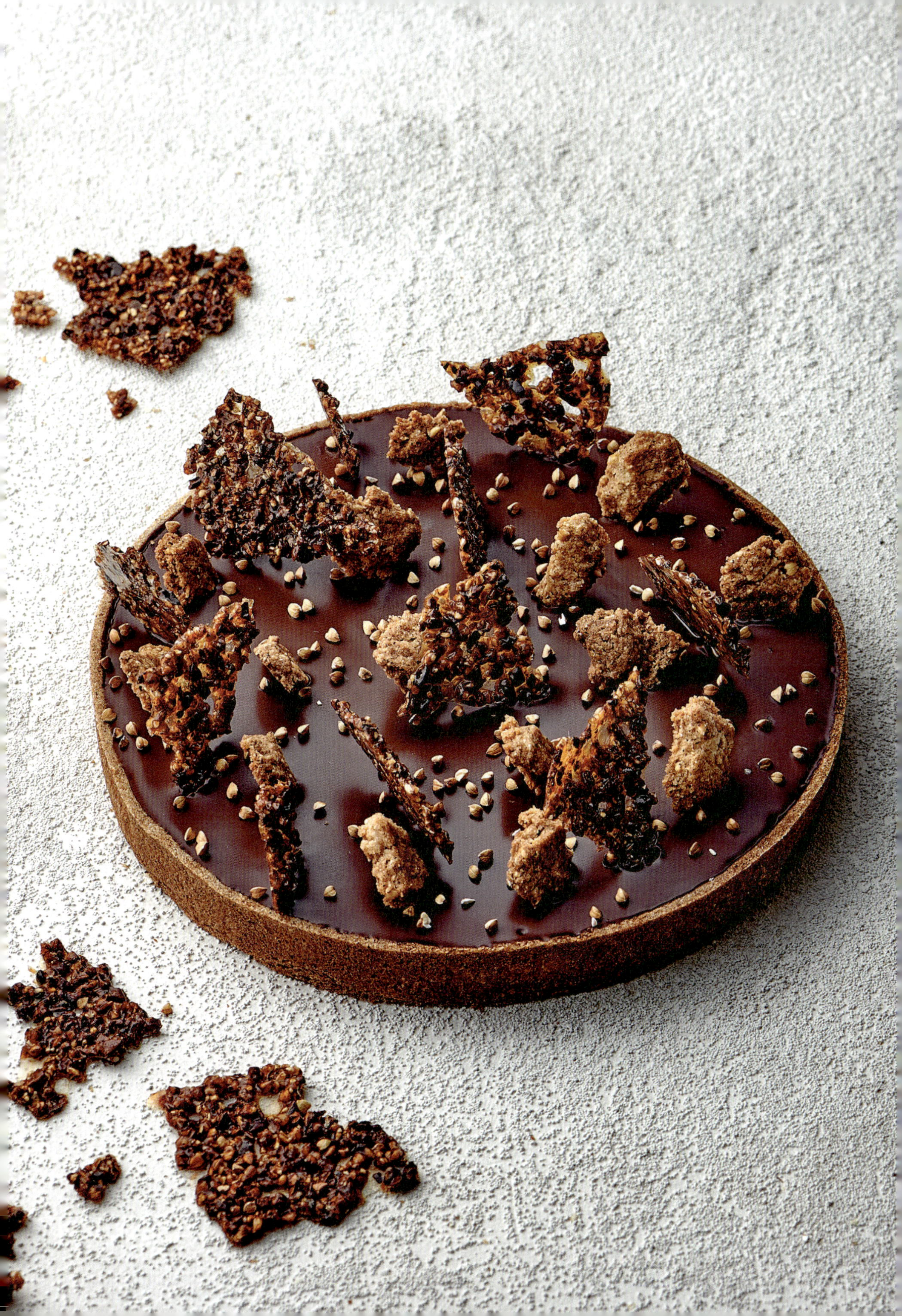

烤箱開啟旋風功能，預熱至 250°C。入爐時降溫至 170°C。將塔殼放在鋪了烘焙紙的烤盤上，塔殼上覆蓋鋁箔紙或烘焙紙，然後填入乾豆。以 170°C 烘烤約 25 分鐘。從烤箱中取出後靜置冷卻，然後取出乾豆和鋁箔紙。

焙烤蕎麥粒

350g 蕎麥粒

將蕎麥粒平鋪在鋪了烘焙紙的烤盤上，注意不要相互重疊。在 160°C 的烤箱中烘烤 15 分鐘，直到金黃酥脆。靜置冷卻。

自製杏仁蕎麥帕林內

125g 細砂糖
40g 礦泉水
100g 去皮整粒杏仁
100g 焙烤蕎麥粒
40g 葡萄籽油
1.5g 葛宏德鹽之花

將杏仁平鋪在鋪了烘焙紙的烤盤上，注意不要相互重疊。開啟烤箱旋風功能，以 160°C 烘烤 15 分鐘。以溫度計或電子探針輔助，將糖和水在單柄湯鍋中煮至 121°C。將焙烤過的杏仁和仍溫熱的蕎麥粒加入熱糖漿中，一邊以木匙輕輕混拌至糖漿反砂結晶，放回爐上，維持中火使其焦糖化。倒在不沾矽膠烘焙墊上靜置冷卻。整體粗略壓成碎塊後，倒入食物調理機中。加入鹽之花與葡萄籽油，研磨至糊狀，保留一些顆粒，不要研磨得過細。放入冰箱冷藏備用。

注意：焦糖杏仁冷卻後須立即壓碎、研磨與使用。由於有受潮、變質的風險，一旦焦糖化就無法長期儲存。

黑巧克力甘納許

- 320g 燕麥奶
- 60g 轉化糖
- 80g 葡萄糖漿
- 2g 柑橘纖維
- 400g 黑巧克力
（法芙娜 Ampamakia 64%）
- 50g 去味椰子油

將巧克力切碎，放入調理盆中。將燕麥奶、轉化糖、葡萄糖漿和柑橘纖維在單柄湯鍋中一同煮沸，接著分三次倒在切碎的巧克力上。從中央開始混合，一邊攪拌一邊向外擴大攪拌範圍。加入去味椰子油，接著以手持均質機均質至完全乳化。倒入焗烤盤中，以保鮮膜貼緊表面，放入冰箱冷卻凝固約 12 小時後再使用。

焦糖可可碎粒與蕎麥牛軋糖片
(NOUGATINE AUgRUÉ DE CACAO ET AU BLÉ NOIR)

- 50g 葡萄糖漿
- 150g 細砂糖
- 65g 芥花油或葡萄籽油
- 50g 礦泉水
- 2.5g NH 果膠粉
- 50g 可可碎粒（grué de cacao）
- 100g 焙烤蕎麥粒
- 2.5g 柑橘纖維
- 1g 葛宏德鹽之花

以溫度計或電子探針輔助，將水和葡萄糖漿在單柄湯鍋中加熱至 45-50°C。接著把細砂糖與果膠混合後，亦加入鍋中，繼續加熱至 106°C。混拌入油與柑橘纖維，以手持均質機均質，之後加入可可碎粒、蕎麥粒和鹽之花。將製好的牛軋糖倒在兩張烘焙紙上，以抹刀抹平。蓋上另一張烘焙紙，以擀麵杖在紙上邊滾動邊擀平。蓋上保鮮膜，放入冷凍庫中冷凍至少 2 小時。將冷凍狀態的牛軋糖片切成兩半，將每個半片放在鋪了不沾矽膠烘焙墊的烤盤上。烤箱啟動旋風功能，以 170°C 烘烤 18 至 20 分鐘。冷卻後即刻使用，或在室溫下存放於密封容器中。

蕎麥酥粒

- 96g 杏仁粉
- 92g 蕎麥粉
- 72g 細砂糖
- 2g 葛宏德鹽之花
- 72g 去味椰子油
- 26g 礦泉水
- 20g 焙烤蕎麥粒

以溫度計或電子探針輔助，在 30-35°C 下融化去味椰子油。在裝了葉片型攪拌頭的桌上型攪拌機鋼盆中，放入杏仁粉、鹽之花、糖和預先過篩的蕎麥粉，然後倒入 30°C 的融化椰子油。充分攪拌混合均勻後，加入加熱至 40°C 的礦泉水和焙烤蕎麥粒。倒在烤盤上，冷藏 2 小時。將麵團壓過極粗網目的篩網，形成顆粒狀，放在密封容器中，保存於冰箱或冷凍庫。將酥粒平鋪在鋪了烘焙紙的烤盤上，注意不要相互重疊。放入 160°C 的烤箱中烘烤約 20 分鐘，直到呈金黃色。冷卻備用。

組裝與完工

在每個塔殼中填入約 160g 自製杏仁蕎麥帕林內，撒上焙烤蕎麥粒，接著填入黑巧克力甘納許直到塔頂。放入冰箱靜置，一旦甘納許凝固，便撒上剩餘的焙烤蕎麥粒，然後放上蕎麥酥粒和牛軋糖片碎片。享用前於冰箱中冷藏。

厄瓜多單一產地無限巧克力塔
Tarte Infiniment Chocolat pure origine Équateur

藉由搭配打發燕麥奶和巧克力製作的輕盈香緹，我試圖在這個巧克力塔中，重現來自阿茜達・愛倫諾（Hacienda Eleonor）可可種植園的厄瓜多單一產地巧克力的厚實與深邃。這是我的友人皮耶・伊夫・孔特（Pierre-Yves Comte）的可可種植園。我十分欣賞此甜點中不同質地的反差與風味的純粹性。

皮耶・艾曼

分量：2 個 6-8 人份的塔

製作時間
6 小時
靜置時間
14 小時
烘烤與烹煮時間
45 分鐘

單一產地厄瓜多黑巧克力甘納許
320g 燕麥奶
60g 轉化糖
80g 葡萄糖漿
2g 柑橘纖維
400g 黑巧克力（法芙娜單一產地厄瓜多 Hacienda Eleonor 64%）
50g 去味椰子油

將黑巧克力切碎，放入調理盆中。將燕麥奶、轉化糖、葡萄糖漿和柑橘纖維於單柄湯鍋中煮沸，接著分三次倒在切碎的巧克力上。從中央開始混合，一邊攪拌一邊向外擴大攪拌範圍。加入去味椰子油，接著以手持均質機均質至完全乳化。倒入焗烤盤中，以保鮮膜貼緊表面，放入冰箱冷卻凝固約 12 小時後再使用。

單一產地厄瓜多黑巧克力香緹
（前日準備）

335g 燕麥奶

200g 黑巧克力（法芙娜單一產地厄瓜多 Hacienda Eleonor 64%）

將黑巧克力切碎，放入調理盆中。將燕麥奶於單柄湯鍋中煮沸，接著倒在切碎的巧克力上。從中央開始混合，一邊攪拌一邊向外擴大攪拌範圍。以手持均質機均質。倒入焗烤盤中，以保鮮膜貼緊表面，放入冰箱冷卻凝固約 12 小時後再使用。

甜塔皮

35g 去味椰子油

35g 可可脂（法芙娜）

90g 糖粉

2g 葛宏德鹽之花

235g T55 麵粉

80g 杏仁粉

75g 礦泉水

以溫度計或電子探針輔助，在 30-35°C 下融化去味椰子油與可可脂。在裝了葉片型攪拌頭的桌上型攪拌機鋼盆中，倒入杏仁粉、鹽之花、糖粉，接著倒入 30°C 的混合椰子油和可可脂。充分拌合均勻後，倒入加熱至 40°C 的礦泉水，接著加入預先過篩的麵粉。混拌均勻後將麵團取出放在烤盤上，以保鮮膜貼緊表面，冰箱冷藏 2 小時備用。在撒了少許麵粉的工作檯上，將麵團擀開至約 2-3mm 厚。以直徑 28cm 的圈型模裁出 2 片圓片。放在烤盤上於冰箱冷藏 30 分鐘後入模。為 2 個直徑 24cm、高 2cm 的不鏽鋼圈型模上油，將圓形塔皮入模，並切除多餘的麵團。冰箱冷藏 1 小時後，放入冷凍庫靜置至少 2 小時。

烤箱開啟旋風功能，預熱至 250°C。入爐時降溫至 170°C。將塔殼放在鋪了烘焙紙的烤盤上，塔殼上覆蓋鋁箔紙或烘焙紙，然後填入乾豆。以 170°C 烘烤約 20 分鐘。從烤箱中取出後靜置冷卻，然後取出乾豆和鋁箔紙。保留不鏽鋼塔圈，為之後組裝備用。

可可碎粒酥脆帕林內

22g 去味椰子油

192g 杏仁帕林內（60% 杏仁成分）

48g 可可膏（法芙娜 100% 可可膏）

40g 可可碎粒（法芙娜）

以溫度計或電子探針輔助，在 45°C 下融化去味椰子油和可可膏。將杏仁帕林內在調理盆中攪拌，接著加入融化的椰子油和可可膏與可可碎粒，混合均勻。即刻使用或保存用於組裝巧克力塔。

巧克力手指餅乾

125g 礦泉水

125g 細砂糖

10g 馬鈴薯蛋白

0.37g 玉米糖膠

25g 葵花籽油 / 芥花油 / 葡萄籽油（自行選擇）

37.5g T55 麵粉

37.5g 馬鈴薯澱粉

5g 泡打粉

25g 可可粉（法芙娜）

將麵粉、馬鈴薯澱粉、泡打粉和可可粉一起過篩。以手持均質機將馬鈴薯蛋白、玉米糖膠和礦泉水一同均質。在裝了球型攪拌頭的桌上型攪拌機鋼盆中，打發馬鈴薯蛋白和玉米糖膠混合物，一邊慢慢倒入砂糖，直到質地變緊實。接著以流線方式注入油，輕輕攪拌幾秒鐘。停止攪拌、取下攪拌盆，以矽膠刮刀輕輕提起打發的馬鈴薯蛋白霜並混拌入過篩的乾粉類。製成後即刻使用。在鋪了烘焙紙的烤盤上，倒入並抹平巧克力手指餅乾麵糊。放入開啟旋風功能的烤箱中，以 180°C 烘烤約 14 分鐘。從烤箱取出後放在網架上冷卻。

巧克力糖液

100g 礦泉水

100g 細砂糖

25g 可可膏（法芙娜 100% 可可膏）

將可可膏以鋸齒刀切碎。將水和糖在單柄湯鍋中煮沸，然後加入切碎的可可膏，並以手持均質機均質。製成後即刻使用。

巧克力手指餅乾與巧克力糖液

以溫度計或電子探針輔助，將巧克力糖液加熱至約 40°C。用糕點刷將巧克力手指餅乾充分浸潤巧克力糖液，然後於冰箱靜置 30 分鐘。以直徑 18cm 的不鏽鋼圈型模切出 2 片圓片備用。

巧克力香緹與浸潤糖液的巧克力手指餅乾圓片

在裝了球型攪拌頭的桌上型攪拌機鋼盆中攪打巧克力香緹。將一個 2 連圓盤狀（直徑 20cm、高 1.5cm）矽膠膜具放在鋪了不沾矽膠墊的不鏽鋼烤盤上，擠入巧克力香緹至模具 3/4 高處，然後各放上一片浸潤糖液的手指餅乾圓片，抹平邊緣。冷凍 4 小時直至硬化。徹底冷凍後脫模，將兩份巧克力香緹與手指餅乾圓片分別以保鮮膜包裹，保存於冷凍庫中，以便組裝時使用。

巧克力鏡面

92g 黑巧克力（法芙娜單一產地厄瓜多 Hacienda Elenor 64%）
150g 鏡面果膠
55g 礦泉水
17g 去味椰子油
1.6g X58 果膠粉
1.5g 細砂糖
0.3g 向日葵卵磷脂

將巧克力隔水加熱融化。以溫度計或電子探針輔助，將鏡面果膠在單柄湯鍋中於 40°C 左右融化。將礦泉水加熱至 40°C，一邊倒入與果膠粉混合的細砂糖，一邊用力攪拌，直至沸騰。拌入去味椰子油，並以手持均質機均質。將其倒在融化的鏡面果膠上，混合均勻。倒在融化的巧克力上並加入卵磷脂。以手持均質機均質成均勻的鏡面。即刻使用，或裝入密封容器中，於冰箱冷藏保存。

巧克力飾片

200g 黑巧克力（法芙娜單一產地厄瓜多 Hacienda Elenor 64%）
適量可可粉（法芙娜）

先調溫黑巧克力，以保持其光澤度、柔滑與穩定性。將巧克力以鋸齒刀切碎，放入碗中，再放至單柄湯鍋中隔水加熱融化。以木匙輕輕攪拌，直到升溫至 50-55°C。將巧克力碗從單柄湯鍋中取出，放入另一個裝有水和 4、5 個冰塊的碗內。由於巧克力會開始在碗壁凝固，需不時攪拌，保持融化狀態。一旦降溫至 27-28°C，便將巧克力碗放回裝了熱水的單柄湯鍋中，同時密切監控溫度，溫度應落在 31-32°C 之間。此時巧克力已調溫完成。取一張烘焙紙，切出數張 4cm 寬的長條，在上面薄鋪一層調溫後的黑巧克力，並以篩網篩上可可粉。將巧克力長條放入木柴蛋糕模具中，在 18°C 下結晶 2 小時，靜置於 18°C 下備用。

組裝與完工

在甜塔殼底部平鋪上 160g 的可可碎粒酥脆帕林內，接著填入巧克力甘納許至塔頂。放入冰箱冷藏約 1 至 2 小時。另外將巧克力香緹與浸潤糖液的巧克力手指餅乾圓片放在網架上，網架下方放置烤盤。淋上溫度約為 40°C 的巧克力鏡面，以抹刀將頂部抹平，再小心將其放在已凝固的巧克力甘納許上。最後於巧克力鏡面上放上 6 片黑巧克力飾片。享用前於冰箱中冷藏。

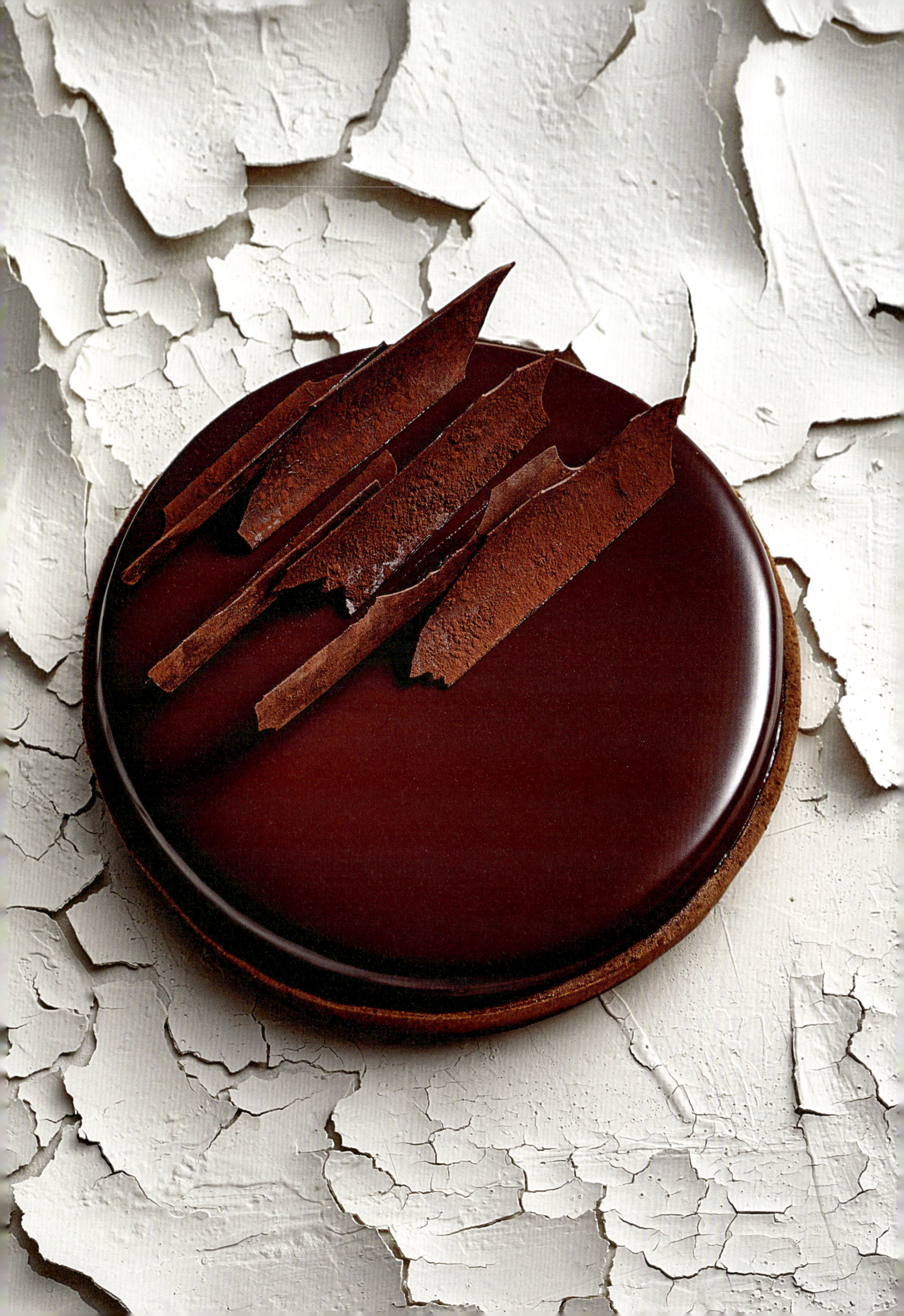

皇家帕林內巧克力蛋糕
Royal Praliné Chocolat

皇家帕林內巧克力蛋糕是一種傳統的巧克力多層蛋糕，相當濃郁豐厚。在這個無麩質版本中，我希望能在保持巧克力濃郁風味的同時，帶出更多的輕盈感。

王李娜

分量：12 個蛋糕

製作時間
2 小時
靜置時間
3 小時
烘烤與烹煮時間
25 分鐘

熔岩蛋糕體

140g 胚芽米粉
60g 焙烤榛果粉
60g 馬鈴薯澱粉
20g 鷹嘴豆粉
20g 燕麥粉
16g 泡打粉
160g 細砂糖
80g 去味椰子油
80g 葡萄籽油
160g 豆漿
1/2 小匙黃檸檬汁
100g 融化黑巧克力（塗抹於蛋糕表面防潮，可使用如法芙娜孟加里 [Manjari] 64% 巧克力）
1 撮葛宏德鹽之花

在小型單柄湯鍋中，以小火融化去味椰子油，與葡萄籽油混合並於室溫中靜置備用。將豆漿和檸檬汁在調理盆中混合，加入細砂糖，以打蛋器攪拌至溶解。將胚芽米粉、鷹嘴豆粉、燕麥粉、馬鈴薯澱粉和泡打粉一起過篩，加入液體混合物中攪拌均勻。麵糊靜置水合至少 20 分鐘。將油緩緩加入麵糊中，同時以打蛋器攪拌乳化，如同製作美乃滋一般。最後加入榛果粉和鹽之花。製成的麵糊質地需非常均勻。烤箱開啟旋風功能，預熱至 200°C。將蛋糕麵糊倒在一個鋪了烘焙紙的烤盤上，以 L 型抹刀抹平表面。接著烘烤 10 分鐘，烤至蛋糕呈現金黃色。出爐後靜置冷卻，然後以直徑 5cm 的圓形餅乾模切出 12 個圓片。在上面薄薄刷上一層事先以微波爐融化的黑巧克力。放入冰箱冷藏，待組裝時使用。

將剩餘的蛋糕體放入 170°C 的烤箱中烘烤 10 分鐘至完全乾燥並呈金黃色，如麵包脆餅一般。這些剩餘的乾燥蛋糕體將用於製作酥脆帕林內。

酥脆帕林內

65g 黑巧克力（法芙娜 64%）

250g 帕林內（50% 杏仁、50% 榛果）

60g 純榛果膏（100% 榛果）

12g 去味椰子油

3g 葛宏德鹽之花

50g 乾燥酥脆蛋糕體碎屑

以擀麵杖將乾燥蛋糕體壓碎。將巧克力和去味椰子油一同以隔水加熱方式融化，然後加入帕林內、純榛果膏、鹽之花和酥脆蛋糕碎。所有食材混合均勻後倒入直徑 5cm 的模具或慕斯圈中，上方放上塗了融化巧克力防潮的熔岩蛋糕體。放入冰箱冷凍，待組裝時使用。

巧克力慕斯

300g 黑巧克力（法芙娜 64%）

400g 燕麥奶

125g 豆漿

180g 人造奶油

60g Yumgo Blanc 液態植物蛋白 [32]

40g 細砂糖

15g 玉米澱粉

2.5g 洋菜粉

將黑巧克力切碎，放入調理盆中。在單柄湯鍋中將玉米澱粉、洋菜粉、燕麥奶與豆漿以打蛋器混合均勻，煮沸同時不停攪拌，接著倒在黑巧克力上使其融化。加入人造奶油，以手持均質機均質乳化後，靜置降溫至 35°C。將細砂糖緩緩加入 Yumgo Blanc 液態植物蛋白中，一邊以打蛋器攪打，直到打發為緊實、提起時呈尖角的蛋白霜。將 1/3 的蛋白霜混拌入巧克力糊中，然後逐漸加入剩下的蛋白霜，一邊以打蛋器從上至下輕柔混拌，避免消泡。在鋪了烘焙紙的烤盤上，放上 12 個直徑 6.5cm、高 4.5cm 的不鏽鋼模具或慕斯圈，內襯塑膠慕斯圍邊。將慕斯填入至模具 3/4 高處，接著以小型抹刀將慕斯塗抹至模具邊緣。將作為內餡的酥脆帕林內與熔岩蛋糕體脫模，放在慕斯上。它們需與模具或慕斯圈頂端齊平。接著冷凍至少 2 小時。

---

32 Yumgo Blanc 是法國植物基新創公司 YUMGO 推出的純植物蛋白，主要由馬鈴薯澱粉製成，能以相同的形態與使用方式完全取代雞蛋蛋白。YUMGO 的共同創辦人荷道夫・朗德曼（Rodolphe Landemaine）主廚為法國知名麵包師，也是 Maison Landemaine 和 Land & Monkeys 麵包店的創辦人（見本書第 4 頁）。

可可鏡面

200g 豆漿
200g 礦泉水
250g 細砂糖
80g 零脂可可粉
30g 可可脂（法芙娜）
18g NH95 果膠粉

取 2 大匙細砂糖與果膠粉混合。將可可粉和可可脂放入一個調理盆中混合。將豆漿、水和剩餘的細砂糖一同在單柄湯鍋中煮沸。然後將糖和果膠粉的混合物撒入鍋中，同時不停攪拌，以小火維持沸騰狀態，直到果膠完全溶解。離火，將果膠混合液倒在可可粉與可可脂上，接著以手持均質機均質乳化。以保鮮膜貼緊表面待其冷卻，途中需不時掀起保鮮膜攪拌。當鏡面降溫至 40°C 時即可使用。

組裝與完工

150g 帕林內
（50% 杏仁、50% 榛果）
18 粒焙烤整粒帶皮榛果

將巧克力慕斯從冷凍庫取出脫模，放在網架上，網架下方放置一個容器，以集取流下的鏡面。將巧克力慕斯以長籤戳起，浸入可可鏡面中，接著放回網架上靜置。鏡面凝結後，在上方放一些帕林內，並以切半的榛果和榛果皮裝飾。成品放置冰箱中至完全解凍，享用前存放於冰箱中冷藏。

注意：若可可鏡面有剩餘，請於冰箱中冷藏保存，最長可達 15 天。此淋面也可用於裝飾本書中的巧克力熔岩蛋糕（第 63 頁）和巧克力熔岩蒸蛋糕（第 76 頁）。

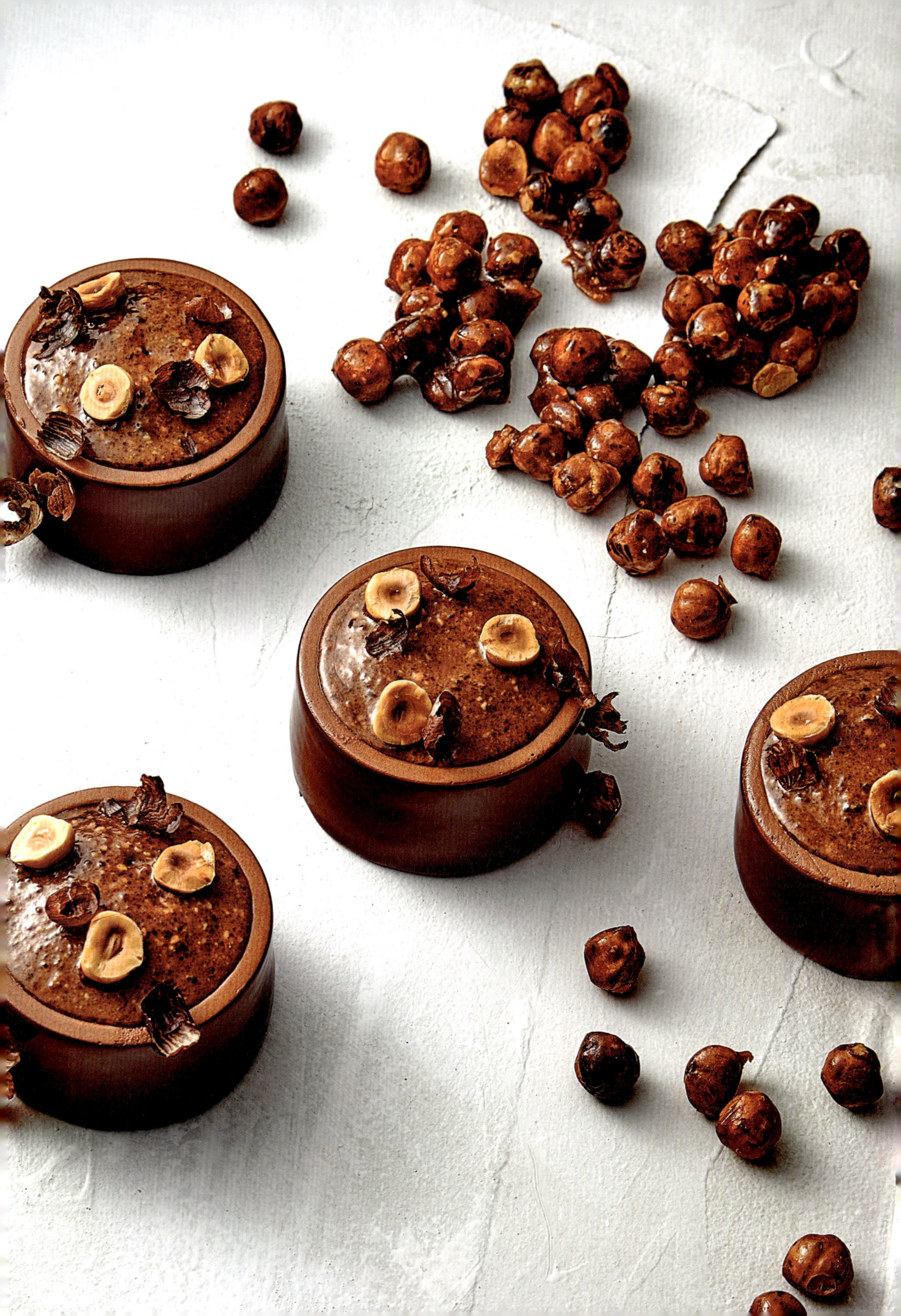

黑醋栗之花多層蛋糕
Entremets Fleur de Cassis

我在 2020 年與尼可拉・克盧瓦索合作時，構思了這款蛋糕。出發點是黑醋栗黑巧克力甘納許，這是巧克力之家產品中我的最愛。這款風味組合啟發了黑醋栗之花。由於不含動物脂肪，質地與風味的多種層次皆得以彰顯。

皮耶・艾曼

分量：6-8 人份

製作時間
6 小時
靜置時間
12 小時
烘烤與烹煮時間
45 分鐘

無麩質混合粉
100g 胚芽米粉
60g 玉米澱粉
20g 馬鈴薯澱粉
20g 杏仁粉

將所有粉類一起混合過篩。

黑醋栗胡椒酥粒

70g 人造奶油
70g 黃糖
70g 無麩質混合粉
0.15g 或 1 小撮黑醋栗胡椒（poivre de cassis）[33]
0.15g 或 1 小撮葛宏德鹽之花
55g 杏仁粉
15g 黃玉米粉

在裝了葉片型攪拌頭的桌上型攪拌機鋼盆中，依序加入食材混合。以保鮮膜包裹，冷藏 2 小時。在撒了少許麵粉的工作檯上，以擀麵杖將酥粒麵團擀成約 5mm 厚。用叉子在麵團上戳孔，然後放入開啟旋風功能的烤箱中，以 165°C 烘烤 25 分鐘。從烤箱中取出後，以不鏽鋼圈型模切出直徑 18cm 的圓片。

巧克力蛋糕體

10g 馬鈴薯蛋白
1.5g 玉米糖膠
300g 礦泉水
170g 細砂糖
85g 杏仁粉
90g 無麩質混合粉
40g 可可粉
12g 泡打粉
100g 葡萄籽油

將無麩質混合粉、泡打粉和可可粉一起過篩。以手持均質機均質馬鈴薯蛋白、玉米糖膠和礦泉水。中速均質約 1 分鐘，然後加入砂糖，再次均質 30 秒。加入已過篩的乾粉類與杏仁粉，以矽膠刮刀混拌，接著以流線方式注入葡萄籽油並混拌均勻。在鋪了烘焙紙的烤盤上，均勻攤平蛋糕麵糊。放入開啟旋風功能的烤箱中，以 170°C 烘烤約 20 分鐘。冷卻後切出一片直徑 18cm 的圓片。

巧克力黑醋栗甘納許

100g 黑醋栗果泥
20g 紅醋栗果泥
1g 黑醋栗胡椒
50g 礦泉水
10g 新鮮黃檸檬汁
100g 黑巧克力（法芙娜單一產地厄瓜多 Hacienda Eleonor 64%）
40g 人造奶油

以微波爐或隔水加熱方式融化巧克力。在單柄湯鍋中加熱黑醋栗果泥、紅醋栗果泥、水、檸檬汁和黑醋栗胡椒。將加熱後的果泥混合物一點一點地拌入融化巧克力中。製成的甘納許須光滑、均勻、如奶霜般輕盈。靜置冷卻至約 40°C 時，加入人造奶油，一邊以矽膠刮刀輕輕攪拌，接著以手持均質機均質。稍稍降溫後即可使用。

---

33 一種產於法國勃根地的新型態香料，由黑醋栗的花蕾製成，有葉片的濃烈香氣，也有果實的柔和酸度。

糖煮黑醋栗

110g 黑醋栗果泥

20g 紅醋栗果泥

20g 細砂糖

4g NH 果膠粉

將黑醋栗果泥與紅醋栗果泥在單柄湯鍋中加熱至 50°C，加入事先混合的果膠粉與砂糖，然後煮沸。使用前放入冰箱靜置冷卻。

組合巧克力蛋糕與巧克力黑醋栗甘納許和糖煮黑醋栗圓片

50g 糖漿浸漬黑醋栗（grains de cassis au sirop）[34]

在鋪了烘焙紙的不鏽鋼托盤上，放上一個直徑 18cm 的不鏽鋼圈型模。放入巧克力蛋糕圓片，平鋪上巧克力黑醋栗甘納許。放入冰箱中冷藏定型，然後冷凍，冷凍成型後翻轉圈型模。在蛋糕的另一面，倒入並平鋪上糖煮黑醋栗，然後撒上 50g 糖漿浸漬黑醋栗。冷凍 3 小時，然後以保鮮膜包裹，於冷凍庫中保存至組裝時使用。

黑巧克力慕斯

10g 細砂糖

6g 玉米澱粉

185g 燕麥奶

5g 去味椰子油

270g 黑巧克力（法芙娜單一產地厄瓜多 Hacienda Eleonor 64%）

170g 礦泉水

5g 馬鈴薯蛋白

2g 玉米糖膠

以手持均質機均質礦泉水、馬鈴薯蛋白和玉米糖膠，放入冰箱靜置冷藏 20 分鐘，然後放入裝了球型攪拌頭的桌上型攪拌機鋼盆中，以中速攪打。將黑巧克力以微波爐或隔水加熱融化，溫度為 50-55°C。在單柄湯鍋中混合砂糖、玉米澱粉與燕麥奶，加入去味椰子油並煮沸。分三次倒入融化的巧克力中，接著將混合物加入打發的馬鈴薯蛋白中。

巧克力淋面

70g 黑巧克力（法芙娜單一產地厄瓜多 Hacienda Eleonor 64%）

120g 鏡面果膠

42g 礦泉水

12.9g 去味椰子油

0.5g 玉米糖膠

將黑巧克力以微波爐或隔水加熱融化，溫度為 45-50°C。將礦泉水加熱至 45°C，倒入融化的去味椰子油中，然後倒入玉米糖膠。以手持均質機均質 1 分鐘，使混合物的質地均勻。將其加熱至 45°C，然後倒在融化的巧克力上。接著加入預先加熱的鏡面果膠，再次均質成為均勻的淋面。

---

[34] 以糖漿浸漬的黑醋栗，法國有罐頭市售品。

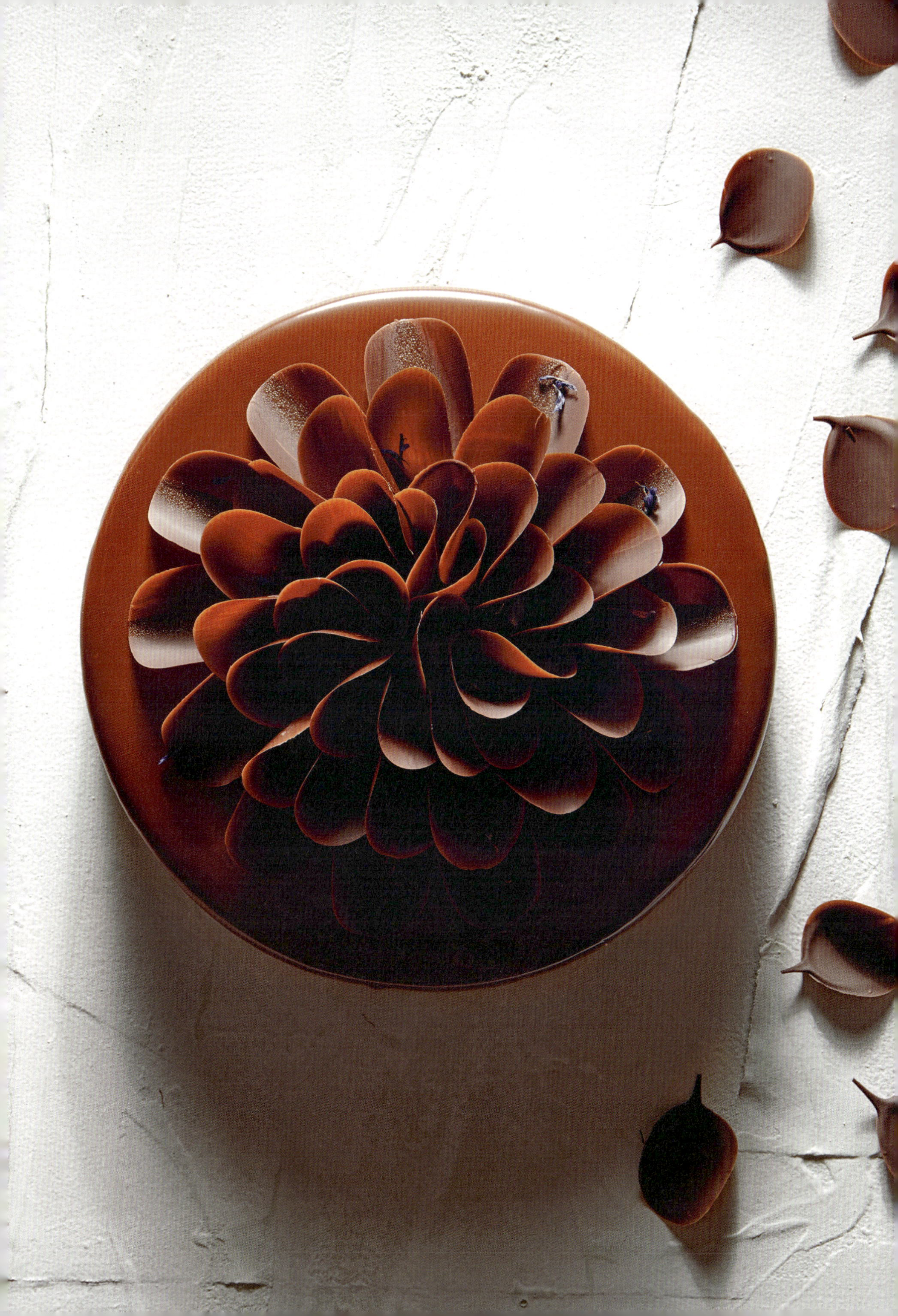

黑巧克力花瓣
200g 黑巧克力（法芙娜 64%）

先調溫黑巧克力，以保持其光澤度、柔滑與穩定性。將巧克力以鋸齒刀切碎，放入碗中，再放至單柄湯鍋中隔水加熱融化。以木匙輕輕攪拌，直到升溫至 50-55°C。將巧克力碗從單柄湯鍋中取出，放入另一個裝有水和 4、5 個冰塊的碗內。由於巧克力會開始在碗壁凝固，需不時攪拌，保持融化狀態。一旦降溫至 27-28°C，便將巧克力碗放回裝了熱水的單柄湯鍋中，同時密切監控溫度，溫度應落在 31-32°C 之間。此時巧克力已調溫完成。將鋪了一張 40x4cm 塑膠薄片的平板放在工作檯上，以未裝擠花嘴的擠花袋，將調溫後的黑巧克力滴在塑膠薄片上，然後平貼上另一張相同大小的塑膠薄片，並以手指撫平表面。接著將夾著巧克力花瓣的兩片塑膠片放入單人份木柴蛋糕模具或瓦片模具中，冷卻後即形成有自然曲線的薄片。[35]

完工
適量矢車菊花瓣

組裝與完工

在鋪了烘焙紙的烤盤上，放上一個直徑 20cm、高 4cm 的不鏽鋼圈型模。內襯一條高 4cm 的塑膠慕斯圍邊。放入烘烤過的黑醋栗胡椒酥粒圓片，以擠花袋擠上一層薄薄的黑巧克力慕斯。放上巧克力蛋糕與巧克力黑醋栗甘納許和糖煮黑醋栗圓片，再以巧克力慕斯填滿模具，並以 L 型抹刀抹平表面。放入冰箱冷藏 2 小時凝固定型。冷凍 5 小時，然後脫模並取下塑膠慕斯圍邊。

將冷凍後的蛋糕放在網架上，網架下方放置一個烤盤。以長柄勺將蛋糕全體淋上黑巧克力淋面，並以 L 型抹刀抹平表面、去除多餘的淋面。將蛋糕放入展示盤中，於冰箱中冷藏解凍 3 小時。最後以巧克力花瓣和乾燥矢車菊花瓣裝飾。享用前於冰箱中冷藏。

---

[35] 需重複操作多次，才能有足夠數量的巧克力花瓣裝飾。

沙漠玫瑰塔
Tarte Rose des Sables

巧克力之家的巧克力、我的玫瑰,這個塔是我們合作的連結。玫瑰與有著焙烤杏仁調性的巧克力及杏仁帕林內,在酥脆塔皮與絲滑甘納許的基礎上相互融合,和諧地創造出一種獨特的風味,達到平衡。

皮耶・艾曼

分量:10 個單人份小塔

製作時間
6 小時
靜置時間
12 小時
烘烤與烹煮時間
35 分鐘

自製杏仁帕林內(前日準備)
165g 細砂糖
50g 礦泉水
3g(2 根)使用後乾燥的香草莢 [36]
265g 去皮杏仁

將杏仁平鋪在鋪了烘焙紙的烤盤上,注意不要相互重疊。放入 160°C、開啟旋風功能的烤箱中,烘烤 15 分鐘。以溫度計或電子探針輔助,將糖和水在單柄湯鍋中煮至 121°C。將使用後乾燥並磨碎的香草莢與仍溫熱的焙烤杏仁倒入熱糖漿中,攪拌至糖漿反砂結晶,接著維持中火使其焦糖化。倒在不沾烤盤上冷卻。大略壓碎後,以食物調理機研磨成糊狀。冷藏於冰箱中備用。帕林內將用於填入塔殼及製作絲滑奶餡。

---

[36] 將已剖開取籽後的香草莢,或曾於牛奶或其他液體中浸泡、煮過的香草莢,沖洗後晾乾回收再利用。這是甜點師的環保節儉做法。由於香草莢本身仍帶有香氣,最常見的再利用方法,就是將其放入砂糖罐中,製作香草糖。在本食譜中磨粉後使用,作用類同於香草粉。

柔滑杏仁奶餡（前日準備）

68g 礦泉水
6.7g 轉化糖
17g 葡萄糖漿
88g 純焙烤杏仁膏（100% 杏仁）
47g 自製杏仁帕林內
14g 可可脂（法芙娜）

以溫度計或電子探針輔助，先將礦泉水加熱至 45°C。接著加入轉化糖與葡萄糖漿，煮沸。分三次倒在可可脂、純杏仁膏和自製杏仁帕林內上，每次倒入時不斷攪拌，然後以手持均質機均質，成為質地均勻的奶餡。倒入焗烤盤中，以保鮮膜貼緊表面，在冰箱中冷卻約 12 小時後再使用。

甜塔皮

35g 去味椰子油
35g 可可脂（法芙娜）
90g 糖粉
2g 葛宏德鹽之花
235g T55 麵粉
80g 杏仁粉
75g 礦泉水

以溫度計或電子探針輔助，在 30-35°C 下融化去味椰子油與可可脂。在裝了葉片型攪拌頭的桌上型攪拌機鋼盆中，倒入杏仁粉、鹽之花、糖粉，接著倒入 30°C 的混合椰子油和可可脂。充分拌合均勻後，倒入加熱至 40°C 的礦泉水。接著加入預先過篩的麵粉。混拌均勻後將麵團取出放在烤盤上，以保鮮膜貼緊表面，冰箱冷藏 2 小時備用。
在撒了少許麵粉的工作檯上，將麵團擀開至約 2-3mm 厚。以圈型模切出 10 片直徑 12cm 的圓片。將它們放在烤盤上，於冰箱冷藏靜置 30 分鐘後入模。為 10 個直徑 8cm、高 2cm 的不鏽鋼圈型模上油，將圓形塔皮入模，並切除多餘的麵團。冰箱冷藏 1 小時後，冷凍靜置至少 2 小時。

烤箱開啟旋風功能，預熱至 250°C。入爐時降溫至 170°C。將塔殼放在鋪了烘焙紙的烤盤上，塔殼上覆蓋鋁箔紙或烘焙紙，然後填入乾豆。以 170°C 烘烤約 20 分鐘。從烤箱中取出後靜置冷卻，然後取出乾豆和鋁箔紙。保留不鏽鋼塔圈，為之後組裝備用。

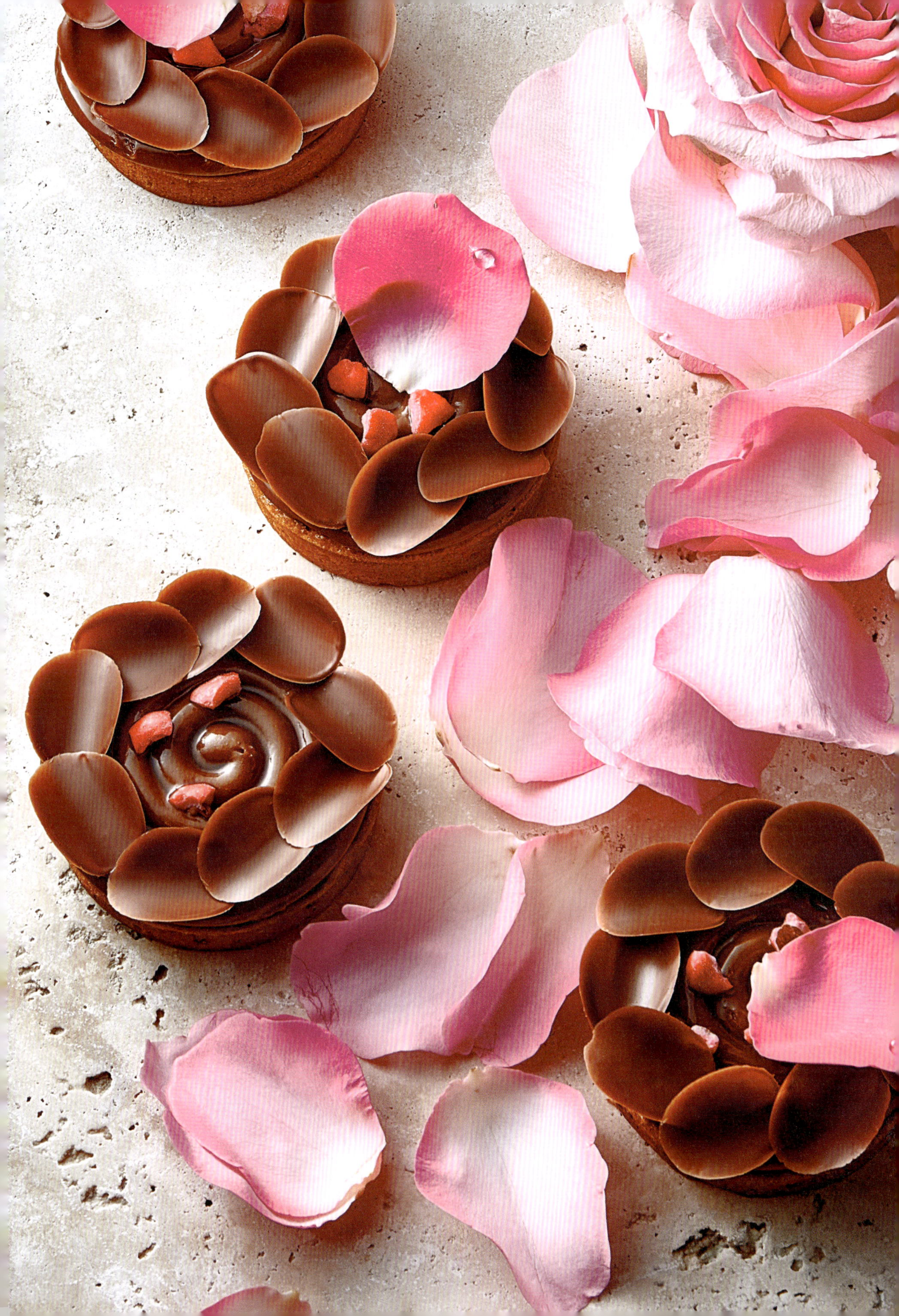

杏仁奶巧克力與玫瑰甘納許
136g 杏仁奶巧克力
（法芙娜阿瑪蒂卡 [Amatika] 46%）
136g 燕麥奶
4g 天然玫瑰香精

切碎巧克力，放入調理盆中。將燕麥奶煮沸後倒在巧克力上。從中央開始混合，一邊攪拌一邊向外擴大攪拌範圍。接著加入天然玫瑰香精，以手持均質機均質甘納許。倒入焗烤盤中，以保鮮膜貼緊表面，放入冰箱冷卻後再使用。

杏仁奶巧克力花瓣
100g 杏仁奶巧克力
（法芙娜阿瑪蒂卡 [Amatika] 46%）

裁切出 20 張 40x4cm 的塑膠片。將鋪了一張塑膠片的砧板放在工作檯上，以未裝擠花嘴的擠花袋，滴上 10 滴事先在微波爐中融化的杏仁奶巧克力，在巧克力上平貼上第二片相同大小的塑膠薄片，以手指撫平表面。將夾著巧克力花瓣的兩片塑膠片放入單人份木柴蛋糕模具或瓦片模具中。[37] 以相同方式操作完所有塑膠片。

組裝與完工
適量玫瑰花瓣
適量葡萄糖漿
適量粉紅果仁糖
（pralines roses）[38] 碎

將自製杏仁帕林內填入甜塔皮中，然後填入杏仁奶巧克力與玫瑰甘納許直至塔頂。於冰箱中靜置 30 分鐘。甘納許凝固定型後，以未裝擠花嘴的擠花袋擠上螺旋狀的柔滑杏仁奶餡。撒上粉紅果仁糖碎，並在塔邊緣放上 8 至 9 片杏仁奶巧克力花瓣。於塔頂裝飾一片玫瑰花瓣，滴上一滴葡萄糖漿作為露珠襯托。享用前於冰箱中冷藏。

---

[37] 需重複操作多次，製作多片花瓣以裝飾 10 個塔。剩餘的巧克力花瓣亦可保留做其他用途。
[38] 將杏仁或堅果以染成粉色的焦糖液包裹、翻炒至反砂結晶後的糖果，是法國里昂的特產。

巧克力慕斯
Mousse au Chocolat

巧克力慕斯是一個人見人愛、充滿懷舊滋味的甜點。我在這裡提供自己最喜歡的食譜，口感柔滑且輕盈。

王李娜

分量：6-8 人份

製作時間
1 小時
靜置時間
6 小時
烹煮時間
10 分鐘

鹽之花巧克力飾片
200g 黑巧克力
（法芙娜莎蒂麗雅 [Satilia] 62%）
3.6g 葛宏德鹽之花

以擀麵杖將鹽之花結晶壓碎，然後以中或細網目篩網過篩，保留最細的結晶顆粒。調溫巧克力，以保持其光澤度、柔滑與穩定性。將巧克力以鋸齒刀切碎，放入碗中，再放至單柄湯鍋中隔水加熱融化。以木匙輕輕攪拌，直到升溫至 50-55°C。將巧克力碗從單柄湯鍋中取出，放入另一個裝有水和 4、5 個冰塊的碗內。由於巧克力會開始在碗壁凝固，需不時攪拌，保持融化狀態。一旦降溫至 27-28°C，便將巧克力碗放回裝了熱水的單柄湯鍋中，同時密切監控溫度，溫度應該落在 31-32°C 之間。此時巧克力已調溫完成。混拌入壓碎的鹽之花。在一張塑膠片上，薄薄地平鋪上調溫後的鹽之花巧克力，厚度約 1mm。蓋上第二張塑膠片並壓上重物，以防止巧克力結晶時變形。放入冰箱並讓其結晶至少 1 小時，將鹽之花巧克力塊大略壓碎成 5-7cm 的小塊用於裝飾。裝入密封容器中於冰箱冷藏保存。

巧克力慕斯

400g 燕麥奶

125g 香草味豆漿

15g 玉米澱粉

180g 人造奶油

60g Yumgo Blanc 液態植物蛋白
（或 95g 鷹嘴豆水 [aquafaba][39]）

40g 黃蔗糖 [40]

300g 黑巧克力
（法芙娜莎蒂麗雅 [Satilia] 62%）

1g 葛宏德鹽之花

在單柄湯鍋中煮沸燕麥奶、豆漿與玉米澱粉。以手持均質機均質乳化，加入黑巧克力混合，然後加入人造奶油，再次均質，成為甘納許。靜置冷卻至 35°C。緩緩將黃蔗糖倒入 Yumgo Blanc 液態植物蛋白中，同時打發。將液態植物蛋白與糖的混合物，緩緩拌入巧克力甘納許中，並加入鹽之花。將混合物倒入容器中，於冰箱靜置冷藏。品嚐時，將一小塊鹽之花巧克力飾片放在巧克力慕斯上裝飾。

---

[39] 浸泡鷹嘴豆後留下的汁水（市售鷹嘴豆罐頭中的液體最為合適），由於具有蛋白質與碳水化合物，在純素料理與烘焙中經常用來取代蛋白，加上塔塔粉、砂糖即可打發為蛋白霜。

[40] 法國生產大量甜菜糖、國內食糖絕大部分也是甜菜糖，因此食譜中若需要蔗糖香氣、顏色時，會特別註明。

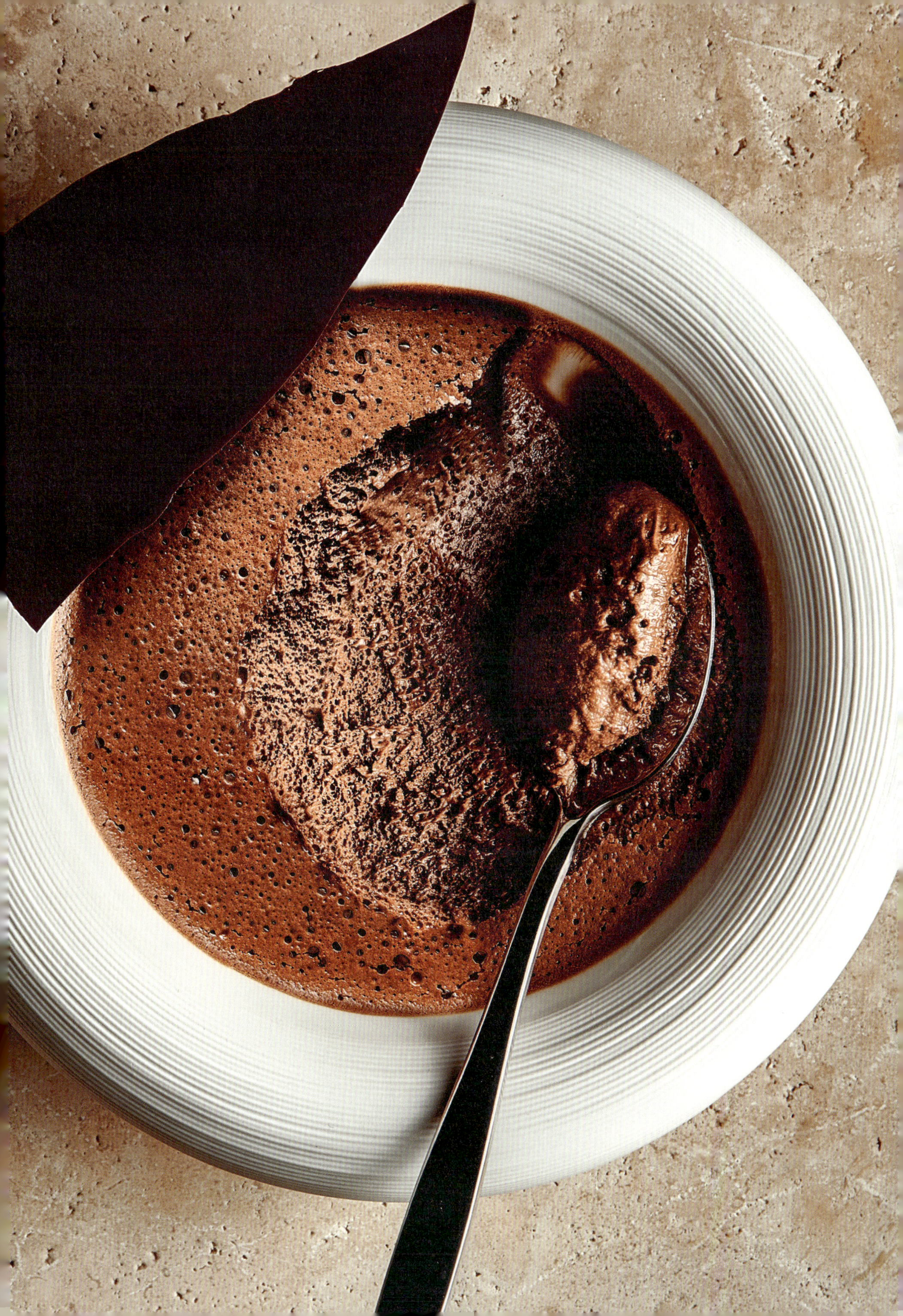

南瓜籽杏仁札塔帕林內夾心巧克力
Bonbon chocolat Praliné aux amandes, aux Graines de courge et au Zaatar

我從以色列旅行回來時構思了這款夾心巧克力。以札塔香料（zaatar，混合百里香、芝麻與數種香料）[41]來創作一款純植物食譜，對我來說是個自然而然的選擇。

皮耶・艾曼

分量：80 塊夾心巧克力

製作時間
6 小時
靜置時間
12 小時
烘烤與烹煮時間
20 分鐘

---

41 一種中東綜合香料，主要組成為乾燥百里香、芝麻和鹽膚木。依照地區與個人喜好，也會混合其他香草與香料如墨角蘭（majoram）、奧勒岡（oregano）、芫荽等，充滿香草與堅果香氣。

南瓜籽札塔帕林內
（前兩日準備）

125g 細砂糖
37.5g 礦泉水
200g 南瓜籽
1.5g 葛宏德鹽之花
28g 葡萄籽油
8.5g 札塔香料

在鋪了烘焙紙的烤盤上平鋪上南瓜籽，注意不要相互重疊。將它們放入 150°C、開啟旋風功能的烤箱中烤 10 分鐘，直到金黃酥脆。以溫度計或電子探針輔助，在單柄湯鍋中將細砂糖和水煮至 121°C。將仍溫熱的烤南瓜籽倒入熱糖漿中，一邊以木匙輕輕混拌直到糖漿反砂結晶，維持中火使其焦糖化。倒在不沾矽膠烘焙墊上靜置冷卻。將焦糖南瓜籽略略壓碎，倒入食物調理機中，並加入鹽之花、札塔香料和葡萄籽油研磨成糊，保留一些粗糙的顆粒、不要研磨得太細。放入冰箱中保存備用。

注意：焦糖南瓜籽冷卻後須立即壓碎、研磨和使用。由於有受潮、變質的風險，一旦焦糖化就無法長期儲存。

焙烤南瓜籽（前兩日準備）

200g 南瓜籽

在鋪了烘焙紙的烤盤上平鋪上南瓜籽，注意不要相互重疊。將它們放入 150°C、開啟旋風功能的烤箱中烤 10 分鐘，直到金黃酥脆。它們將用於製作帕林內與夾心巧克力裝飾。

杏仁南瓜籽札塔帕林內
（前兩日準備）

170g 杏仁帕林內（60% 杏仁）
400g 南瓜籽札塔帕林內
75g 黑巧克力
（法芙娜阿拉瓜尼 [Araguani] 72%）
112g 可可脂（法芙娜）
80g 焙烤南瓜籽

將杏仁帕林內、南瓜籽札塔帕林內，以及融化的黑巧克力和可可脂倒入食物調理機中。研磨直到達到 24°C，以溫度計或電子探針確認溫度，快速加入焙烤南瓜籽，全部一起研磨，溫度勿超過 25°C。在烤盤上放置一張塑膠片與一個尺寸為 30x30cm、厚 12mm 的方形模具。倒入帕林內，以 L 型抹刀抹平表面。在室溫下（16-18°C 的空間）冷卻至隔天。

帕林內切塊（前日準備）

250g 黑巧克力
（法芙娜阿拉瓜尼 [Araguani] 72%）

第二天，製作帕林內的預覆面。先調溫黑巧克力，以保持其光澤度、柔滑與穩定性。將巧克力以鋸齒刀切碎，放入碗中，再放至單柄湯鍋中隔水加熱融化。以木匙輕輕攪拌，直到升溫至 50-55°C。將巧克力碗從單柄湯鍋中取出，放入另一個裝有水和 4、5 個冰塊的碗內。由於巧克力會開始在碗壁凝固，需不時攪拌，保持融化狀態。一旦降溫至 27-28°C，便將巧克力碗放回裝了熱水的單柄湯鍋中，同時密切監控溫度，溫度應該落在 31-32°C 之間。此時巧克力已調溫完成。

在前一天製作的杏仁南瓜籽札塔帕林內上，薄薄塗上一層調溫完成的巧克力。以抹刀抹平表面，然後在室溫下靜置 20 分鐘使其凝固。將塑膠片上的方形模翻轉，然後在帕林內底部薄薄塗上一層巧克力。抹平表面並在室溫下靜置 20 分鐘使其凝固。以浸過熱水的小刀刀刃滑過方形模具內緣，將模具剝離。帕林內切出多個 30x22.5mm 的長方塊，並一一分離。將它們放在烤盤上，彼此間隔開來。儲存於室溫下（16-18°C 的空間）直到隔天。

夾心巧克力最終覆面

500g 黑巧克力
（法芙娜阿拉瓜尼 [Araguani] 72%）
適量焙烤南瓜籽

現在開始製作夾心巧克力的最終覆面。
首先依前面的指示調溫巧克力；完成的溫度應在 31-32°C 之間。準備數張塑膠片，之後用來放置夾心巧克力，塑膠片張數依巧克力數量而定。將第一個帕林內長方塊浸入調溫完成的巧克力中，然後以三爪巧克力叉將其取出：在碗的一側將帕林內浸入巧克力中再提起，並逐漸將叉子移向自己，重複兩到三次，使帕林內被巧克力包覆。取出盛著夾心巧克力的叉子；輕震掉多餘的巧克力，然後沿著碗緣刮一刮。將夾心巧克力放在塑膠片上，然後在巧克力上放三顆完整的焙烤南瓜籽。以同樣的方式處理其他帕林內長方塊，注意不時將巧克力碗放入隔水加熱的鍋中，使溫度保持在 31-32°C 之間。讓夾心巧克力在室溫下[42]靜置乾燥至隔天。若需儲存夾心巧克力，請將它們儲存於防潮與防異味的密封盒中，環境溫度應介於 15-18°C 之間。

我希望巧克力覆面很薄，但並非如時下同業那般超薄。覆面有助於夾心巧克力的風味和平衡，須有存在感但並非壓倒性的。——皮耶・艾曼

---

[42] 溫度同前，約 16-18°C。

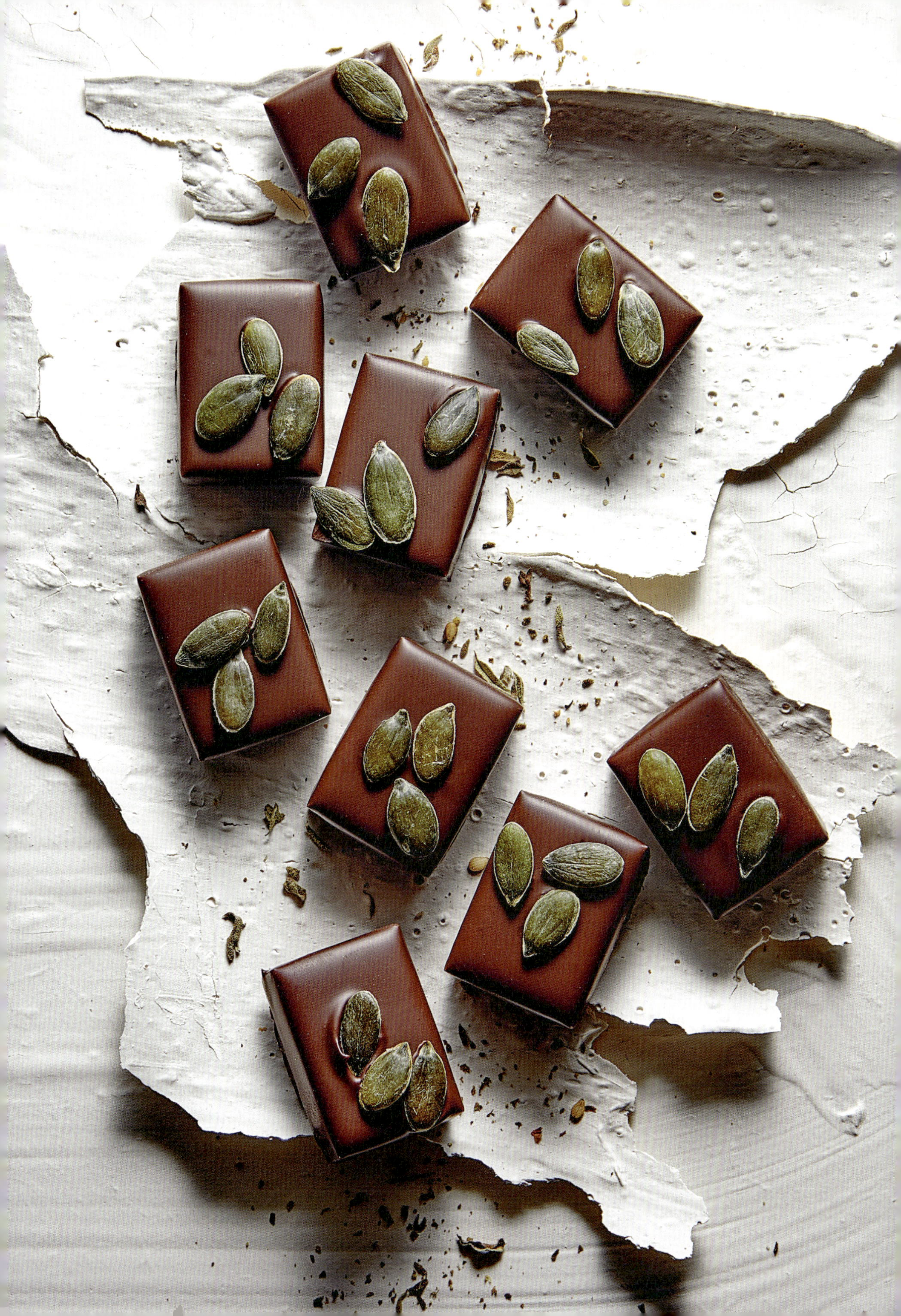

杏仁咖哩帕林內夾心巧克力
Bonbon chocolat Praliné Amande et Curry

我製作了一款混合了香草香氣的杏仁帕林內,並在其中加入孟買咖哩粉,作為旅行之邀。我特別喜歡它在清新調性與熱辣風味間的平衡。我選擇了足夠薄但不過薄的覆面,因為巧克力的厚度也會影響品嚐時的情感激盪。

皮耶‧艾曼

分量:80 塊夾心巧克力

製作時間
6 小時
靜置時間
12 小時
烘烤與烹煮時間
15 分鐘

自製杏仁香草帕林內
(前兩日準備)
125g 細砂糖
37.5g 礦泉水
1½ 根 馬達加斯加香草莢,剖半取籽
200g 整粒去皮杏仁

在鋪了烘焙紙的烤盤上平鋪上杏仁,注意不要相互重疊。將它們放入開啟旋風功能的烤箱,以 160°C 烘烤 15 分鐘。以溫度計或電子探針輔助,在單柄湯鍋中將糖和水煮至 121°C。將香草籽、香草莢和仍然溫熱的焙烤杏仁倒入熱糖漿中,一邊以木匙輕輕混拌至糖漿反砂結晶,維持中火使其焦糖化。倒在不沾矽膠烘焙墊上靜置冷卻。將焦糖杏仁略略壓碎,倒入食物調理機中研磨成糊,保留一些粗糙的顆粒、不要研磨得太細。放入冰箱中保存備用。

注意：焦糖杏仁冷卻後須立即壓碎、研磨和使用。由於有受潮、變質的風險，一旦焦糖化就無法長期儲存。

杏仁咖哩帕林內
（前兩日準備）

60g 黑巧克力
（法芙娜阿拉瓜尼 [Araguani] 72%）
90g 可可脂（法芙娜）
330g 杏仁帕林內（60% 杏仁）
330g 自製杏仁香草帕林內
1.25g 葛宏德鹽之花
4.5g 孟買咖哩粉
（侯朗傑香料 Roellinger[43]）

先將黑巧克力和可可脂一同調溫。將巧克力與可可脂以鋸齒刀切碎，放入碗中，再放至單柄湯鍋中隔水加熱融化。以木匙輕輕攪拌，直到升溫至 45-50°C。將巧克力碗從單柄湯鍋中取出，放入另一個裝有水和 4、5 個冰塊的碗內。由於巧克力會開始在碗壁凝固，需不時攪拌，保持融化狀態。一旦降溫至 27-28°C，便將巧克力碗放回裝了熱水的單柄湯鍋中，同時密切監控溫度，溫度應落在 31-32°C 之間。此時巧克力已調溫完成。混拌入其餘食材並即刻使用。在烤盤上放置一張塑膠片和一個尺寸為 30x30cm、厚 12mm 的方形模具。倒入帕林內，以 L 型抹刀抹平。在室溫下（16-18°C 的空間）冷卻至隔天。

帕林內切塊（前日準備）

250g 杏仁奶巧克力
（法芙娜阿瑪蒂卡 [Amatika] 46%）

製作帕林內的預覆面。先調溫巧克力，以保持其光澤度、柔滑與穩定性。將巧克力以鋸齒刀切碎，放入碗中，再放至單柄湯鍋中隔水加熱融化。以木匙輕輕攪拌，直到升溫至 45-50°C。將巧克力碗從單柄湯鍋中取出，放入另一個裝有水和 4、5 個冰塊的碗內。由於巧克力會開始在碗壁凝固，需不時攪拌，使其保持融化狀態。一旦降溫至 27-28°C，便將巧克力碗放回裝了熱水的單柄湯鍋中，同時密切監控溫度，溫度應落在 30-31°C 之間。此時巧克力已調溫完成。

在前一天製作的杏仁咖哩帕林內上，薄薄塗上一層調溫完成的巧克力。以抹刀抹平表面，然後在室溫下靜置 20 分鐘使其凝固。將塑膠片上的方形模翻轉，然後在帕林內底部薄薄塗上一層巧克力。抹平表面並在室溫下靜置 20 分鐘使其凝固。

---

43 創立於 1982 年的香料品牌，創辦人為法國前三星主廚奧利維耶・侯朗傑（Olivier Roellinger）。侯朗傑是法國最早大量融合異國香料與法式料理的主廚，後因健康問題無法久站，轉而從事香料調配研發，並經營度假旅館與廚藝學校等。旅館 Château Richeux 附設的餐廳 Le Coquillage Roellinger 現由其子 Hugo Roellinger 擔任主廚，並於 2019、2024 年摘下米其林二星。

以浸過熱水的小刀刀刃滑過方形模具內緣，將模具剝離。帕林內切出多個 30x22.5mm 的長方塊，並一一分離。將它們放在烤盤上，彼此間隔開來。儲存於室溫下（16-18°C 的空間）直到隔天。

夾心巧克力最終覆面

500g 黑巧克力
（法芙娜 Ampamakia 64%）
適量焙烤整粒去皮杏仁

現在開始製作夾心巧克力的最終覆面。
首先依前面的指示調溫巧克力；完成的溫度應在 30-31°C 之間。準備數張塑膠片，之後用來放置夾心巧克力，塑膠片張數依巧克力數量而定。將第一個帕林內長方塊浸入調溫完成的巧克力中，然後以三爪巧克力叉將其取出：在碗的一側將帕林內浸入巧克力中再提起，並逐漸將叉子移向自己，重複兩到三次，使帕林內被巧克力包覆。取出盛著夾心巧克力的叉子；輕震掉多餘的巧克力，然後沿著碗緣刮一刮。將夾心巧克力放在一張塑膠片上，然後在巧克力上的斜對角線方向放上一粒焙烤整粒去皮杏仁。

以同樣的方式處理其他帕林內長方塊，注意不時將巧克力碗放入隔水加熱的鍋中，使溫度保持在 30-31°C 之間。讓夾心巧克力在室溫下[44]靜置乾燥至隔天。若需儲存夾心巧克力，請將它們儲存於防潮與防異味的密封盒中，環境溫度應介於 15-18°C 之間。

我希望巧克力覆面很薄，但並非如時下同業那般超薄。覆面有助於夾心巧克力的風味和平衡，須有存在感但並非壓倒性的。——皮耶·艾曼

---

44 溫度同前，約 16-18°C。

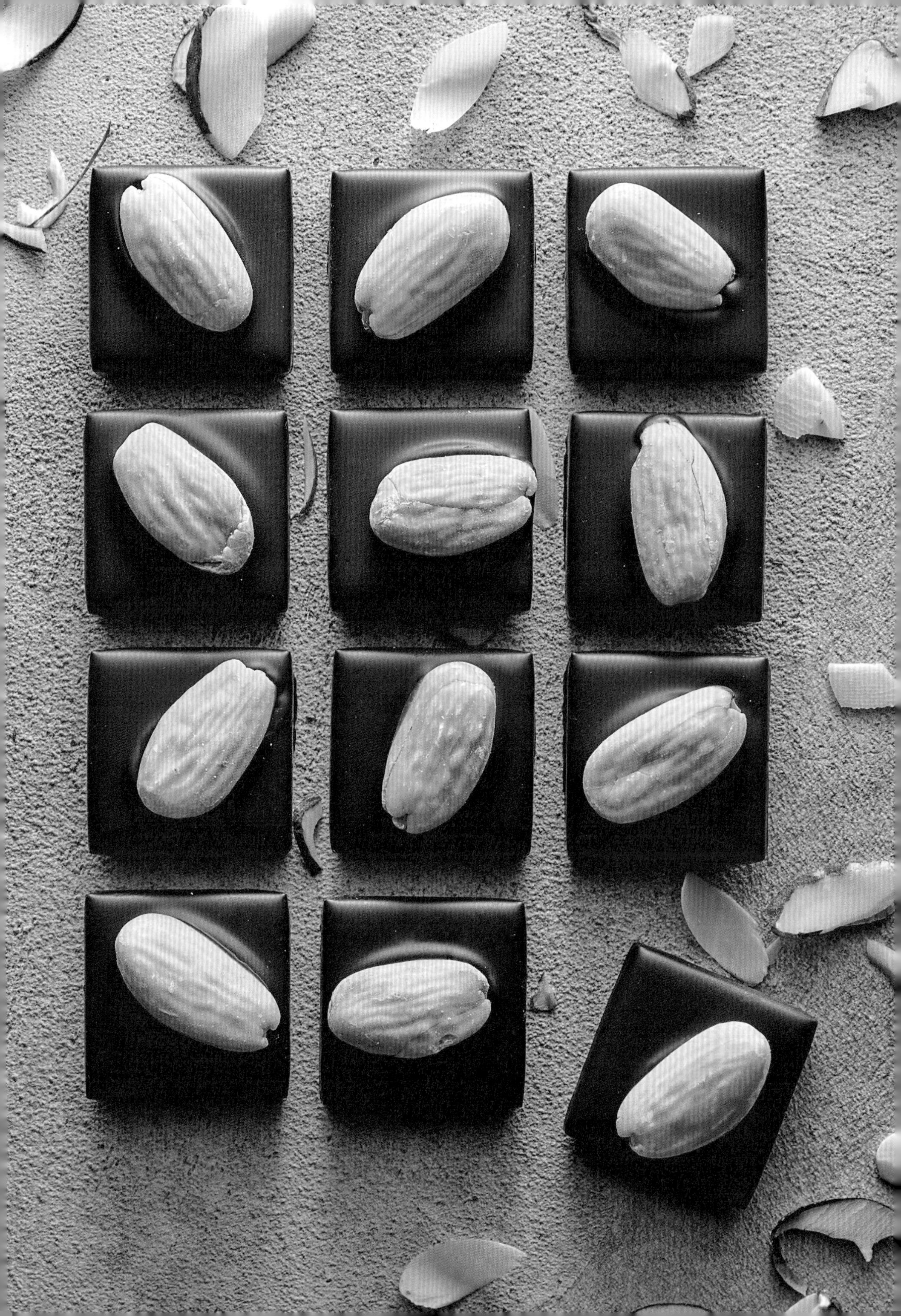

松露巧克力
Truffes au Chocolat

化口性佳、質地馥郁、風味濃郁⋯⋯松露巧克力始終是突顯巧克力滋味、永不過時的經典。

王李娜

分量：50 塊松露巧克力

製作時間
30 分鐘
靜置時間
2 小時
烹煮時間
10 分鐘

松露巧克力

110g 72% 黑巧克力
（法芙娜阿拉瓜尼 [Araguani]）
110g 64% 黑巧克力（法芙娜）
70g 去皮杏仁醬
50g 燕麥奶
60g 豆漿
30g 黃蔗糖
95g 去味椰子油
1g 葛宏德鹽之花
100g 可可粉

切碎兩種巧克力，放入調理盆中。將豆漿、燕麥奶和黃蔗糖在單柄湯鍋中混合，以中火煮沸後，倒在切碎的巧克力上，稍稍靜置使其融化，然後以手持均質機均質乳化。接著加入杏仁醬、去味椰子油、鹽之花，再次均質，形成質地絲滑、有光澤且均勻的狀態。將甘納許倒入邊長 15cm 的方形模具中冷卻。在冰箱中靜置冷藏至少 2 小時使其凝固定型。定型後，切成約 3x2cm 的長方塊，以可可粉包覆。趁冰涼時享用，風味最佳。松露巧克力可置於密封容器中，冷藏保存。

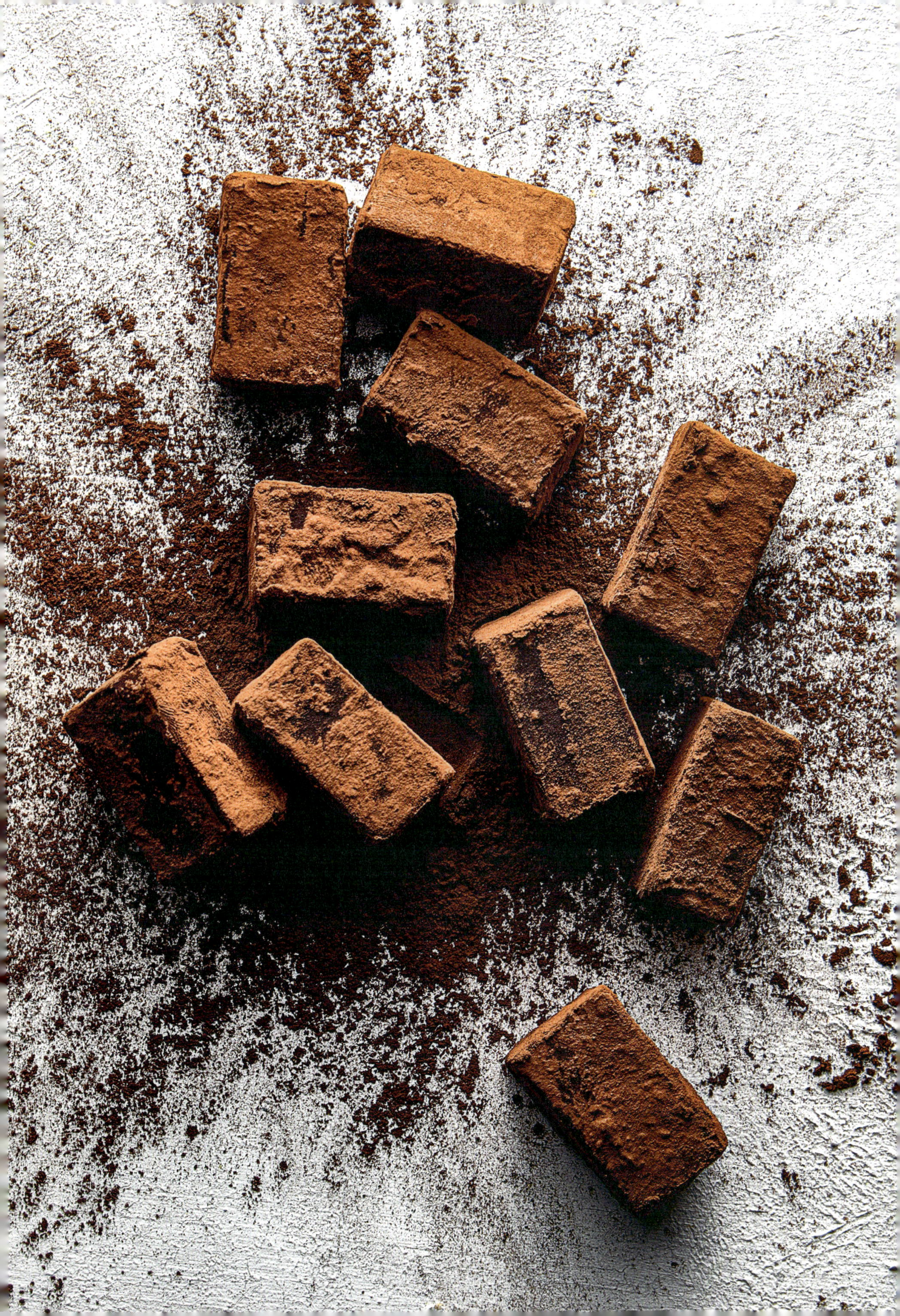

ENTREMETS AUX fruits ET tartes

Douceurs fruitées

水果多層蛋糕與塔

果味甜蜜溫柔鄉

我們可能認為以水果為主的純植物水果多層蛋糕更容易製作，但事實並非如此。在沒有動物性脂肪的情況下，必須投注和製作其他糕點相同的精確度和注意力，才能成功昇華每種水果的風味與香氣。

此外，植物性食材大多比動物性食材風味清淡，因此在味道的表現上，它們給予主角更多發揮的空間。必須考慮到這一點才能找到適當的平衡。

我在此處的主要挑戰，是參照經典版本、以純植物方式重新創作「伊斯法罕馬卡龍多層蛋糕」（Ispahan）與「阿特拉斯花園」（Jardin de l'Atlas）迷戀（Fetish）系列[45]。這些作品都是截然不同的詮釋。以伊斯法罕馬卡龍多層蛋糕為例，為了找到我們喜愛的那種既鬆脆又柔軟的馬卡龍質地，純植物蛋白霜是首要挑戰。能夠在這些與經典版本幾乎毫無區別的作品中，重現那些同樣令人愉悅的感官印象，我承認，是令人極為欣慰的。

同樣地，巴巴（Baba）麵團的成果也讓我很驚訝、甚至差點被迷惑。純植物與經典麵團的質地稍有不同，但仍保留那種賦予巴巴質地的水潤感，也同時加強了清新感。當然，就奶餡而言，必須學習如何處理椰子油、玉米糖膠，以及尤其是液態卵磷脂，若用量不當，其味道可能會令人不快。

我們還設計了一款純植物塔皮，並開發了三個新食譜。植物奶餡透過植物油與無麩質混合粉的搭配，突出主食材的風味，且由於沒有奶油的干擾，能展現不同以往、更加鮮明的面向。因此，無限柚子塔（Tarte Infiniment Yuzu）展現了一種在傳統蛋糕中難以發揮的柑橘風味，因為乳製品和雞蛋往往會柔和水果的鮮香。胡桃塔也非常美味，其靈感來自於我的創作之一的「奧德賽」（Odyssée），選用的植物奶餡在強調香氣的同時，充分體現了堅果、胡桃利口酒和有著甘草調性的沖繩黑糖風味。

對此處的每一款純植物甜點來說，味道始終是最優先的考量，而對質地的琢磨，使得其美味更顯鮮明。

---

45 皮耶・艾曼主廚的品牌 Pierre Hermé Paris 會推出以不同甜點詮釋特殊風味組合或強調單一風味的季節限定系列，稱為「迷戀」（Fetish），其中「迷戀伊斯法罕」以玫瑰、荔枝、覆盆子的組合創作如馬卡龍多層蛋糕（見本書第141頁）、泡芙、冰淇淋等；而「迷戀魔法花園」則是以不同甜點詮釋檸檬、柳橙、橙花水與蜂蜜的風味組合。「無限」（Infiniment）也是另外一種迷戀系列，如本書出現的無限柚子塔（第124頁）、無限胡桃塔（第128頁）等。

魔法花園塔
Tarte Jardin Enchanté

我首先為一款馬卡龍構思「魔法花園」風味組合[46]，然後就萌生了將其改造成塔的想法。我特別欣賞清新的青檸純植物奶餡與火辣的艾斯佩雷辣椒（piment d'Espelette）間的對比，而新鮮覆盆子則有種活力，搭配填於空隙間的青檸凝膠，使風味錯落有致。

皮耶・艾曼

分量：10 個單人份塔

製作時間
6 小時
靜置時間
6 小時
烘烤與烹煮時間
40 分鐘

甜塔皮

35g 去味椰子油
35g 可可脂（法芙娜）
90g 糖粉
2g 葛宏德鹽之花
235g T55 麵粉
80g 杏仁粉
75g 礦泉水

以溫度計或電子探針輔助，在 30-35°C 下融化去味椰子油與可可脂。在裝了葉片型攪拌頭的桌上型攪拌機鋼盆中，倒入杏仁粉、鹽之花、糖粉，接著倒入 30°C 的混合椰子油和可可脂。充分拌合均勻後，倒入加熱至 40°C 的礦泉水。接著加入預先過篩的麵粉。混拌均勻後將麵團取出放在烤盤上，以保鮮膜貼緊表面，冰箱冷藏 2 小時備用。在撒了少許麵粉的工作檯上，將麵團擀開至約 2-3mm 厚。以圈型模切出 10 片直徑 12cm 的圓片。將它們放在烤盤上，於冰箱冷藏靜置 30 分鐘後入模。為 10 個直徑 8cm、高 2cm 的不鏽鋼圈型模上油，將圓形塔皮入模，並切除多餘的麵團。冰箱冷藏 1 小時後，放入冷凍庫靜置至少 2 小時。

---

46 覆盆子、青檸與艾斯佩雷辣椒粉。

烤箱開啟旋風功能，預熱至 250°C。入爐時降溫至 170°C。將塔殼放在鋪了烘焙紙的烤盤上，塔殼上覆蓋鋁箔紙或烘焙紙，然後填入乾豆。以 170°C 烘烤約 20 分鐘。從烤箱中取出後靜置冷卻，然後取出乾豆和鋁箔紙。保留不鏽鋼塔圈，為之後組裝備用。

無麩質混合粉
50g 胚芽米粉
30g 玉米澱粉
10g 馬鈴薯澱粉
10g 杏仁粉

將所有食材一起過篩後即刻使用。

青檸與艾斯佩雷辣椒杏仁奶餡
10g 馬鈴薯澱粉
50g 青檸汁
100g 礦泉水
135g 糖粉
5g 柑橘纖維
55g 無麩質混合粉
135g 杏仁粉
60g 去味椰子油
25g 葡萄籽油或芥花油
2.5g 青檸皮屑
4.5g 艾斯佩雷辣椒粉
0.5g 葛宏德鹽之花

在單柄湯鍋中將馬鈴薯澱粉、青檸汁和礦泉水一起溶解，接著煮沸。倒至焗烤盤中，以保鮮膜貼緊表面後放入冰箱冷藏。以溫度計或電子探針輔助，在 30-35°C 下融化去味椰子油。在裝了葉片型攪拌頭的桌上型攪拌機鋼盆中，倒入杏仁粉、柑橘纖維、糖粉、鹽之花、無麩質混合粉、青檸皮屑和艾斯佩雷辣椒粉，然後倒入融化的去味椰子油與葡萄籽油或芥花油。混合後，拌入先前的馬鈴薯澱粉、水與青檸汁的糊狀混合物。製成後即刻使用。

烘烤
在塔殼中填入 18g 杏仁奶餡，然後在開啟旋風功能的烤箱中，以 170°C 烘烤約 15 分鐘。從烤箱中取出後靜置冷卻，為組裝備用。

青檸凝膠

170g 青檸汁
3.5g 洋菜粉
30g 細砂糖

在調理盆中混合糖與洋菜粉。以溫度計或電子探針輔助,將青檸汁在單柄湯鍋中加熱至 40°C,然後倒入糖與洋菜粉的混合物。將所有食材一起煮沸,一邊以矽膠刮刀規律攪拌。完成後倒入焗烤盤中,以保鮮膜貼緊表面,然後放入冰箱中完全冷卻。使用前將其放入食物調理機中,均質成滑順柔軟的凝膠。

組裝與完工

500g 新鮮覆盆子
2 顆青檸

在烘烤完成並冷卻的杏仁奶餡塔殼中,預先刷上青檸凝膠,再放上覆盆子。以擠花袋將青檸凝膠填入空隙。以 Microplane® 刨絲器磨出青檸皮屑在塔上。食用前於冰箱中冷藏保存。

注意:艾斯佩雷辣椒粉必須是以當年度作物製成的,才能體現其香氣和風味。

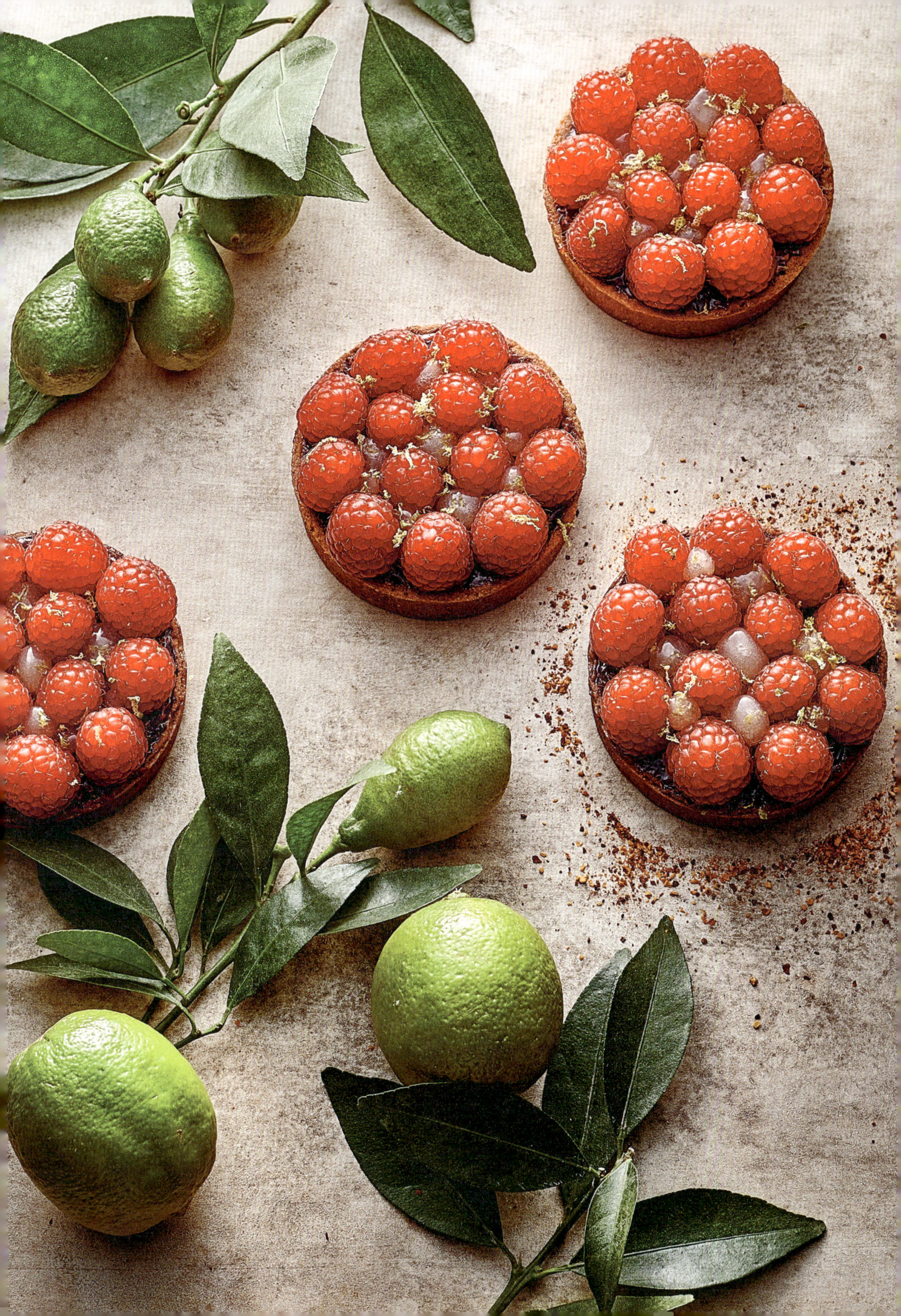

無限柚子塔
Tarte Infiniment Yuzu

純植物食材的優點,無疑是其相當中性的味道。少了奶油及鮮奶油,能更自由、強烈地展現水果的風味。這個塔就是一個例子,芳香、強烈、濃郁,它展現了柚子的每一個面向。

皮耶・艾曼

分量:10 個單人份塔

製作時間
6 小時
靜置時間
13 小時
烘烤與烹煮時間
30 分鐘

柚子奶餡(前日準備)

4g 有機黃檸檬皮屑
75g 礦泉水
225g 高知柚子汁
3.5g NH 果膠粉
10g 玉米澱粉
2.5g 柑橘纖維
100g 細砂糖
50g 可可脂(法芙娜)
50g 去味椰子油

以 Microplane® 刨絲器磨取黃檸檬皮屑。混合糖、黃檸檬皮屑、果膠粉、柑橘纖維和玉米澱粉。以溫度計或電子探針輔助,在單柄湯鍋中將礦泉水和柚子汁加熱至 40°C 後,撒入先前的混合物。煮沸後倒入可可脂和去味椰子油。以手持均質機均質數分鐘至完全乳化。倒入焗烤盤中,以保鮮膜貼緊表面,放入冰箱冷藏約 12 小時降溫、凝結。

甜塔皮

35g 去味椰子油

35g 可可脂（法芙娜）

90g 糖粉

2g 葛宏德鹽之花

235g T55 麵粉

80g 杏仁粉

75g 礦泉水

以溫度計或電子探針輔助，在 30-35°C 下融化去味椰子油與可可脂。在裝了葉片型攪拌頭的桌上型攪拌機鋼盆中，倒入杏仁粉、鹽之花、糖粉，接著倒入 30°C 的椰子油和可可脂。充分拌合均勻後，倒入加熱至 40°C 的礦泉水。接著加入預先過篩的麵粉。混拌均勻後將麵團取出放在烤盤上，以保鮮膜貼緊表面，冰箱冷藏 2 小時備用。在撒了少許麵粉的工作檯上，將麵團擀開至約 2-3mm 厚。以圈型模切出 10 片直徑 12cm 的圓片。將它們放在烤盤上，於冰箱冷藏靜置 30 分鐘後入模。為 10 個直徑 8cm、高 2cm 的不鏽鋼圈型模上油，將圓形塔皮入模，並切除多餘的麵團。冰箱冷藏 1 小時後，放入冷凍庫靜置至少 2 小時。

烤箱開啟旋風功能，預熱至 250°C。入爐時降溫至 170°C。將塔殼放在鋪了烘焙紙的烤盤上，塔殼上覆蓋鋁箔紙或烘焙紙，然後填入乾豆。以 170°C 烘烤約 20 分鐘。從烤箱中取出後靜置冷卻，然後取出乾豆和鋁箔紙。保留不鏽鋼塔圈，為之後組裝備用。

無麩質混合粉

50g 胚芽米粉

30g 玉米澱粉

10g 馬鈴薯澱粉

10g 杏仁粉

將所有食材一起過篩後即刻使用。

柚子杏仁奶餡

55g 糖粉

2g 柑橘纖維

21g 無麩質混合粉

55g 杏仁粉

24g 去味椰子油

10g 葡萄籽油或芥花油

36g 高知柚子汁

24g 礦泉水

4g 馬鈴薯澱粉

在單柄湯鍋中將馬鈴薯澱粉、柚子汁和礦泉水一起溶解，接著煮沸。倒至焗烤盤中，以保鮮膜貼緊表面後放入冰箱冷藏。以溫度計或電子探針輔助，在 30-35°C 下融化去味椰子油。在裝了葉片型攪拌頭的桌上型攪拌機鋼盆中，倒入杏仁粉、柑橘纖維、糖粉、無麩質混合粉，然後倒入融化的去味椰子油與葡萄籽油或芥花油。混合後，拌入先前的馬鈴薯澱粉、水與柚子汁的糊狀混合物。製成後即刻使用。

烘烤

在塔殼中填入 18g 杏仁奶餡,然後在開啟旋風功能的烤箱中以 170°C 烘烤約 10 分鐘。從烤箱中取出後靜置冷卻,為組裝備用。

自製高知柚子果泥

125g 糖漬柚子皮
65g 高知柚子汁
25g 礦泉水
5g NH 果膠粉
5g 細砂糖

混合糖和果膠粉。以食物調理機混合柚子汁和糖漬柚子皮,使糖漬柚子皮成為小碎塊。以溫度計或電子探針輔助,在單柄湯鍋中將水和糖漬柚子皮與柚子汁的混合物一同加熱至 40°C。接著倒入糖和果膠粉,煮沸。置於冰箱中冷藏備用。

組裝與完工

適量鏡面果膠

將 7g 高知柚子果泥平鋪入烘烤完成的杏仁奶餡塔殼中,然後以未裝擠花嘴的擠花袋填入柚子奶餡至塔頂,以抹刀抹平,然後將塔放入冷凍庫中數分鐘。奶餡凝固後,以小型抹刀將高知柚子果泥平滑地抹在塔的一側。放入冰箱冷藏 1 小時。以微波爐或小火融化鏡面果膠。將塔浸入加熱的果膠中,使其均勻裹覆,然後以刷子去除多餘的果膠。享用前於冰箱中冷藏。

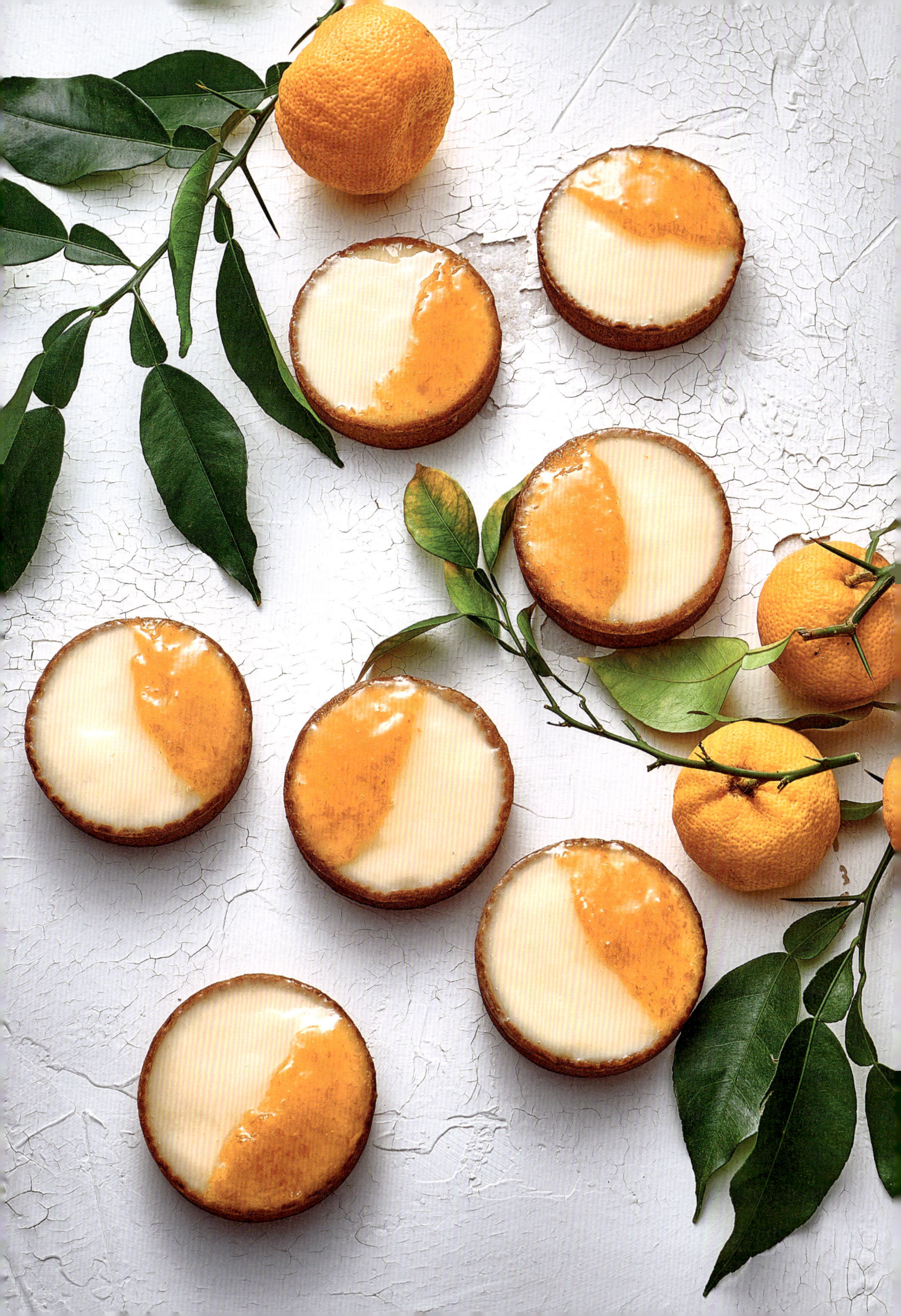

無限胡桃塔
Tarte Infiniment Noix de pécan

這個塔融合了胡桃和沖繩黑糖的風味,並以胡桃利口酒突顯其香氣。層次豐富、美味無限。

皮耶・艾曼

分量:2 個 6-8 人份的塔

製作時間
6 小時
靜置時間
6 小時
烘烤與烹煮時間
1 小時

甜塔皮
35g 去味椰子油
35g 可可脂(法芙娜)
90g 糖粉
2g 葛宏德鹽之花
235g T55 麵粉
80g 杏仁粉
75g 礦泉水

以溫度計或電子探針輔助,在 30-35°C 下融化去味椰子油與可可脂。在裝了葉片型攪拌頭的桌上型攪拌機鋼盆中,倒入杏仁粉、鹽之花、糖粉,接著倒入 30°C 的椰子油和可可脂。充分拌合均勻後,倒入加熱至 40°C 的礦泉水。接著加入預先過篩的麵粉。混拌均勻後將麵團取出放在烤盤上,以保鮮膜貼緊表面,冰箱冷藏 2 小時備用。在撒了少許麵粉的工作檯上,將麵團擀開至約 2-3mm 厚。以直徑 28cm 的圈型模裁出 2 片圓片。放在烤盤上於冰箱冷藏 30 分鐘後入模。為 2 個直徑 24cm、高 2cm 的不鏽鋼圈型模上油,將圓形塔皮入模,並切除多餘的麵團。冰箱冷藏 1 小時後,放入冷凍庫靜置至少 2 小時。

烤箱開啟旋風功能，預熱至 250°C。入爐時降溫至 170°C。將塔殼放在鋪了烘焙紙的烤盤上，塔殼上覆蓋鋁箔紙或烘焙紙，然後填入乾豆。以 170°C 烘烤約 20 分鐘。從烤箱中取出後靜置冷卻，然後取出乾豆和鋁箔紙。保留不鏽鋼塔圈，為之後組裝備用。

自製胡桃帕林內

100g 細砂糖
150g 胡桃
2g 香草粉

將胡桃平鋪在鋪了烘焙紙的烤盤上，注意不要相互重疊。放入開啟旋風功能的烤箱中，以 150°C 烘烤 5 分鐘。以溫度計或電子探針輔助，將糖和香草粉在單柄湯鍋中煮至 175°C，使其焦糖化。將胡桃倒入焦糖中混拌均勻。倒在不沾矽膠烘焙墊上靜置冷卻。整體粗略壓成碎塊後，以食物調理機研磨至糊狀，保留一些顆粒，不要研磨得過細。即刻使用或放入冰箱冷藏備用。

注意：焦糖胡桃冷卻後須立即壓碎、研磨與使用。由於有受潮、變質的風險，一旦焦糖化就無法長期儲存。

沖繩黑糖胡桃塔餡

225g 燕麥奶
50g 自製胡桃帕林內
40g 去味椰子油
150g 沖繩黑糖
7.5g 米精（crème de riz）[47]
3.75g 玉米澱粉
0.5g 洋菜粉
0.6g 葛宏德鹽之花
285g 胡桃碎

將玉米澱粉、洋菜粉和米精一同過篩。將燕麥奶與 50g 黑糖在單柄湯鍋中一起煮沸。將玉米澱粉、洋菜粉與米精的混合物與剩餘的 100g 黑糖混合，加入一半的黑糖燕麥奶將其溶解，然後倒入剩下的黑糖燕麥奶中，煮沸同時以打蛋器用力攪拌。離火後加入去味椰子油、胡桃帕林內、鹽之花和胡桃碎。倒入焗烤盤中，以保鮮膜貼緊表面後，放入冰箱中靜置冷卻。

注意：米精為粉末狀。

---

47 極細的米穀粉，可沖泡當營養補充品用。可以使用米穀粉代替。

胡桃香緹鮮奶油糊

95g 燕麥奶
21g 自製胡桃帕林內
17g 去味椰子油
63g 沖繩黑糖
7.5g 米精
3.75g 玉米澱粉
0.5g 洋菜粉
0.6g 葛宏德鹽之花

將玉米澱粉、洋菜粉和米精一同過篩。將燕麥奶與 20g 黑糖在單柄湯鍋中一起煮沸。將玉米澱粉、洋菜粉與米精的混合物與剩餘的 43g 黑糖混合，加入一半的黑糖燕麥奶將其溶解，然後倒入剩下的黑糖燕麥奶中，煮沸同時以打蛋器用力攪拌。離火後加入去味椰子油、胡桃帕林內、鹽之花。倒入焗烤盤中，以保鮮膜貼緊表面後，放入冰箱中靜置冷卻。

胡桃與胡桃利口酒香緹鮮奶油

600g 植物性鮮奶油（31% 脂肪）
200g 胡桃香緹鮮奶油糊
50g 胡桃利口酒

在裝了球型攪拌頭的桌上型攪拌機鋼盆中，打發植物性鮮奶油。以矽膠刮刀輕輕拌入胡桃香緹鮮奶油糊與胡桃利口酒。製成後即刻使用。

胡桃焦糖片

35g 葡萄糖漿
100g 細砂糖
45g 芥花油或葡萄籽油
35g 礦泉水
1.7g NH 果膠粉
100g 胡桃碎
1.7g 柑橘纖維
1 撮葛宏德鹽之花

以溫度計或電子探針輔助，將水和葡萄糖漿在單柄平底鍋中加熱至 45-50°C。加入事先混合的糖和果膠粉，加熱至 106°C。混拌入油與柑橘纖維，以手持均質機乳化。加入胡桃碎和鹽之花，攪拌均勻。倒在一張烘焙紙上，以抹刀攤開，蓋上第二張烘焙紙，然後以擀麵杖擀平。以保鮮膜包覆後，放入冷凍庫冷凍至少 2 小時。將冷凍狀態、夾著胡桃糖片的烘焙紙切成兩半，將每一半放在鋪了不沾矽膠墊的烤盤上。烤箱開啟旋風功能，以 170°C 烘烤 18 至 20 分鐘。從烤箱中取出，冷卻片刻後以餅乾切模切出 2 個直徑為 17cm 的圓片。即刻使用，或放入密封容器中於室溫下保存。

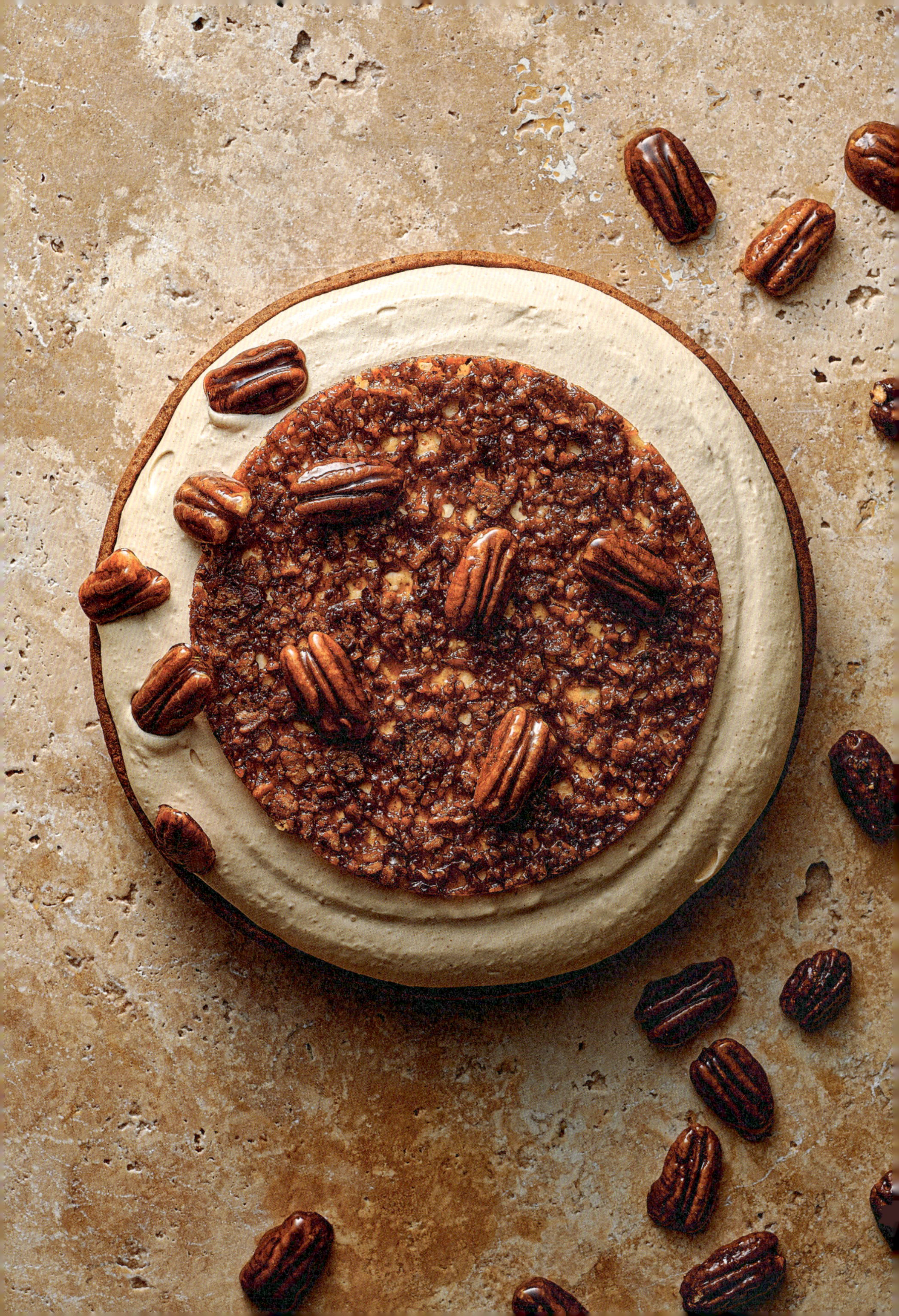

焦糖胡桃

140g 胡桃

500g 細砂糖

150g 礦泉水

將胡桃平鋪在鋪了烘焙紙的烤盤上,注意不要相互重疊。放入開啟旋風功能的烤箱中,以 150°C 烘烤 5 分鐘。以溫度計或電子探針輔助,將水和糖在單柄湯鍋中煮至 118°C,然後加入溫熱的胡桃。以小火將所有食材煮至焦糖化,一邊以木匙攪拌。將焦糖胡桃倒在鋪了不沾矽膠墊的烤盤上,將它們分離、靜置冷卻。於密封容器中保存。

組裝與完工

在 2 個甜塔殼中各自填入 370g 沖繩黑糖胡桃塔餡。在開啟旋風功能的烤箱中,以 160°C 烘烤約 30 分鐘。從烤箱中取出,冷卻至室溫後脫模。在每個烘烤完成的塔中填入 350g 胡桃與胡桃利口酒香緹鮮奶油,上方放上一片胡桃焦糖片與一些焦糖胡桃。享用前於冰箱中冷藏。

注意:沖繩黑糖胡桃塔餡非常濕潤,因此在烘烤初期會「冒泡」,然後逐漸乾燥。

百香果芒果多層蛋糕
Entremets Fruits de la Passion & Mangue

在這款多層蛋糕中,和新鮮芒果搭配的是濃郁且酸香的熱帶水果慕斯。

王李娜

分量:6-8 人份

製作時間
6 小時
靜置時間
6 小時
烘烤與烹煮時間
20 至 22 分鐘

無麩質軟心蛋糕

120g 黃蔗糖

120g 甜豆漿(若為無糖,可於 100g 豆漿中加 12g 砂糖調整)

3g 蘋果酒醋

15g 燕麥粉(或燕麥片磨粉)

105g 胚芽米粉

15g 鷹嘴豆粉

45g 馬鈴薯澱粉

7g 泡打粉

45g 杏仁粉

1g 玉米糖膠

60g 去味椰子油

60g 花生油或葡萄籽油

在裝了葉片型攪拌頭的桌上型攪拌機鋼盆中,混合黃蔗糖、豆漿與蘋果酒醋,直到糖完全溶解,使混合液發泡蓬鬆。同時加入燕麥粉、胚芽米粉、鷹嘴豆粉、馬鈴薯澱粉、泡打粉、杏仁粉、玉米糖膠,攪拌均勻。靜置水合約 20 分鐘。緩緩倒入去味椰子油與花生油或葡萄籽油,一邊以高速攪拌使其乳化。烤盤鋪上烘焙紙,放上一個 40x30cm 的不鏽鋼方形模,將混合物倒入其中,以 L 型抹刀抹平表面。放入開啟旋風功能的烤箱中,以 200°C 烘烤 10 至 12 分鐘,直到表面呈現金黃色。烘烤完成靜置降溫,以保鮮膜貼緊表面,直至完全冷卻。以圓形模具切出一個直徑 14cm 的圓片。將剩餘的蛋糕體弄碎,然後放回開啟旋風功能的烤箱中,以 180°C 烘烤 10 分鐘使其乾燥,用於製作酥脆餅乾底。

酥脆餅乾底

100g 法芙娜杏仁奇想巧克力（Inspiration amande）

110g 焙烤乾燥無麩質軟心蛋糕

50g 杏仁粉

1.5g 葛宏德鹽之花

先以微波爐融化杏仁奇想巧克力後，混合所有食材。將混合物平鋪在兩張烘焙紙之間，厚度為 5mm，然後放在烤盤上。放入冰箱稍微冷卻，切出一個直徑 14cm 的圓片。

糖煮芒果與百香果

200g 百香果果泥

60g 黃蔗糖

6g NH 果膠粉

200g 芒果細丁（brunoise）[48]

將百香果果泥在單柄湯鍋中煮沸。加入預先混合的黃蔗糖和果膠粉，在微沸狀態下攪拌約 1 分鐘讓果膠溶解。離火，加入芒果細丁攪拌均勻。把混合物倒入直徑 14cm 的圈型模具中，再放上無麩質軟心蛋糕圓片，室溫下靜置冷卻後放入冷凍庫備用。

百香果芒果慕斯

140g 椰奶

70g 芒果果泥

80g 百香果果泥

0.5g 洋菜粉

25g 可可脂（法芙娜）

95g 去皮生杏仁醬（purée d'amandes blanches crues）[49]

40g Yumgo Blanc 液態植物蛋白（或 65g 鷹嘴豆水）

40g 黃蔗糖

將椰奶、兩種果泥和洋菜粉在單柄湯鍋中煮沸。再將其與可可脂、杏仁醬一起以手持均質機乳化。冷卻至 35°C。以打蛋器打發 Yumgo Blanc 液態植物蛋白與黃蔗糖，緩緩倒入果泥液中並混拌均勻。放入冰箱中冷藏備用。

---

48 「Brunoise」是專業法式烹飪術語，指邊長 2mm 的細丁。
49 參見第 72 頁譯註 27。

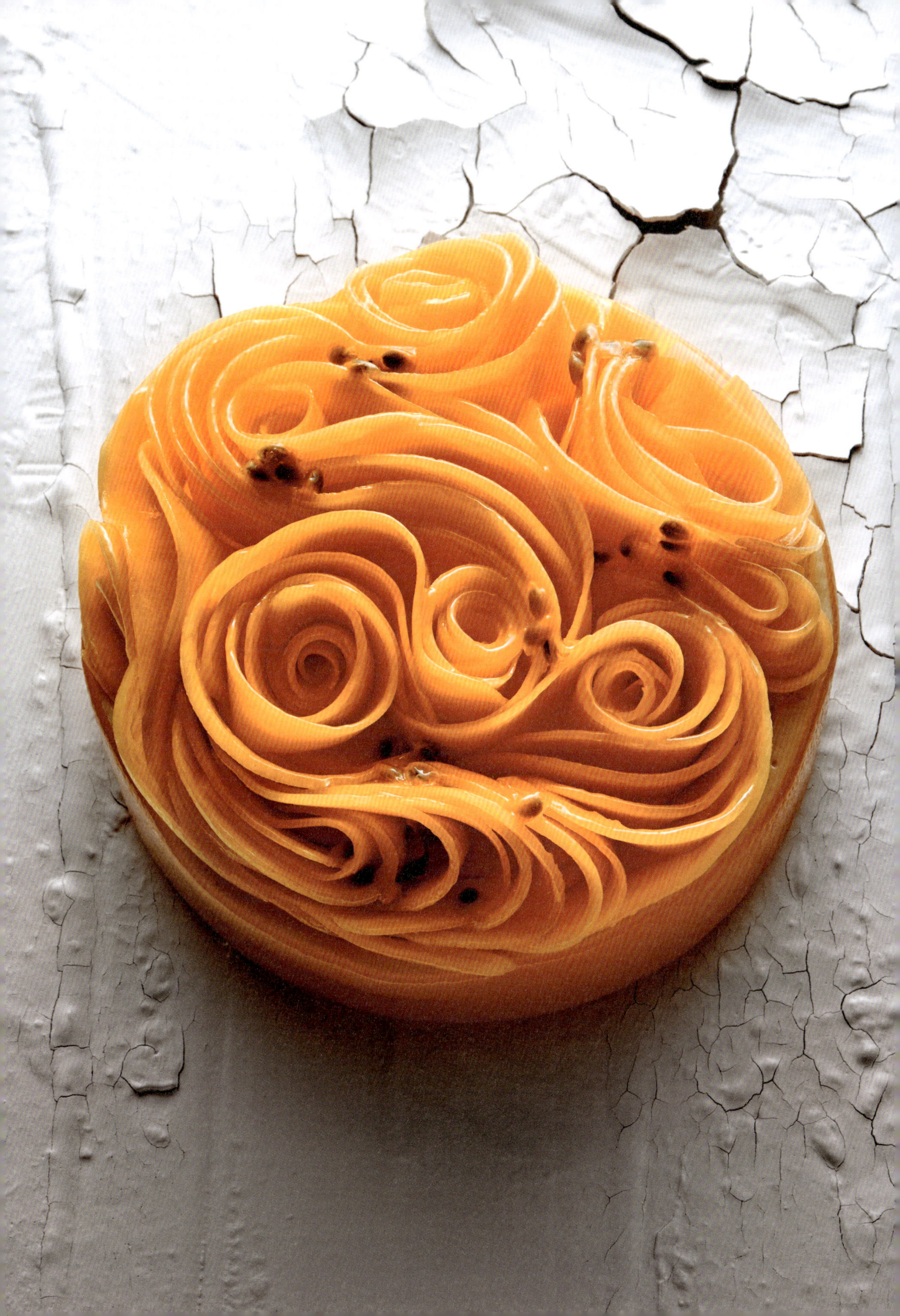

芒果淋面

90g 黃蔗糖
24g 葡萄糖漿
4g NH 果膠粉
350g 芒果果泥

將芒果果泥、70g 糖和葡萄糖漿在單柄湯鍋中煮沸。加入預先混合的果膠粉與 20g 糖，在微沸狀態下攪拌 1 分鐘，使果膠溶解。靜置冷卻。

完工

1 顆芒果，削皮後切出厚 3mm 的條狀薄片
1 顆百香果
100g 鏡面果膠

組裝

在鋪了一張烘焙紙的烤盤上，放上一個直徑 15cm、高 4cm 的不鏽鋼慕斯圈或圓形模具。將百香果芒果慕斯倒入模具 1/3 高處，放入冷凍成型的糖煮芒果與百香果和無麩質軟心蛋糕圓片。倒入更多慕斯，使其幾乎與模具齊平，然後放上酥脆餅乾底。在冰箱中靜置冷卻 1 小時，然後冷凍 4 小時。

在 50°C 下融化鏡面果膠，然後於 37°C 下使用。在 50°C 下融化芒果淋面，然後在 40-45°C 下使用。從冰箱中取出多層蛋糕，以刀插入中央，將多層蛋糕的邊緣浸入芒果淋面中，接著放在網架上瀝除多餘淋面。將多層蛋糕放在展示盤中，以糕點刷在表面刷上鏡面果膠。然後在頂端放上長條芒果薄片，塗上融化的鏡面果膠，並點綴上百香果籽。享用前於冰箱中冷藏。

果味甜蜜溫柔鄉　水果多層蛋糕與塔

覆盆子多層蛋糕
Entremets
à la framboise

在夏日採摘覆盆子總是讓我樂此不疲。在這款甜點中，水果與黑糖的濃郁香氣相結合，而青檸皮屑的香氣則強化了覆盆子的清新與熱烈。

王李娜

分量：10 個單人份蛋糕

製作時間
3 小時
靜置時間
7 小時
烘烤與烹煮時間
50 分鐘

杏仁與黑糖軟心蛋糕
（雷歐納海綿蛋糕[BISCUIT LÉONARD]第一層）

25g 去味椰子油

25g 葡萄籽油

72g 豆漿

50g Muscovado 黑糖 [50]

60g T45 精製高筋麵粉（farine degruau）[51]

15g 玉米澱粉

5g 泡打粉

30g 杏仁粉

4g 奇亞籽粉

混合融化的去味椰子油與葡萄籽油，以防止椰子油凝結，室溫保存備用。在裝了葉片型攪拌頭的桌上型攪拌機鋼盆中，攪打豆漿和糖，直至糖完全溶解，使混合液發泡蓬鬆。一次加入麵粉、玉米澱粉、泡打粉、杏仁粉和奇亞籽粉，攪拌成柔滑的麵糊。靜置水合至少 20 分鐘後，以中速攪拌，一邊緩緩倒入混合椰子油與葡萄籽油乳化，直到麵糊均勻。將麵糊倒入鋪了不沾矽膠墊的 40x30cm 烤盤上，薄薄地攤開，並以 L 型抹刀抹平表面。放入冰箱冷凍硬化。

---

[50] Muscovado 是一種保留了高糖蜜含量，顏色深棕、香氣濃郁的未精煉或部分精煉糖。台灣多誤譯為「非洲黑糖」，但其產地來自多個熱帶國家（如世界前三生產國為印度、哥倫比亞與緬甸）。

杏仁軟心蛋糕
（雷歐納海綿蛋糕第二層）

85g 豆漿

47g Muscovado 黑糖

7g 馬鈴薯澱粉

20g 葡萄籽油

50g 杏仁粉

在單柄湯鍋中混合豆漿、黑糖和馬鈴薯澱粉，以小火加熱使其變稠。離火，加入葡萄籽油和杏仁粉，以打蛋器混合。冷卻後將其倒在第一層冷凍麵團上攤平。放入開啟旋風功能的烤箱中，以 180°C 烘烤約 12 分鐘，直至表面呈金黃色。烘烤完成後靜置冷卻，切出 10 個直徑 5cm 的圓片。

青檸皮屑覆盆子凝膠

200g 覆盆子果泥

5g 有機青檸皮屑

40g 細砂糖

3g NH 果膠粉

取 20g 糖與果膠粉混合。將覆盆子果泥和剩餘的 20g 糖在單柄湯鍋中煮沸。加入糖與果膠混合物，以小火保持微沸狀態片刻，直到果膠完全溶解。加入青檸皮屑，混合，並讓凝膠完全冷卻。將其放入未裝擠花嘴的擠花袋中。

覆盆子柔滑奶餡

276g 覆盆子果泥

84g 細砂糖

30g 米精

1.4g 洋菜粉

180g 人造奶油

將覆盆子果泥、糖、米精和洋菜粉在單柄湯鍋中混合並煮沸。離火，加入人造奶油，然後以手持均質機乳化所有食材。製成後即刻使用。

甜塔皮

30g 可可脂（法芙娜）

12g 葡萄籽油

90g T55 麵粉

25g 馬鈴薯澱粉

40g 糖粉

15g 杏仁粉

2g 葛宏德鹽之花

42g 豆漿

適量可可脂粉末

混合融化的可可脂與葡萄籽油，室溫保存備用。在裝了葉片型攪拌頭的桌上型攪拌機鋼盆中，混合麵粉、馬鈴薯澱粉與葡萄籽油和可可脂混合物。加入糖粉和杏仁粉，再次混合。倒入豆漿，麵糊混合均勻後立即停止攪拌。撒入鹽之花，以手揉捏麵團。將麵團以保鮮膜包裹，放入冰箱冷藏至少 20 分鐘。將麵團壓平成 2mm 厚，以餅乾切模切出 10 個直徑 6cm 的圓片。將其放在兩個不沾矽膠墊之間，烤箱開啟旋風功能，以 170°C 烘烤 15 分鐘後取出，撒上可可脂粉末，靜置冷卻。

---

51 法國麵粉以灰份質 T（taux de cendres）高低來分類，T 後方數值越低，表示保留的礦物質（灰份質）越少，穀粒研磨精製度越高。「farine degruau」則是法國的高筋麵粉，其蛋白含量，需 ≥ 12.5%、麵粉強度（force boulangère W、W ratings）則需 ≥ 250；麵團保持空氣的能力 G 值（即膨脹值，Gonflementg）需 ≥ 20。

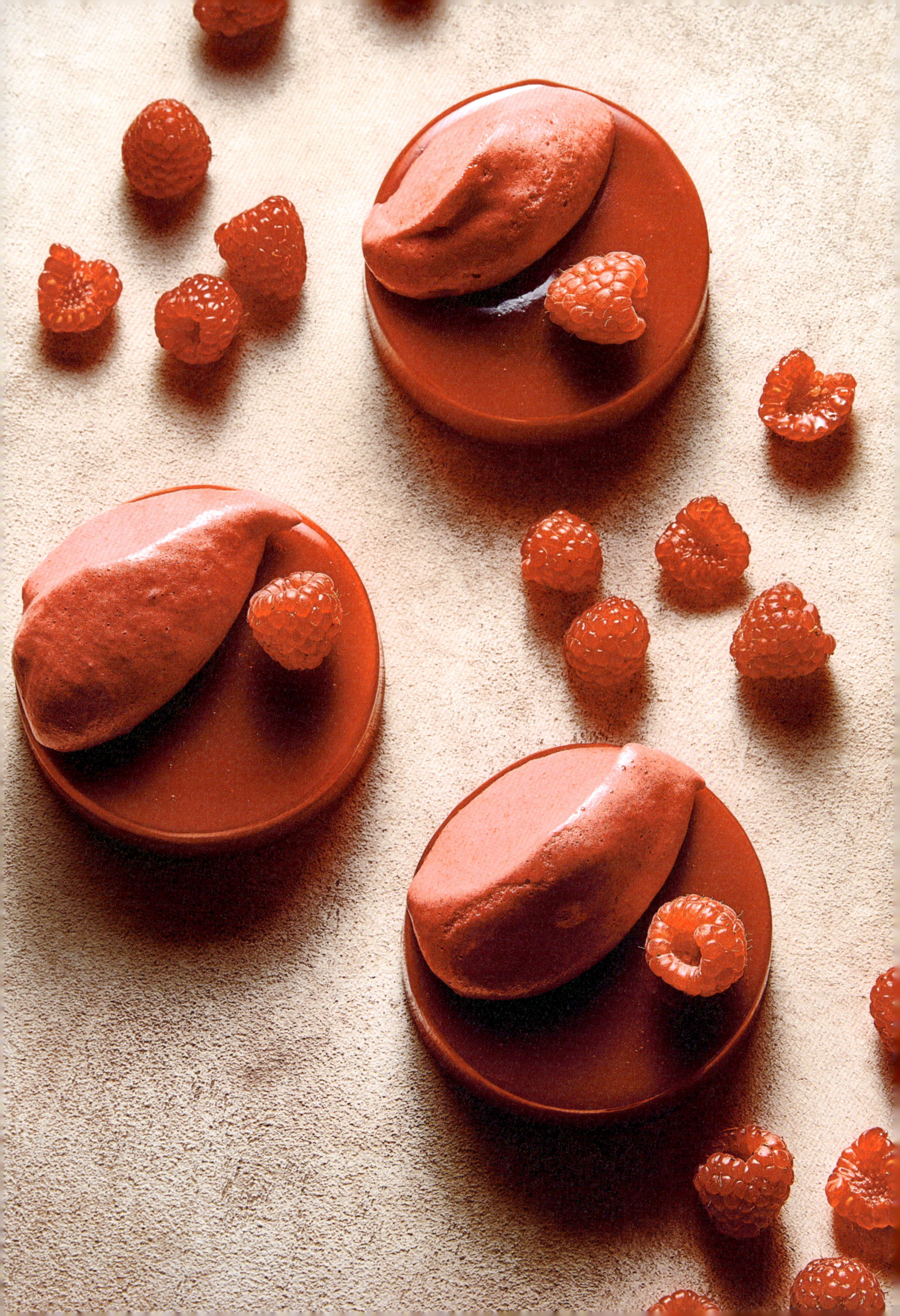

覆盆子佛密可慕斯
（MOUSSE FOMICO）

200g 覆盆子果泥
2g 洋菜粉
40g 細砂糖
45g Yumgo Blanc 液態植物蛋白

在裝了球形攪拌頭的桌上型攪拌機鋼盆中，打發 Yumgo Blanc 液態植物蛋白，同時逐漸加入糖，直到變得緊實。將覆盆子果泥和洋菜粉一起煮沸，離火後，將 1/3 打發的液態植物蛋白霜加入鍋中，以打蛋器快速攪打，再加入剩餘的 2/3。然後將溫熱的慕斯倒回攪拌機鋼盆中，從上至下快速攪打混合。以一支浸過熱水的湯匙取出慕斯，塑形成可內樂（quenelle）[52] 形，並將其放在事先鋪了保鮮膜的烤盤上。放入冰箱中冷藏凝結。

覆盆子閃亮鏡面

300g 覆盆子果泥
50g 礦泉水
90g 黃蔗糖
24g 葡萄糖漿
4g NH 果膠粉

將覆盆子果泥、水、70g 黃蔗糖和葡萄糖漿在單柄湯鍋中煮沸。加入預先混合的果膠粉和 20g 黃蔗糖，在微沸狀態下攪拌約 1 分鐘，使果膠溶解。於冰箱中靜置冷卻。

組裝與完工

適量新鮮覆盆子

在雙層軟心蛋糕圓片上擠上一層薄薄的青檸皮屑覆盆子凝膠，冷凍 2 小時。在鋪了烘焙紙的烤盤上，放上 10 個直徑 7cm、高 2.5cm 的不鏽鋼圈型模具。首先放入甜塔皮，倒入覆盆子柔滑奶餡至圈型模一半高度，然後在中心放上冷凍的雙層軟心蛋糕圓片。以覆盆子柔滑奶餡完全覆蓋並抹平表面後，冷凍 4 小時。

在 50°C 下融化覆盆子閃亮鏡面，然後在 37°C 下使用。將多層蛋糕脫模，淋上鏡面並靜置至凝結。在蛋糕的左側放上橄欖形的覆盆子佛密可慕斯，並加上幾粒新鮮覆盆子。享用前於冰箱中冷藏。

---

[52] 可內樂（quenelle）源於混合魚漿、麵包碎和蛋液，塑型後水煮而成的傳統法國菜「里昂梭魚丸」（quenelles de brochet）。其兩端略尖的橄欖球形目前已成為法式精緻餐飲中常見的裝飾手法，用來塑形冰淇淋、馬鈴薯泥等，「可內樂」也轉為指稱此特定形狀。

伊斯法罕
馬卡龍多層蛋糕
Ispahan

伊斯法罕馬卡龍多層蛋糕的練習，最終證明是一次真正的個人挑戰。作為自己品牌的代表作之一——「迷戀」（Fetish）風味系列，我必須在當中找到它的所有特點，但它也帶來最令人驚豔的成果之一。馬卡龍的口感如期待般既鬆脆又柔軟，奶餡滋味特別豐富，水果的風味則更加濃郁。

皮耶‧艾曼

分量：10 個單人份糕點

製作時間
6 小時
靜置時間
13 小時
烘烤與烹煮時間
15 至 20 分鐘

糖漿浸漬荔枝（前日準備）
150g 糖漿浸漬荔枝[53]，瀝乾

瀝乾荔枝。根據果粒大小將它們切成兩塊或三塊，然後在冰箱中瀝乾隔夜。

---

[53] 法國不產荔枝，難以找到鮮果，甜點廚房中多用浸漬在糖漿中的荔枝罐頭。

粉紅馬卡龍殼

250g 杏仁粉

250g 糖粉

數滴紅色天然食用色素

245g 礦泉水

14g 馬鈴薯蛋白

250g 細砂糖

將杏仁粉、糖粉與色素混合成為等量杏仁糖粉（tant-pour-tant）[54]。混合 90g 水和 5g 馬鈴薯蛋白，然後加入染色的等量杏仁糖粉中。以溫度計或電子探針輔助，將糖和 65g 水在單柄湯鍋中煮至 118°C。混合剩餘的礦泉水和馬鈴薯蛋白。當糖漿升溫至 110°C 時，將水和馬鈴薯蛋白混合物在裝了球型攪拌頭的桌上型攪拌機鋼盆中打發。打發至不過於硬挺的程度時，轉至第二檔速，倒入煮好的糖漿，攪打降溫至約 35-40°C 時，取下攪拌盆。將蛋白霜混拌入染色杏仁糖粉、水與馬鈴薯蛋白的混合物中，適度消泡、產生流動性後擠花使用。

擠花與烘烤

擠花袋裝上 11 號圓形擠花嘴，在鋪了烘焙紙的烤盤上擠出 20 個直徑 7cm 的馬卡龍殼。在室溫下靜置 30 至 45 分鐘使表面形成薄膜。放入開啟旋風功能的烤箱中，以 165°C 烘烤 15 至 20 分鐘，期間快速打開烤箱門兩次，讓水氣逸出。將馬卡龍殼連烘焙紙移至網架上冷卻。

義大利蛋白霜

180g 礦泉水

10g 豌豆蛋白

0.25g 玉米糖膠

235g 細砂糖

以手持均質機均質 105g 礦泉水、豌豆蛋白和玉米糖膠。在冰箱中靜置 20 分鐘，然後將混合物放入裝了球型攪拌頭的桌上型攪拌機鋼盆中，以中速打發。以溫度計或電子探針輔助，將剩餘的水和糖在單柄湯鍋中煮至 121°C。將煮好的糖漿以流線方式淋在打發的混合物上，以相同速度持續攪打至冷卻。

注意：蛋白霜一旦冷卻，最好繼續低速攪打而非靜置使其凝固，這樣質地與維持度都會更好。

---

[54] 即杏仁粉與糖粉的比例為 1:1。

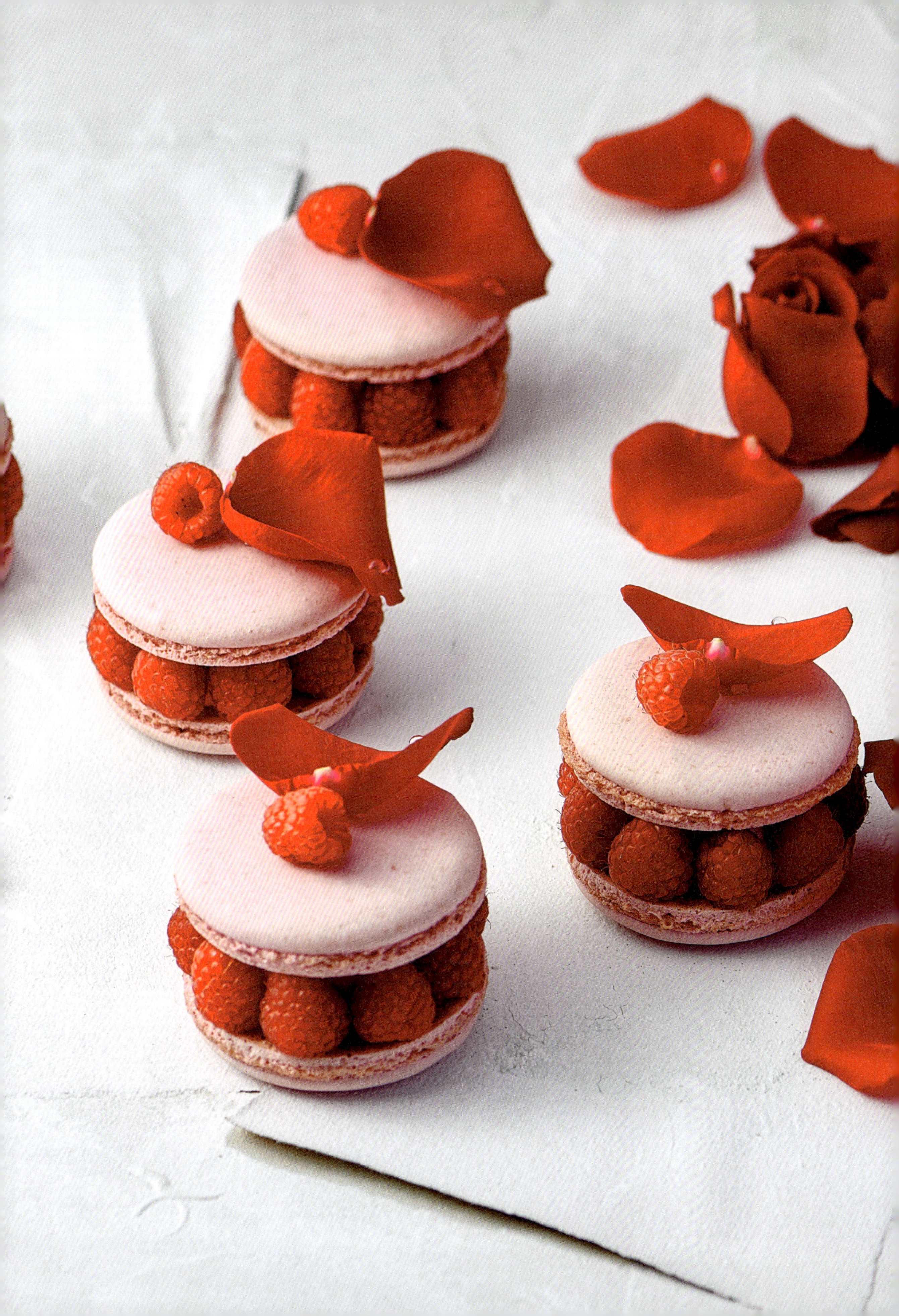

玫瑰花瓣奶餡

230g 義大利蛋白霜
250g 人造奶油
2.7g 天然玫瑰香精
數滴紅色天然食用色素

在室溫下，於裝了球型攪拌頭的桌上型攪拌機鋼盆中打發人造奶油，然後手動混拌入義大利蛋白霜。繼續打發使其輕盈蓬鬆，並賦予柔滑濃稠的質地。奶餡變得均勻柔滑時，加入天然玫瑰香精、色素並混合均勻。即刻使用，或放在密封容器中於冰箱冷藏備用。

組裝與完工

適量葡萄糖漿
350-400g 新鮮覆盆子
10 片紅色玫瑰花瓣

在鋪了烘焙紙的烤盤上，倒放 10 個粉紅馬卡龍殼。用裝上 10 號圓形擠花嘴的擠花袋，在馬卡龍殼上方擠出螺旋狀的玫瑰花瓣奶餡。將覆盆子沿著粉紅馬卡龍殼邊緣排放，並稍微凸出邊緣，形成皇冠般的環狀。奶餡中央蓋上瀝乾的荔枝，再次擠上奶餡，然後蓋上剩餘的粉紅馬卡龍殼輕輕按壓。將伊斯法罕馬卡龍多層蛋糕放入冰箱冷藏 1 小時。以覆盆子和紅色玫瑰花瓣裝飾表面，將葡萄糖漿填入烘焙紙折成的錐形擠花袋中，在玫瑰花瓣上滴上一滴。享用前於冰箱中冷藏。

維多利亞帕芙洛娃
Pavlova Victoria

我的靈感來自於 1980 年代末發想的風味組合——椰子、鳳梨與青檸，透過加入黑胡椒和芫荽葉，它也逐漸演化。此處的挑戰是成功展現蛋白霜的質地，以及將其配方和烘烤都調整得恰到好處。其中未去味的椰子油能增強並昇華椰子的風味。

皮耶・艾曼

分量：10 個單人份帕芙洛娃

製作時間
6 小時
靜置時間
12 小時
烘烤與烹煮時間
2 小時

艾爾巴奶餡
（CRÈME ALBA，前日準備）

200g 豆漿
200g 未去味椰子油
2g 玉米糖膠

以溫度計或電子探針輔助，將豆漿在單柄湯鍋中加熱至 45°C。倒入未去味椰子油，然後加入玉米糖膠。以手持均質機均質，使其完全乳化。混合物溫度應在 35-40°C 之間。倒入焗烤盤中，以保鮮膜貼緊表面，然後放入冰箱靜置約 12 小時，使其冷卻並凝固。

椰子青檸蛋白糖霜

118g 礦泉水
6g 馬鈴薯蛋白
1.2g 玉米糖膠
0.8g 精鹽
240g 細砂糖
34g 馬鈴薯澱粉
1g 有機青檸皮屑
適量椰絲

以 Microplane® 刨絲器刨出青檸皮屑。以手持均質機均質馬鈴薯蛋白、鹽、玉米糖膠和礦泉水。在裝了球型攪拌頭的桌上型攪拌機鋼盆中，倒入馬鈴薯蛋白混合物，一點一點地加入糖打發。接著在蛋白霜中，以矽膠刮刀拌入馬鈴薯澱粉與青檸皮屑。製成後即刻使用。

用裝了 15 號圓形擠花嘴的擠花袋，在鋪了烘焙紙的烤盤上擠出直徑 6cm 的蛋白霜球。輕輕撒上椰絲。在開啟旋風功能的烤箱中，以 100°C 烘烤約 2 小時，期間快速打開烤箱門兩次，讓水氣逸出。烤好後靜置冷卻。蓋上保鮮膜室溫保存。

注意：2 小時的烘烤時間僅供參考，可能會因烤箱而有所差別。蛋白糖霜必須烤至酥脆。

椰子甜點奶餡

95g 燕麥奶
110g 椰子果泥
30g 細砂糖
17g 玉米澱粉
2.5g 人造奶油

玉米澱粉過篩。將燕麥奶、椰子果泥和 10g 糖在單柄湯鍋中一起煮沸。混合玉米澱粉與剩下的糖，分兩次溶解在椰子燕麥奶中。一邊用打蛋器劇烈攪拌，將甜點奶餡煮至沸騰。離火，加入人造奶油混合均勻。倒入焗烤盤中，以保鮮膜貼緊表面，放入冰箱中靜置冷卻並冷藏備用。

椰子青檸奶餡

125g 椰子甜點奶餡
1/2 顆有機青檸皮屑
250g 艾爾巴奶餡

以 Microplane® 刨絲器刨出青檸皮屑。在裝了球型攪拌頭的桌上型攪拌機鋼盆中攪打艾爾巴奶餡。以打蛋器攪打椰子甜點奶餡使其滑順，加入青檸皮屑，然後以矽膠刮刀拌入攪打後的艾爾巴奶餡。製成後即刻使用。

注意：艾爾巴奶餡是一種質地非常緊實的奶餡。不要打得過發以免油水分離。

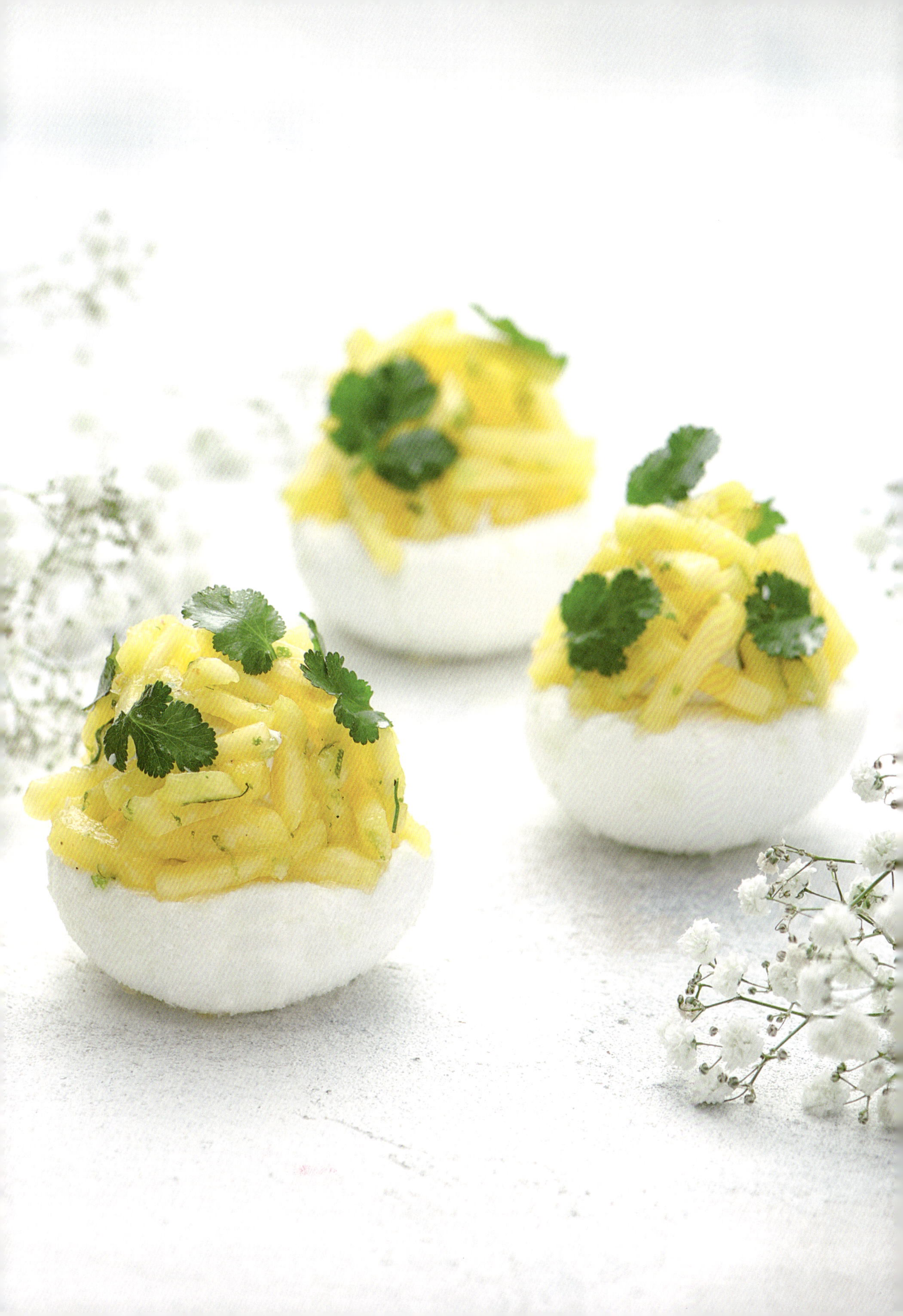

熱帶水果覆面

100g 礦泉水
1/4 顆有機橙皮屑
1/2 顆有機黃檸檬皮屑
1/2 根香草莢，剖半取籽
80g 細砂糖
8g NH 果膠粉
8g 有機黃檸檬汁
2 片新鮮薄荷葉，略略切碎

以果蔬削皮器削出橙皮屑與檸檬皮屑。以溫度計或電子探針輔助，在單柄湯鍋中將水、兩種果皮屑、香草籽和香草莢加熱至 45°C。接著加入預先混合的糖和果膠粉，煮沸並維持 3 分鐘。離火，加入檸檬汁和新鮮薄荷葉，混合並靜置浸泡 30 分鐘，過濾。即刻使用，或於冰箱中靜置冷卻備用。

調味鳳梨

500g 完熟鳳梨細條（bâtonnets）[55]
5g 新鮮芫荽葉，切碎
適量砂勞越黑胡椒
1/2 顆有機青檸皮屑
50g 熱帶水果覆面

以 Microplane® 刨絲器刨出青檸皮屑。使用砧板和刀，將鳳梨的頭尾兩端和皮去除，然後切成 3cm 長、5mm 厚的細條。將它們放入不鏽鋼調理盆中，加入芫荽葉、青檸皮屑、以研磨罐轉數次的黑胡椒，以及預先加熱至 35°C 的熱帶水果覆面，輕輕混合。即刻使用。

組裝

30 片新鮮芫荽葉

將椰子青檸蛋白糖霜放在盤子中央，平坦的一面朝上。用裝了 15 號圓形擠花嘴的擠花袋，在上方擠出一球椰子青檸奶餡。再將直徑 6cm 的餅乾切模放在蛋白糖霜上輔助，擺上調味鳳梨細條，並以 3 片新鮮芫荽葉裝飾。立即享用，因為蛋白霜會很快受潮軟化。

---

[55] 法式烹飪術語，指將果蔬切成厚度約 4-5mm 的薄片後再切成長條形。

阿特拉斯花園巴巴
Baba Jardin de l'Atlas

從創作阿特拉斯花園巴巴之初,我就決定發想一款無酒精的食譜,因此需要一種有特色的糖漿。我選擇保留科西嘉島產的蜂蜜,因為它具有非常特殊的香氣。我一直主張以不同的方式來創作、學習、開放心胸接受其他文化與技術,但絕不以犧牲風味為代價。這就是為什麼純植物版本的巴巴裡必須保有這款蜂蜜!

皮耶・艾曼

分量:10 個單人份巴巴

製作時間
6 小時
靜置時間
24 小時
烘烤與烹煮時間
30 分鐘

巴巴麵團
（浸漬糖漿前兩日準備）

190g T45 麵粉

150g 礦泉水

30g 細砂糖

2.5g 葛宏德鹽之花

10g 新鮮酵母

30g 去味椰子油

融化去味椰子油,然後將其儲存在 30-35°C 的溫度下。桌上型攪拌機裝上適合少量食材的鉤型或葉片型攪拌頭,在盆中以 3/4 量的礦泉水稀釋酵母,然後加入麵粉和糖。以第一檔速混合,直到成為均勻的麵團,切換到第二檔速,直到麵團光滑、不沾黏,然後加入剩餘的水。持續攪拌麵團,直到它開始脫離攪拌盆壁,溫度達到 25°C。加入 25°C 的去味椰子油和鹽之花。以第二檔速持續攪拌麵團,直到其不再黏附盆壁,並能感受到麵團撞擊盆壁的拍打聲（溫度為 26°C）。

在 10 個直徑為 7cm 的薩瓦蘭模具上噴上脫模烤盤油，然後用未裝擠花嘴的擠花袋，將麵團填入模具 1/3 高處。充分敲擊模具以盡可能去除多餘的氣泡。在 32°C 下發酵 45 分鐘。放入開啟旋風功能的烤箱中，以 170°C 烘烤 20 分鐘，脫模，再送入烤箱烘烤 10 分鐘。接著於室溫下靜置乾燥 2 天。放入密封容器中保存。

注意：巴巴必須非常乾燥才能吸收最大量的糖漿；這樣它們就會變得非常有化口性且濕潤。

淺漬檸檬與柳橙（前日準備）

2 顆有機黃檸檬
1 顆有機柳橙
1kg 礦泉水
500g 細砂糖

以鋸齒刀切除檸檬與柳橙的頭尾兩端，然後從上至下切成四等分。連續汆燙三次：放入大量沸水中，在沸騰狀態下煮 2 分鐘，接著以冷水沖洗。再次重複以上操作二次，然後瀝乾水分。將細砂糖與礦泉水混合並煮沸，製作糖漿。加入檸檬與柳橙，蓋上蓋子煮以維持果皮的柔軟度，維持微沸狀態以文火慢燉約 2 小時。離火後繼續浸在糖漿中，在冰箱靜置隔夜。取出後以篩網過濾糖漿 1 小時。將檸檬、柳橙與糖漿分別保存於冰箱中。

研磨糖漬橙片（前日準備）

500g 礦泉水
250g 細砂糖
150g 有機柳橙片

以刀將柳橙切成 2mm 厚的橙片。將它們一片一片交疊放入焗烤盤中，重疊厚度最多為 1.5cm。將水與砂糖在單柄湯鍋中煮沸，將沸騰的糖漿倒在橙片上並浸漬 24 小時。瀝乾，以食物調理機研磨搗碎。

糖煮柳橙與檸檬（前日準備）

60g 有機黃檸檬汁
30g 細砂糖
140g 研磨糖漬橙片
3g 有機橙皮屑
5.5g 325 NH95 果膠粉

混合糖與果膠粉。以溫度計或電子探針輔助，將檸檬汁、有機橙皮屑和研磨糖漬橙片在單柄湯鍋中加熱至 40°C，然後加入混合的糖與果膠並煮沸。將糖煮柳橙與檸檬倒入鋪了保鮮膜的焗烤盤中，然後在冰箱中冷卻至少 12 小時。接著切成 1cm 的方塊並冷凍。放入密封容器中冷凍保存。

艾爾巴奶餡（前日準備）

200g 豆漿
200g 去味椰子油
0.4g 玉米糖膠

以溫度計或電子探針輔助，將豆漿加熱至 45°C 後，倒在去味椰子油和玉米糖膠上，以手持均質機均質，使其完全乳化。奶餡溫度應在 35-40°C 之間。倒入長方形不鏽鋼容器中，以保鮮膜貼緊表面，放入冰箱靜置冷卻約 12 小時至凝固。

浸漬用糖漿（前日準備）

650g 礦泉水
260g 科西嘉灌木林蜂蜜
（miel du maquis corse）[56]
10.5g 有機檸檬皮
10.5g 有機橙皮
105g 有機黃檸檬汁

使用蔬果削皮刀削下檸檬皮與橙皮，然後放入加了蜂蜜的水中，煮至沸騰。煮沸後在冰箱中浸泡隔夜。接著加入檸檬汁並過濾。將糖漿在單柄湯鍋中加熱至 50°C，立即在 50°C 下使用，或冷卻並存放於冰箱中。

浸漬巴巴

在一個大型容器中，倒入 50°C 的浸漬用糖漿，然後放入巴巴。上方壓一個網架或重物，使巴巴能整體浸在糖漿中，並於冰箱中靜置隔夜。巴巴浸漬完成後以漏勺取出，移到下方放了接水盤的網架上。於冰箱中靜置瀝乾 2 小時。

---

[56] 科西嘉灌木林蜂蜜蜜源為科西嘉海濱往上延伸至山區的各種野生灌木林植物。科西嘉蜂蜜目前為歐盟法定產區保護（AOP）的特有蜂蜜，包含春季百花蜜、灌木林春蜜、灌木林夏蜜、灌木林樹蜜、栗樹百花蜜與灌木林秋蜜等六種。

橙花甜點奶餡

200g 燕麥奶
25g 玉米澱粉
40g 細砂糖
1/4 顆有機橙皮屑
2g 天然橙花香精
50g 人造奶油

玉米澱粉過篩。將燕麥奶與 1/3 的糖和橙皮屑在單柄湯鍋中一起煮沸。混合玉米澱粉與剩餘的糖，用半量的橙皮燕麥奶將其溶解，然後混拌入鍋內剩餘的橙皮燕麥奶中，一邊以打蛋器劇烈攪拌，煮至沸騰。離火後加入人造奶油與天然橙花香精，混合後冷卻。即刻使用或於冰箱中冷藏備用。

橙花奶餡

165g 橙花甜點奶餡
335g 艾爾巴奶餡

在裝了球型攪拌頭的桌上型攪拌機鋼盆中打發艾爾巴奶餡。以打蛋器將橙花甜點奶餡攪拌至柔滑，然後以矽膠刮刀混拌入打發的艾爾巴奶餡。製成後即刻使用。

注意：艾爾巴奶餡的質地非常緊實，不要過度打發，以免油水分離。

柔滑蜂蜜

266g 科西嘉灌木林蜂蜜
110g 人造奶油

在裝了球型攪拌頭的桌上型攪拌機鋼盆中，打發人造奶油，然後加入蜂蜜拌勻。即刻使用。

組裝與完工

150g 鏡面果膠
2 顆有機黃檸檬

在冰涼的巴巴上以糕點刷刷上微溫的鏡面果膠。將它們放在盤中。將柔滑蜂蜜填入巴巴中央凹陷處，然後撒上糖煮柳橙與檸檬方塊，並放上檸檬瓣（去膜去籽的果肉）。擠花袋裝上 7 齒香緹鮮奶油擠花嘴（F7），在巴巴上擠上螺旋形的橙花奶餡。最後分別以 1 至 2 片的直徑 1cm 自製淺漬檸檬和直徑 2.5cm 自製淺漬柳橙裝飾。享用前於冰箱冷藏。

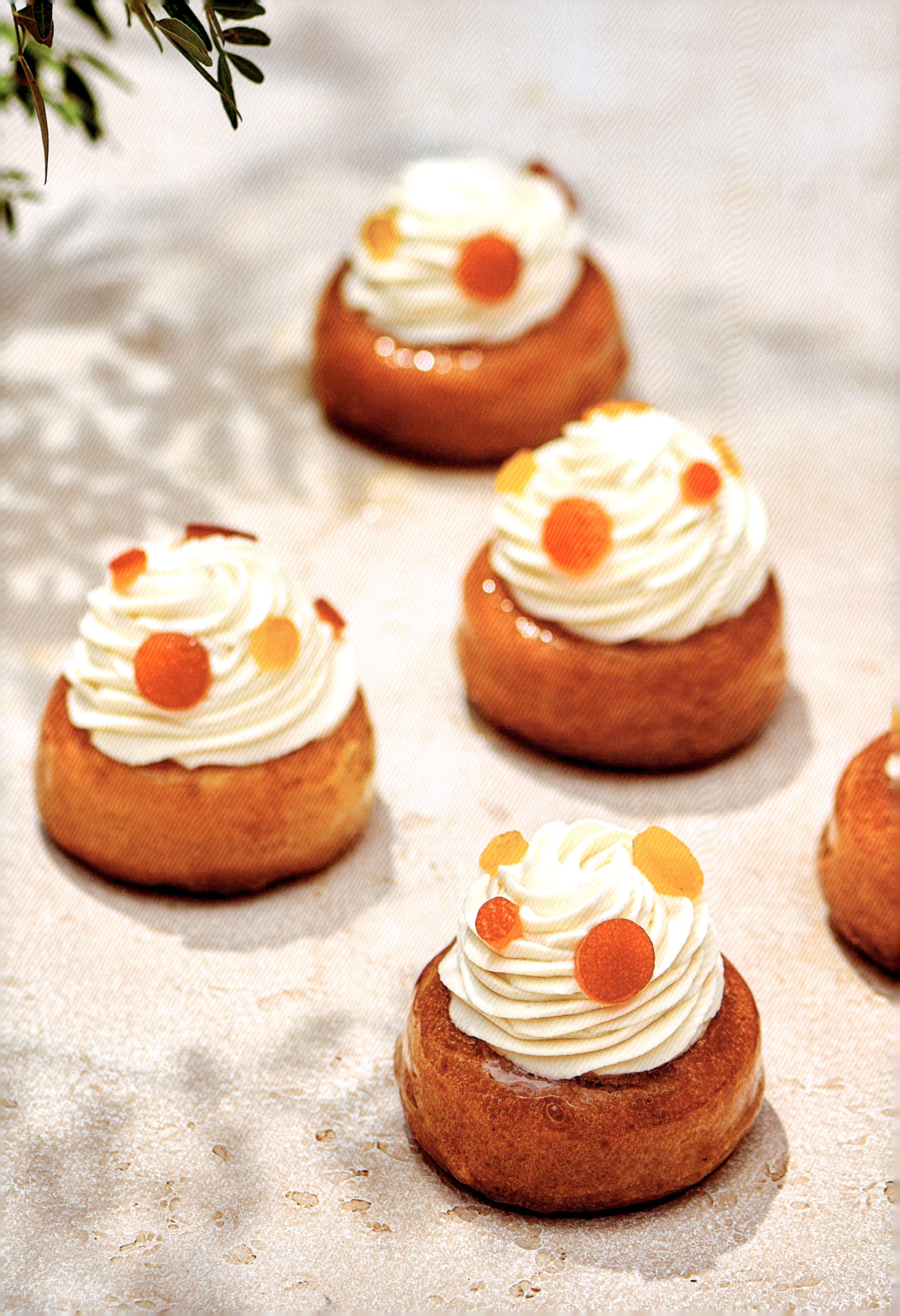

法式草莓蛋糕
Fraisier

法式草莓蛋糕一直是我最喜歡的蛋糕。這個版本是透過將雷歐納海綿蛋糕及艾爾巴奶餡與杏仁膏結合製成。

王李娜

分量：6-8 人份

製作時間
6 小時
靜置時間
14 小時
烘烤與烹煮時間
10 分鐘

艾爾巴香草奶餡
（前日準備）
1 根大溪地香草莢
220g 豆漿
135g 去味椰子油
35g 黃蔗糖
10g 玉米澱粉
100g 室溫人造奶油

奶餡 A：香草莢剖半，刮出香草籽。將香草莢、香草籽與 125g 豆漿、去味椰子油混合，煮沸。蓋上蓋子浸泡 15 分鐘後，取出香草莢，讓混合液降溫至 30°C。以手持均質機乳化 1 至 2 分鐘，直到成為光滑、均勻、純白且不透明的質地。放入冰箱中，之後在 7°C 下使用。

奶餡 B：在一個小型單柄湯鍋中，溶解黃蔗糖、玉米澱粉和 95g 豆漿。煮沸使其變稠，然後加入人造奶油，離火，趁熱以手持均質機乳化。靜置冷卻後再放入冰箱中 12 小時使其凝固。

製作艾爾巴香草奶餡：在裝了球型攪拌頭的桌上型攪拌機鋼盆中，攪打溫度為 7°C 的奶餡 A，直到成為緊實的香緹鮮奶油。以打蛋器攪拌奶餡 B 使其軟化蓬鬆，然後分三次加入攪拌機鋼盆中，持續攪打。攪打而成的奶餡質地應如緞面，保持緊緻而柔滑。製成後填入擠花袋中，即刻使用。

檸檬雷歐納海綿蛋糕

95g 黃蔗糖
145g 豆漿
120g 高蛋白質 T45 麵粉
30g 玉米澱粉
60g 杏仁粉
5g 黃檸檬皮屑
10g 泡打粉
8g 奇亞籽粉
50g 去味椰子油
50g 橄欖油
40g 杏仁片
80g 白巧克力

在裝了葉片型攪拌頭的桌上型攪拌機鋼盆中，混合黃蔗糖和豆漿，直到糖完全溶解。一次加入麵粉、玉米澱粉、杏仁粉、檸檬皮屑、泡打粉、奇亞籽粉，攪拌均勻，形成滑順的麵糊。靜置至少 20 分鐘，使麵糊水合並稠化。單柄湯鍋中加入去味椰子油，以小火緩慢融化，然後加入橄欖油。讓混合油降至室溫。烤箱開啟旋風功能，預熱至 200°C。

麵糊靜置後，將混合油緩緩倒入攪拌機鋼盆中，以中速乳化，直到成為均勻的麵糊。將其倒入鋪了烘焙紙的 40x30cm 烤盤上，以 L 型抹刀抹平表面。撒上杏仁片覆蓋表面。放入開啟旋風功能的烤箱中烘烤 10 分鐘，直到表面呈現金黃色。烘烤後，靜置冷卻後取下烘焙紙。切出一個直徑 16cm 和另一個直徑 12cm 的圓片。白巧克力隔水加熱融化。在 16cm 的圓片上塗抹白巧克力，使杏仁片保持酥脆。

浸漬用香草糖漿

250g 礦泉水
125g 細砂糖
1 根大溪地香草莢
1g 洋菜粉

香草莢剖半，刮出香草籽。在一個小型單柄湯鍋中，將水、香草莢與香草籽、糖和洋菜粉煮沸。在糖漿凝固前趁熱使用。以糕點刷在 12cm 與 16cm 的兩片海綿蛋糕圓片上，刷上糖漿。16cm 的圓片僅刷在沒有白巧克力的那一面。

糖煮草莓

200g 新鮮草莓
30g 細砂糖
4g NH 果膠粉
190g 草莓果泥
10g 黃檸檬汁

將草莓切成 1cm 大小的小丁，放入冰箱冷藏。混合果膠粉與 15g 糖備用。將草莓果泥、檸檬汁和剩餘的糖在一個小型單柄湯鍋中攪拌混合，一起煮沸。然後撒入混合好的糖和果膠粉，同時攪拌並保持沸騰狀態 1 分鐘。離火後，加入草莓丁。將糖煮草莓填入未裝擠花嘴的擠花袋中，放入冰箱冷藏。

法式草莓蛋糕

組裝與完工

150g 新鮮草莓

180g 50% 杏仁膏

切除草莓末端（有葉子的部分），使所有草莓的高度大致相同，然後將它們縱向切成兩半。在鋪了一張烘焙紙的烤盤上，放上一個直徑 16cm、高 4cm 的不鏽鋼蛋糕圈；在內圈圍上一條 4cm 高的塑膠蛋糕圍邊。在底部，放上事先刷過糖漿的 16cm 雷歐納海綿蛋糕圓片，有杏仁片的那一面朝下。將切半的草莓排列在整個圓片上，小心地將切面輕輕壓在塑膠圍邊上。填入艾爾巴香草奶餡至蛋糕圈 1/3 高處。填入糖煮草莓，以少許艾爾巴香草奶餡覆蓋。將刷過糖漿的 12cm 雷歐納海綿蛋糕圓片放在上面，並以艾爾巴香草奶餡完全覆蓋。以抹刀抹平表面，並冷藏至少 2 小時。

將杏仁膏揉捏軟化，然後放在兩片塑膠片之間擀平，厚度約為 2mm。剝除塑膠片，將杏仁膏折出不規則的褶皺，再切出一個直徑 16cm 的圓片，然後鋪在蛋糕表面。以瓦斯槍炙燒表面，並以整粒新鮮草莓裝飾。取下不鏽鋼蛋糕圈和塑膠圍邊。冰涼享用。

註：艾爾巴奶餡是一種純植物打發鮮奶油，其基底的組成比例通常為：由 1/3 的去味椰子油和 1/3 的豆漿製成的乳化物，打發成香緹鮮奶油，然後加入 1/3 的甜點奶餡[57]。本食譜配方中，油脂稍微豐厚一些，另加入了人造奶油，讓蛋糕能維持得更久。

---

[57] 甜點奶餡「crème pâtissière」，即台灣常說的「卡士達醬」，是法式甜點中最基礎的奶醬，其成分為牛奶、雞蛋、糖與玉米澱粉（或麵粉），有時會另外加上奶油使其質地更為柔滑。在本書的純植物版本中，則是以植物奶、玉米澱粉與人造奶油製成。以本食譜為例，即「艾爾巴香草奶餡」中的「奶餡 B」。

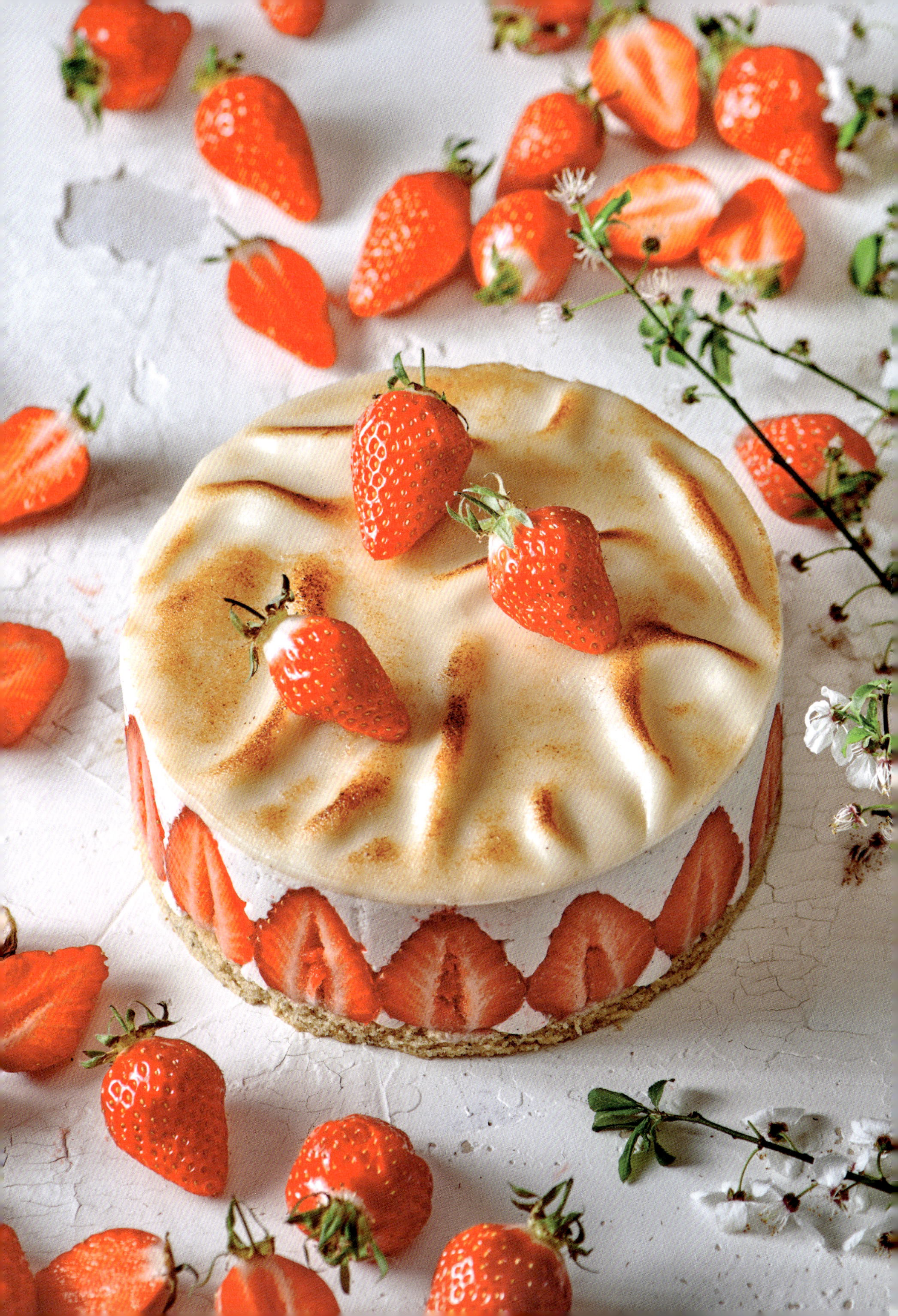

伊斯法罕巴巴
Baba Ispahan

伊斯法罕巴巴是我的最愛之一。那精確與令人難以置信的純粹風味，使其熠熠生輝，讓我驚訝不已。其質地輕盈濕潤，讓人想起所有愛上巴巴的理由。畫龍點睛的則是覆盆子白蘭地！

皮耶・艾曼

分量：6-8 人份

製作時間
6 小時
靜置時間
24 小時
烘烤與烹煮時間
30 分鐘

巴巴麵團
（浸漬糖漿前兩日準備）

190g T45 麵粉

150g 礦泉水

30g 細砂糖

2.5g 葛宏德鹽之花

10g 新鮮酵母

30g 去味椰子油

融化去味椰子油，然後將其儲存在 30-35°C 的溫度下。桌上型攪拌機裝上適合少量食材的鉤型或葉片型攪拌頭，在盆中以 3/4 量的礦泉水稀釋酵母，然後加入麵粉和糖。以第一檔速混合，直到成為均勻的麵團，然後切換到第二檔速，直到麵團光滑、不沾黏，加入剩餘的水。持續攪拌麵團，直到它開始脫離攪拌盆壁，溫度達到 25°C。加入 25°C 的去味椰子油和鹽之花。以第二檔速持續攪拌麵團，直到其不再黏附盆壁，並能感受到麵團撞擊盆壁的拍打聲（溫度為 26°C）。在 1 個直徑為 18cm 的薩瓦蘭模具上噴上脫模烤盤油，然後用未裝擠花嘴的擠花袋，將麵團填入模具 1/3 高處。充分敲擊模具以盡可能去除多餘的氣泡。在 32°C 下發酵 45 分鐘。放入開啟旋風功能的烤箱中，以 170°C 烘烤 20 分鐘，脫模，再送入烤箱烘烤 10 分鐘。接著於室溫下靜置乾燥 2 天。放入密封容器中保存。

注意：巴巴必須非常乾燥才能吸收最大量的糖漿；這樣它們就會變得非常有化口性且濕潤。

柔滑覆盆子奶餡（前日準備）

12g 玉米澱粉
2.5g NH 果膠粉
330g 覆盆子果泥
60g 去味椰子油
1.5g 卵磷脂液

將玉米澱粉與 NH 果膠粉一起過篩。以溫度計或電子探針輔助，將覆盆子果泥在單柄湯鍋中加熱至 40°C。加入混合的玉米澱粉與果膠粉，劇烈攪拌並煮沸。接著倒入去味椰子油和卵磷脂液。使用手持均質機均質至完全乳化。倒入焗烤盤中，以保鮮膜緊貼表面後，放入冰箱靜置冷卻約 12 小時凝固。

艾爾巴奶餡（前日準備）

200g 豆漿
200g 去味椰子油
0.4g 玉米糖膠

以溫度計或電子探針輔助，將豆漿加熱至 45°C。倒在去味椰子油和玉米糖膠上，以手持均質機均質，使其完全乳化。奶餡溫度應在 35-40°C 之間。倒入焗烤盤中，以保鮮膜貼緊表面後，放入冰箱靜置冷卻約 12 小時凝固。

糖漿浸漬荔枝（前日準備）

150g 糖漿浸漬荔枝[58]，瀝乾

瀝乾荔枝。根據果粒大小將它們切成兩塊或三塊，然後在冰箱中瀝乾隔夜。

浸漬用糖漿

600g 礦泉水
250g 細砂糖
100g 覆盆子果泥
60g 玫瑰萃取液（酒精萃取法）
50g 覆盆子白蘭地

將水、糖和覆盆子果泥在單柄湯鍋中煮沸。離火，加入玫瑰萃取液和覆盆子白蘭地。立即在 50°C 下使用，或於冰箱中靜置冷卻備用。

浸漬巴巴

在一個大型容器中，倒入 50°C 的浸漬用糖漿，然後放入巴巴。上方壓一個網架或重物，使巴巴能整體浸在糖漿中，並於冰箱中靜置隔夜。巴巴浸漬完成後以大型漏勺取出，移到下方放了接水盤的網架上。於冰箱中靜置瀝乾 2 小時。

---

[58] 法國不產荔枝，難以找到鮮果，甜點廚房中多用浸漬在糖漿中的荔枝罐頭。

玫瑰甜點奶餡

200g 燕麥奶

25g 玉米澱粉

40g 細砂糖

5.5g 玫瑰萃取液（酒精萃取法）

50g 人造奶油

玉米澱粉過篩。將燕麥奶與 1/3 的糖在單柄湯鍋中一起煮沸。混合玉米澱粉與剩餘的糖，用半量的甜燕麥奶將其溶解，然後混拌入鍋內剩餘的甜燕麥奶中，一邊以打蛋器劇烈攪拌，煮至沸騰。離火後加入人造奶油和玫瑰萃取液，混合並靜置冷卻。即刻使用或於冰箱中冷藏備用。

玫瑰奶餡

165g 玫瑰甜點奶餡

335g 艾爾巴奶餡

在裝了球型攪拌頭的桌上型攪拌機鋼盆中打發艾爾巴奶餡。以打蛋器將玫瑰甜點奶餡攪拌至柔滑，然後以矽膠刮刀混拌入打發的艾爾巴奶餡。即刻使用。

注意：艾爾巴奶餡質地非常緊實，不要過度打發，以免油水分離。

組裝與完工

100g 覆盆子白蘭地

150g 鏡面果膠

適量葡萄糖漿

3 瓣玫瑰花瓣

3 粒新鮮覆盆子

在冰涼的巴巴上，先淋上大量的覆盆子白蘭地，再用糕點刷塗上微溫的鏡面果膠。將巴巴放在盤上，在中央凹陷處放入荔枝塊，然後用裝了圓形擠花嘴的擠花袋，擠上柔滑覆盆子奶餡。再用裝了 20 號聖多諾黑擠花嘴的擠花袋，以 Z 字形擠上玫瑰奶餡。放上 3 粒新鮮覆盆子和 3 瓣玫瑰花瓣。把烘焙紙折成錐形擠花袋，填入葡萄糖漿，在玫瑰花瓣上滴一滴葡萄糖漿作為露珠襯托。

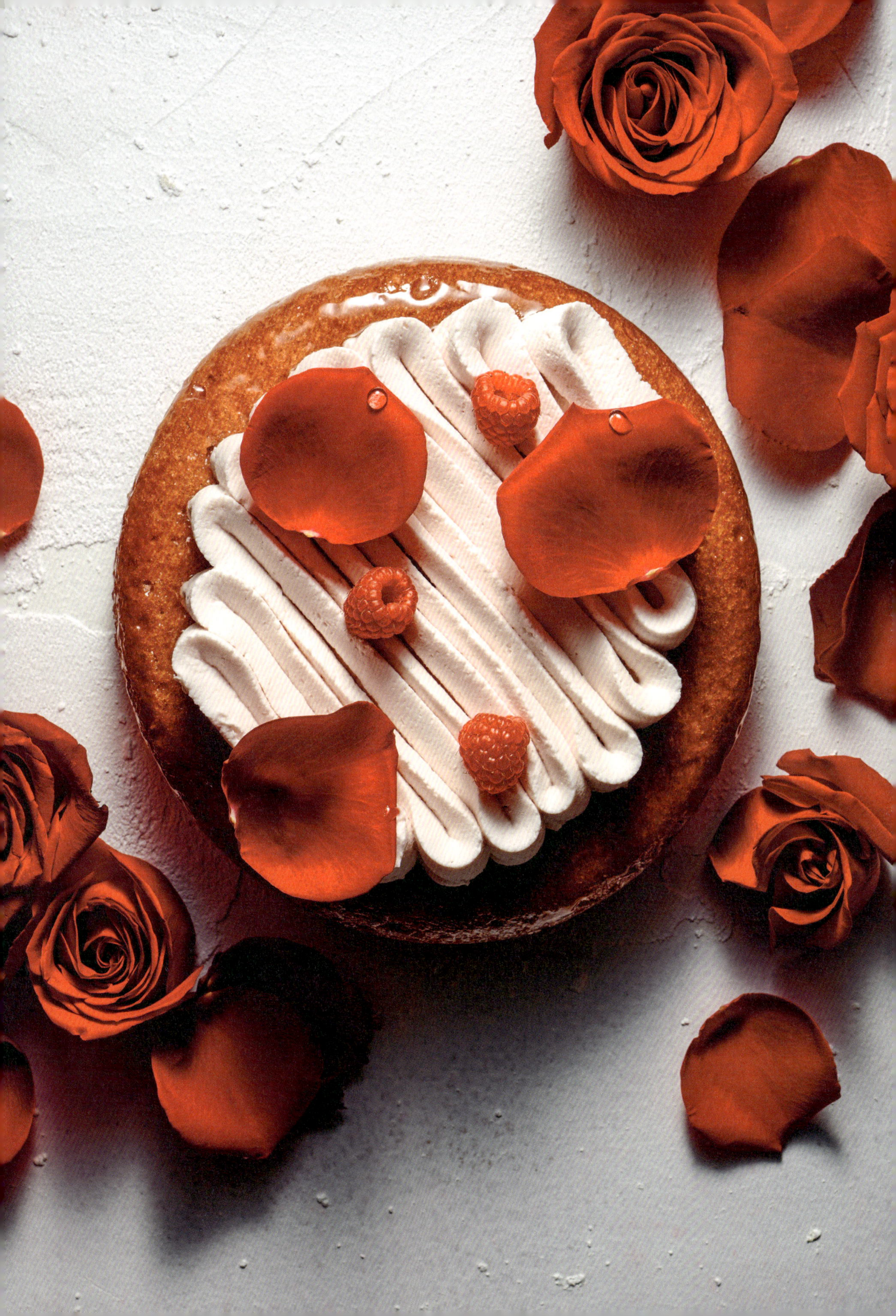

Glaces

ET SORBETS

Plaisirs givrés

冰淇淋與雪酪

沁人心脾之樂

如果說純植物雪酪容易製作,那純植物冰淇淋的挑戰可就完全不同了,因為必須能夠成功重現冰淇淋如奶油般柔滑、圓潤的感官印象。與人們可能認為的相反,開發純植物冰淇淋相當耗時且需要大量測試。因為其原理在於透過一種不尋常的介質來凸顯每種食材的味道,而風味與質地的表現都會有所改變。

我選擇了我們品牌的兩款「迷戀」(Fetish)風味:烏瑞亞(Ouréa)[59]和米蓮娜(Miléna)[60],作為定錨點和參照值,以便達到所需的質地。以純植物為基礎重新詮釋兩款現有的冰品,無疑是一項額外的壯舉,因為我們設定的目標,是做得同樣好,甚至更好。困難處仍然在於如何取代雞蛋、牛奶和鮮奶油了不起的特性。整個技術將包括完全乳化,以得到我在冰淇淋中所追求的那種完美柔滑質地,同時突出風味。這涉及到結合糖來控制冰淇淋的甜度、質地與濃稠柔滑度。接著,練習課題包括在這些糖、植物油脂(例如去味椰子油)、植物奶,以及連結不同食材的增稠劑和柑橘纖維間找到適當的平衡。以這樣不同的方式來製作冰淇淋,讓人不斷突破創造力的極限。

我們冰淇淋的特點在於其「大理石紋路」,這使得品嚐時每一口都能隨機地產生不同的感受。我所有的冰品創作都採用這個法則:疊加不同的口味,每一層皆經過定量與稱重,然後以冰淇淋勺混合。在純植物版本中,我也沒有偏離這種做法。

同樣的,我在此處也不尋求比較,而是汲取每個作品的優點,發掘不同的情感與感官印象,並始終將愉悅作為唯一指標。

---

[59] 希臘神話中的山脈之神,為大地之母蓋亞(Gaïa)所生。皮耶・艾曼主廚以此命名其榛果與高知柚子的風味組合。
[60] 皮耶・艾曼主廚所創,紅莓果與薄荷的風味組合。

無限椰子冰淇淋
Glace Infiniment Noix de coco

製作冰淇淋的困難點在於找到食材、糖和完全乳化間的適當平衡,以獲得我鍾愛的乳霜狀質地。無限椰子冰淇淋和新鮮鳳梨塊完美適配,可以加入青檸皮屑和切碎的芫荽葉或焦糖鳳梨調味。

皮耶‧艾曼

分量:2 公升冰淇淋

製作時間　2 小時
靜置時間　5 小時
烘烤與烹煮時間　15 分鐘

無限椰子冰淇淋

35g 椰絲
720g 椰奶
150g 細砂糖
50g 轉化糖
30g 去味椰子油
400g 椰子果泥
70g 葡萄糖粉
42g 右旋糖粉(dextrose)
4g 柑橘纖維
2g 關華豆膠
2g 刺槐豆膠

烤箱預熱至 150°C。將椰絲鋪在鋪了烘焙紙的烤盤上,烘烤 12 至 15 分鐘。取出後靜置冷卻。

將椰奶和椰子果泥倒入單柄湯鍋中加熱,以溫度計或電子探針輔助,在 25°C 時加入柑橘纖維;在 30°C 時,加入 125g 糖、葡萄糖粉、右旋糖粉和轉化糖;在 40°C 時,加入預先融化的 40°C 去味椰子油;在 45°C 時,加入關華豆膠、刺槐豆膠和剩餘的糖。持續加熱至 85°C,保持該溫度煮 2 分鐘。以手持均質機均質後,冷卻至 4°C,然後於冰箱靜置熟成至少 4 小時,才能以冰淇淋機攪拌。將不鏽鋼冰淇淋攪拌桶放入冷凍庫冷凍 30 分鐘。將冰淇淋以手持均質機再次均質,然後以冰淇淋機攪拌。完成後將冰淇淋倒入不鏽鋼托盤中,撒上焙烤椰絲,放入冷凍庫保存。享用前 30 分鐘移入冰箱冷藏室。

注意:遵守每項食材投入的溫度非常重要。

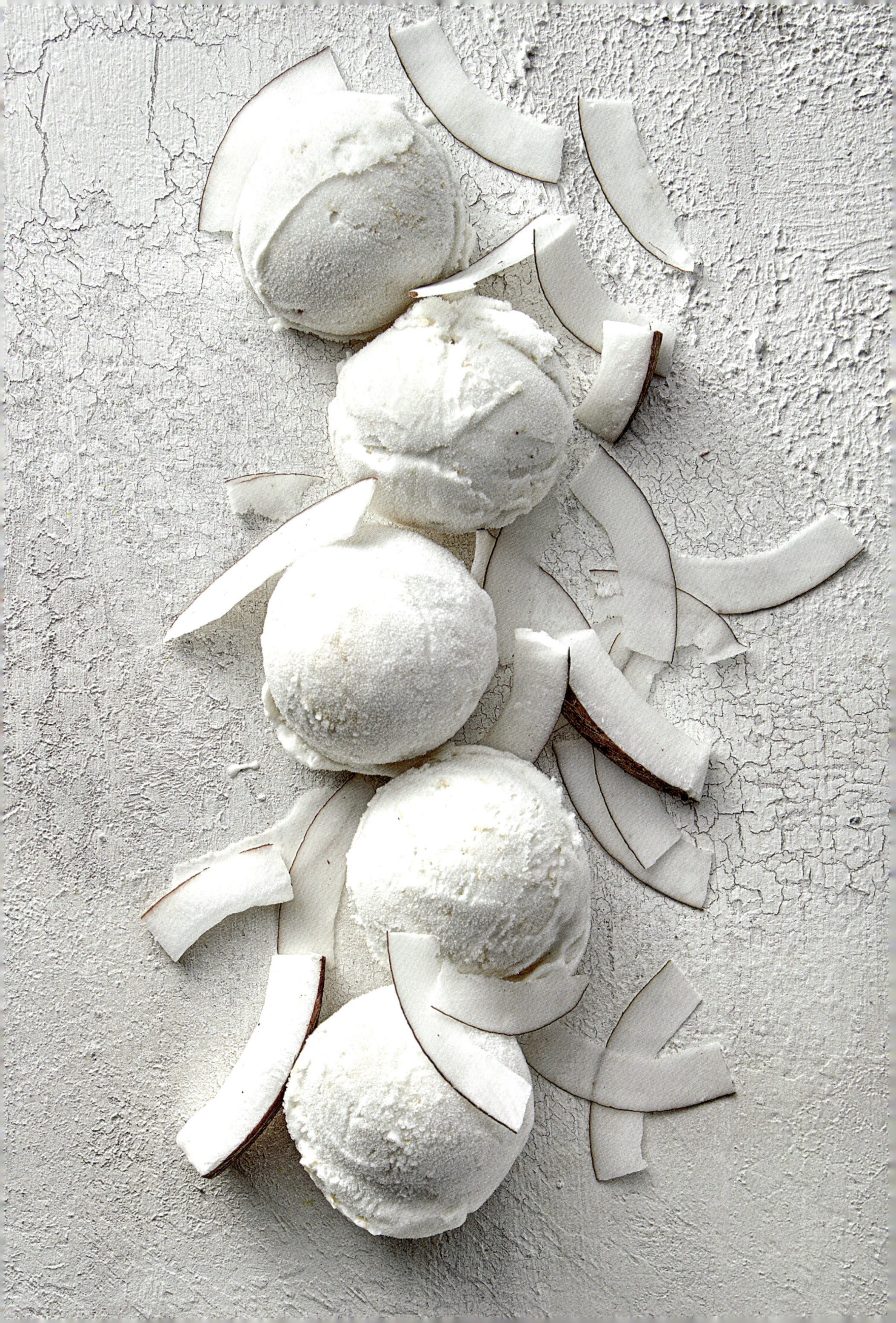

無限榛果帕林內冰淇淋
Glace Infiniment Praliné Noisette

從我們對烏瑞亞（Ouréa）和米蓮娜（Miléna）的研究出發，我為自己設定了製作「無限榛果冰淇淋」的挑戰。這是一款馥郁柔滑、香氣十足的冰淇淋。在口味上透過將冰淇淋、帕林內和榛果庫利（coulis）[61] 堆疊分層，形成大理石紋路。

皮耶・艾曼

分量：2 公升冰淇淋

製作時間
6 小時
靜置時間
5 小時
烘烤與烹煮時間
30 分鐘

焦糖皮埃蒙榛果碎
140g 皮埃蒙帶皮生榛果[62]
500g 細砂糖
150g 礦泉水

在鋪了烘焙紙的烤盤上鋪上榛果，注意不要重疊。放入已預熱的烤箱中，開啟旋風功能，以 165°C 烘烤 15 分鐘。將榛果放在粗網目的篩網或漏勺上搖晃，以去除外皮。以溫度計或電子探針輔助，將水和糖在單柄湯鍋中煮至 118°C，然後加入焙烤後的溫熱榛果，以小火將全體焦糖化。將焦糖榛果倒在鋪了不沾矽膠墊的烤盤上，靜置冷卻後壓碎。保存在密封容器中。

---

61 庫利（coulis）為法式甜點元素之一，是將果泥過篩後以液體稀釋而成的醬汁，通常較果汁濃稠。
62 未熟化未調味的榛果。

自製榛果帕林內

100g 細砂糖
30g 礦泉水
1 根馬達加斯加香草莢
160g 去皮整粒榛果

在鋪了烘焙紙的烤盤上平鋪上榛果，注意不要相互重疊。將它們放入 160°C、開啟旋風功能的烤箱中烤 15 分鐘。以溫度計或電子探針輔助，在單柄湯鍋中將糖和水煮至 121°C。將香草籽、剖半取籽後的香草莢與榛果加入熱糖漿中，一邊以木匙輕輕混拌直到糖漿反砂結晶，維持中火使其焦糖化。倒在不沾矽膠烘焙墊上靜置冷卻。將焦糖榛果略略壓碎，倒入食物調理機中研磨成糊，保留一些粗顆粒、不要研磨得太細。即刻使用或放入冰箱中冷藏備用。

注意：焦糖榛果冷卻後須立即壓碎、研磨和使用。由於有受潮、變質的風險，一旦焦糖化就無法長期儲存。

榛果帕林內庫利

90g 礦泉水
65g 葡萄糖漿
40g 右旋糖
115g 自製榛果帕林內
115g 純焙烤榛果膏（100% 榛果）

將礦泉水、葡萄糖漿和右旋糖在單柄湯鍋中煮沸，倒在預先混合的自製榛果帕林內和純榛果膏上。以手持均質機均質，使其完全乳化。放入冰箱冷藏備用。

榛果帕林內冰淇淋

700g 燕麥奶
65g 細砂糖
130g 濃厚榛果帕林內（65% 榛果）
35g 葡萄糖粉
25g 轉化糖
30g 菊苣纖維
42g 去味椰子油
3g 柑橘纖維
1.5g 關華豆膠
1.5g 刺槐豆膠

將燕麥奶倒入單柄湯鍋中加熱，以溫度計或電子探針輔助，在 25°C 時加入菊苣纖維；在 30°C 時，加入 50g 糖、葡萄糖粉與轉化糖；在 40°C 時，加入預先融化的 40°C 去味椰子油；在 45°C 時，加入關華豆膠、刺槐豆膠、柑橘纖維和剩餘的糖。持續加熱至 85°C，保持該溫度煮 2 分鐘，接著倒入濃厚榛果帕林內。以手持均質機均質後，冷卻至 4°C，然後於冰箱靜置熟成至少 4 小時，才能以冰淇淋機攪拌。

注意：遵守每項食材投入的溫度非常重要。

混合「無限榛果帕林內冰淇淋」

1 kg 榛果帕林內冰淇淋
175g 焦糖皮埃蒙榛果碎
260g 榛果帕林內庫利

把焦糖皮埃蒙榛果碎裝入不鏽鋼托盤中，放入冷凍庫冷凍 30 分鐘。將榛果帕林內冰淇淋以手持均質機再次均質，然後以冰淇淋機攪拌。完成後將冰淇淋倒入不鏽鋼托盤中，放入冷凍庫冷凍 30 分鐘。然後加入榛果帕林內庫利。以矽膠刮刀或湯匙混拌成漂亮的大理石紋路。放入冷凍庫保存，享用前 30 分鐘移入冰箱冷藏室。

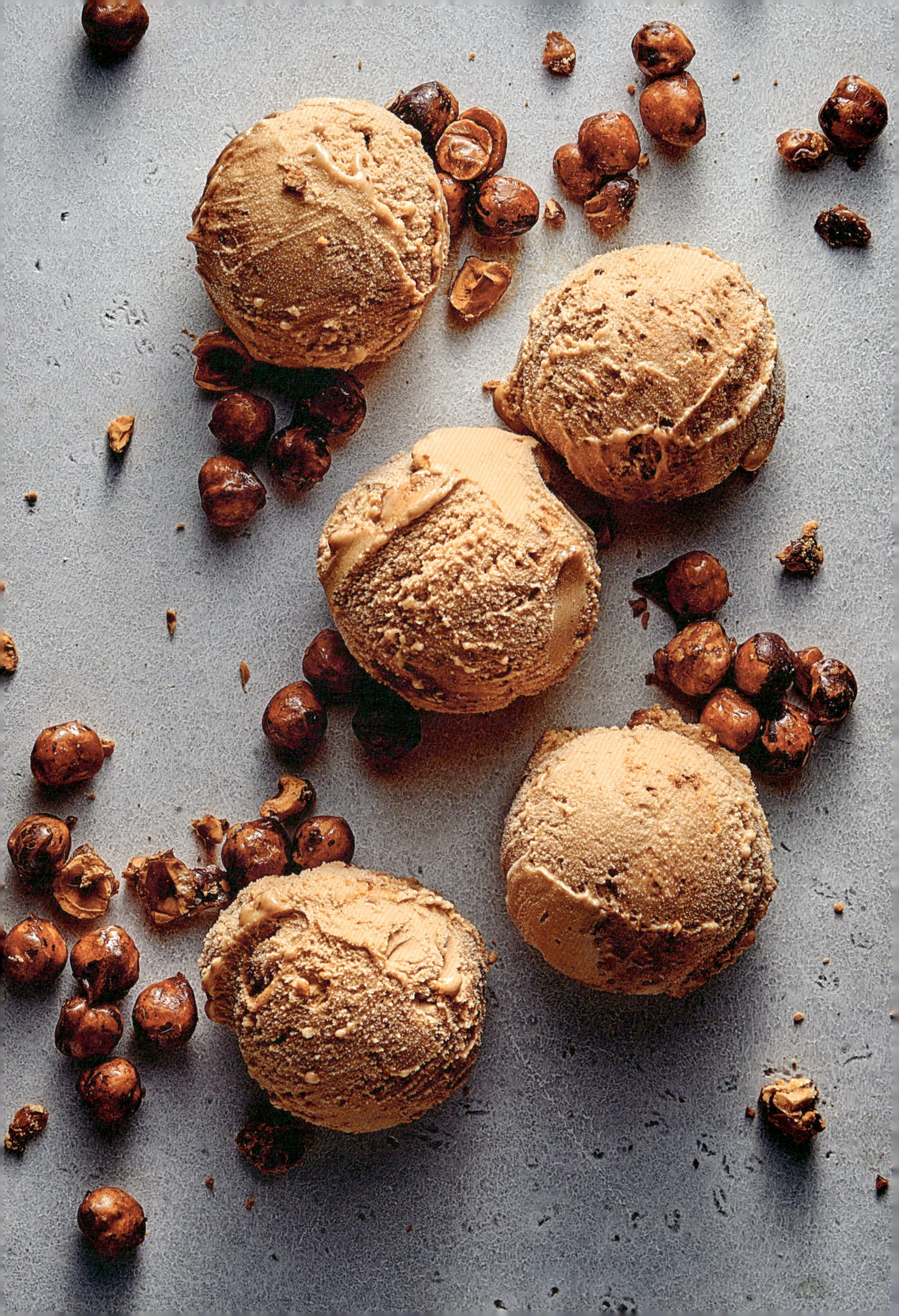

無限馬達加斯加香草冰淇淋
Glace Infiniment Vanille de Madagascar

雖說我平日習慣組合三種香草（馬達加斯加、大溪地和墨西哥）來構成「我的香草味道」，但在這次創作裡，我選擇只用馬達加斯加香草。由於沒有動物成分，其木質調性更為突出。

皮耶・艾曼

分量：2 公升冰淇淋

製作時間　2 小時
靜置時間　5 小時
烘烤與烹煮時間　15 分鐘

無限香草冰淇淋
815g 燕麥奶
6 根馬達加斯加香草莢
40g 菊苣纖維
150g 細砂糖
80g 轉化糖
120g 去味椰子油
3g 柑橘纖維
1.5g 關華豆膠
1.5g 刺槐豆膠

將燕麥奶在單柄湯鍋中煮沸，離火，加入剖半並刮出香草籽的香草莢，浸泡 30 分鐘，然後過濾。將香草燕麥奶倒入單柄湯鍋中加熱，以溫度計或電子探針輔助，在 25°C 時加入菊苣纖維；在 30°C 時，加入 125g 糖與轉化糖；在 40°C 時，加入預先融化的 40°C 去味椰子油；在 45°C 時，加入關華豆膠、刺槐豆膠、柑橘纖維和剩餘的糖。持續加熱至 85°C，保持該溫度煮 2 分鐘。以手持均質機均質後，冷卻至 4°C，然後在冰箱靜置熟成至少 4 小時，才能以冰淇淋機攪拌。將不鏽鋼冰淇淋攪拌桶放入冷凍庫冷凍 30 分鐘。將冰淇淋以手持均質機再次均質，然後以冰淇淋機攪拌。完成後倒入不鏽鋼托盤中，放入冷凍庫保存。享用前 30 分鐘移入冰箱冷藏室。

注意：遵守每項食材投入的溫度非常重要。

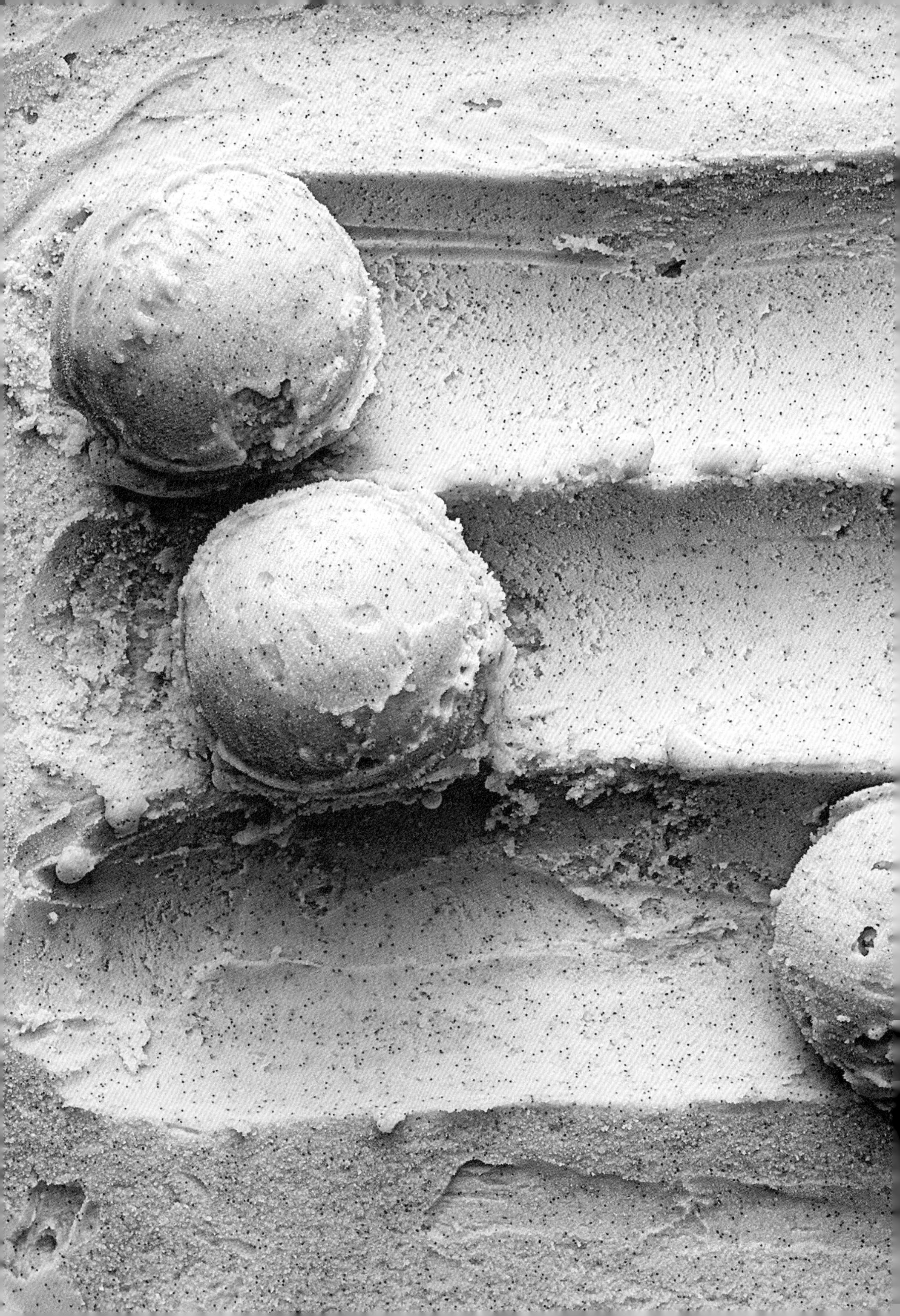

烏瑞亞雪酪
Sorbet Ouréa

對純植物冰淇淋來說，主要挑戰是在不失去乳霜般質地的同時，替換雞蛋、牛奶和鮮奶油。酸度、風味、香氣則必須透過植物載體來表達。這款冰品正是如此，柚子濃烈且香氣十足的調性，搭配榛果冰淇淋絲滑圓潤的質地，兩者交相輝映。

皮耶・艾曼

分量：2 公升冰淇淋

製作時間
6 小時
靜置時間
5 小時
烘烤與烹煮時間
30 分鐘

焦糖皮埃蒙榛果碎
140g 皮埃蒙帶皮生榛果
500g 細砂糖
150g 礦泉水

在鋪了烘焙紙的烤盤上鋪上榛果，注意不要重疊。放入已預熱的烤箱中，開啟旋風功能，以 165°C 烘烤 15 分鐘。將榛果放在粗網目的篩網或漏勺上搖晃，以去除外皮。以溫度計或電子探針輔助，將水和糖在單柄湯鍋中煮至 118°C，然後加入焙烤後的溫熱榛果，以小火將全體焦糖化。將焦糖榛果倒在鋪了不沾矽膠墊的烤盤上，靜置冷卻後壓碎。保存在密封容器中。

自製榛果帕林內
100g 細砂糖
30g 礦泉水
1 根馬達加斯加香草莢
160g 去皮整粒榛果

在鋪了烘焙紙的烤盤上平鋪上榛果，注意不要相互重疊。將它們放入 160°C、開啟旋風功能的烤箱中烤 15 分鐘。以溫度計或電子探針輔助，在單柄湯鍋中將糖和水煮至 121°C。將香草籽、剖半取籽後的香草莢與榛果加入熱糖漿中，一邊以木匙輕輕混拌直到糖漿反砂結晶，維持中火使其焦糖化。倒在不沾矽膠烘焙墊上靜置冷卻。

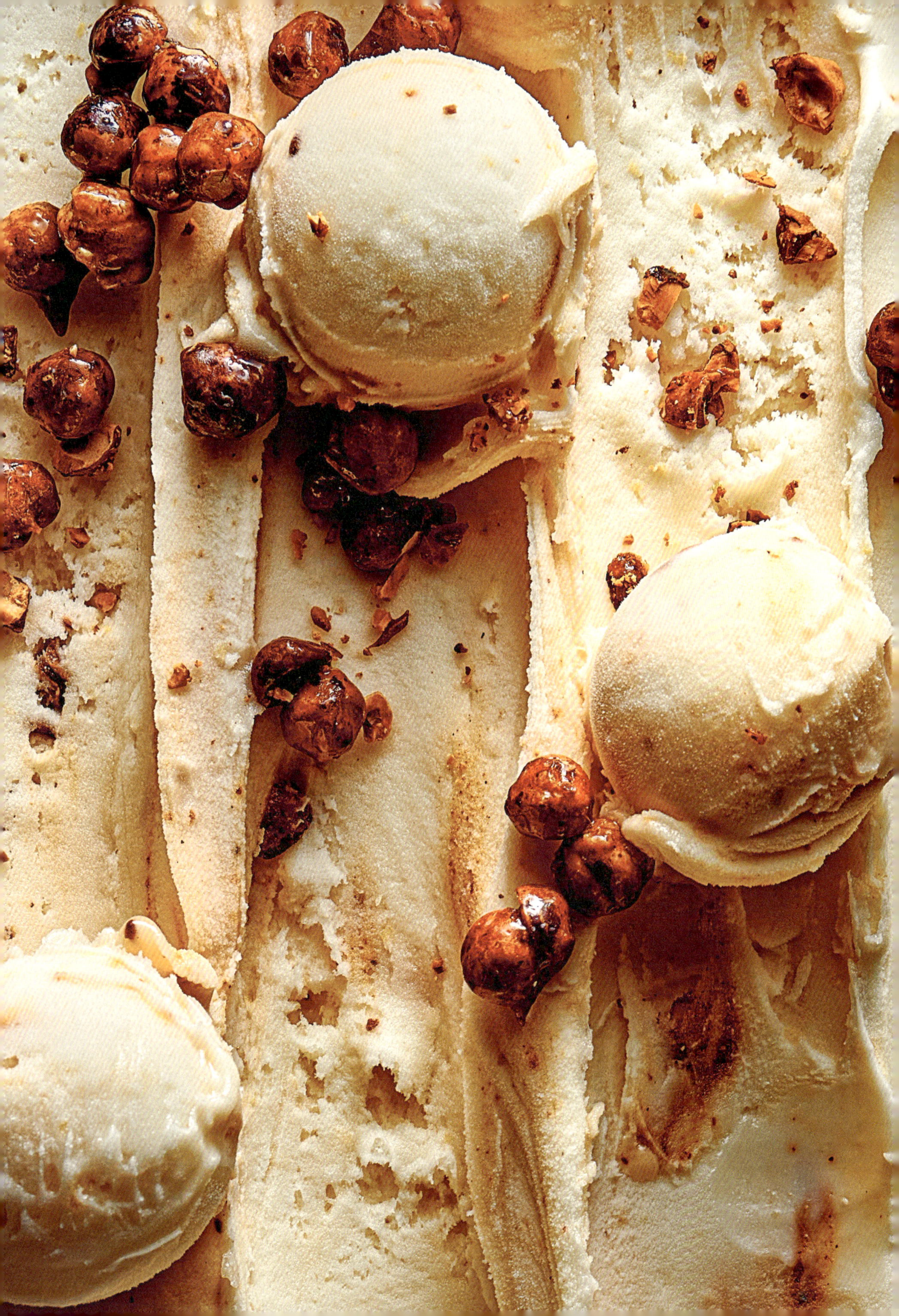

將焦糖榛果略略壓碎，倒入食物調理機中研磨成糊，保留一些粗顆粒、不要研磨得太細。即刻使用或放入冰箱中冷藏備用。

注意：焦糖榛果冷卻後須立即壓碎、研磨和使用。由於有受潮、變質的風險，一旦焦糖化就無法長期儲存。

榛果帕林內庫利

90g 礦泉水
65g 葡萄糖漿
40g 右旋糖
115g 自製榛果帕林內
115g 純焙烤榛果膏（100% 榛果）

將礦泉水、葡萄糖漿和右旋糖在單柄湯鍋中煮沸，倒在預先混合的自製榛果帕林內和純榛果膏上。以手持均質機均質，使其完全乳化。放入冰箱冷藏備用。

烏瑞亞雪酪

805g 礦泉水
420g 細砂糖
10g 有機黃檸檬皮屑
565g 高知柚子汁
5g 乾燥柚子粉
35g 菊苣纖維
140g 霧化葡萄糖
3g 關華豆膠
3g 刺槐豆膠
240g 焦糖皮埃蒙榛果碎
330g 榛果帕林內庫利

以 Microplane® 刨絲器刨出檸檬皮屑，與一半的糖揉合。以溫度計或電子探針輔助，將水、糖與檸檬皮屑、柚子粉、霧化葡萄糖和菊苣纖維在單柄湯鍋中混合加熱至 45°C。混合剩餘的糖與關華豆膠和刺槐豆膠，加入鍋中。持續加熱至 85°C，保持該溫度煮 2 分鐘。以手持均質機均質。冷卻至 4°C，然後於冰箱靜置熟成至少 4 小時，才能以冰淇淋機攪拌。

將雪酪加入柚子汁，再次均質。焦糖榛果碎放入不鏽鋼托盤中，托盤放入冷凍庫冷凍 30 分鐘。將柚子雪酪放入冰淇淋機中攪打，接著倒入不鏽鋼托盤中稍稍混合攪拌。將托盤再次冷凍 30 分鐘，然後平鋪上榛果帕林內庫利。將托盤再次冷凍 30 分鐘，接著以抹刀或湯匙混拌成漂亮的大理石紋路。放入冷凍庫保存，享用前 30 分鐘移入冰箱冷藏室。

米蓮娜冰淇淋
Glace Miléna

對米蓮娜冰淇淋的純植物版本來說，雪酪的製作並不困難。相對地，薄荷冰淇淋的風格挑戰難度更大，我們力求在沒有動物油載體的情況下，重現新鮮薄荷的獨特香味。紅莓果雪酪和薄荷冰淇淋交疊而成的大理石紋路，則賦予了這款冰淇淋的獨特性。

皮耶・艾曼

分量：2 公升冰淇淋

製作時間
4 小時
靜置時間
5 小時
烘烤與烹煮時間
15 分鐘

紅莓果雪酪
115g 礦泉水
225g 細砂糖
540g 草莓果泥
180g 覆盆子果泥
90g 黑醋栗果泥
90g 紅醋栗果泥
50g 霧化葡萄糖
3g 關華豆膠
3g 刺槐豆膠

將 175g 糖與霧化葡萄糖混合，和水一起倒入單柄湯鍋中，以溫度計或電子探針輔助，加熱至 45°C。達到 45°C 時，加入與剩餘糖混合的關華豆膠和刺槐豆膠。持續加熱至 85°C，保持該溫度煮 2 分鐘。以手持均質機均質混合液後，冷卻至 4°C。然後在冰箱中靜置熟成至少 4 小時，才能以冰淇淋機攪拌。加入各種果泥，再次均質。

新鮮薄荷冰淇淋

815g 燕麥奶

45g 新鮮薄荷葉，切碎

150g 細砂糖

80g 轉化糖

120g 去味椰子油

40g 菊苣纖維

3g 柑橘纖維

1.5g 關華豆膠

1.5g 刺槐豆膠

將 400g 燕麥奶在單柄湯鍋中煮沸，加入切碎的新鮮薄荷葉浸泡 10 分鐘後，過濾，根據需要添加燕麥奶，以達到初始重量（400g）。在平底鍋中倒入 415g 冰燕麥奶和浸泡過薄荷葉的燕麥奶，並以溫度計或電子探針輔助加熱，在 25°C 時，加入菊苣纖維；在 30°C 時，加入 120g 細砂糖與 80g 轉化糖；在 40°C 時，加入事先融化的 40°C 去味椰子油；在 45°C 時，加入關華豆膠、刺槐豆膠、柑橘纖維和 30g 細砂糖。持續加熱至 85°C，保持該溫度煮 2 分鐘。以手持均質機均質混合液後，冷卻至 4°C。然後在冰箱中靜置熟成至少 4 小時，才能以冰淇淋機攪拌。

注意：遵守每項食材投入的溫度非常重要。

米蓮娜冰淇淋

15g 新鮮薄荷葉

將不鏽鋼托盤放入冷凍庫冷凍 30 分鐘。將新鮮薄荷葉浸入微沸的水中汆燙一下，取出後浸入冰水中。將它們以食物調理機打碎，加入之前製作的新鮮薄荷冰淇淋中，然後以手持均質機再次均質。以冰淇淋機攪打新鮮薄荷冰淇淋，完成後倒入之前預冷凍的不鏽鋼托盤中，放入冷凍庫備用。以冰淇淋機攪打紅莓果雪酪，並將其攤平在新鮮薄荷冰淇淋上。以矽膠刮刀或湯匙混拌成漂亮的大理石紋路。放入冷凍庫保存，享用前 30 分鐘移入冰箱冷藏室。

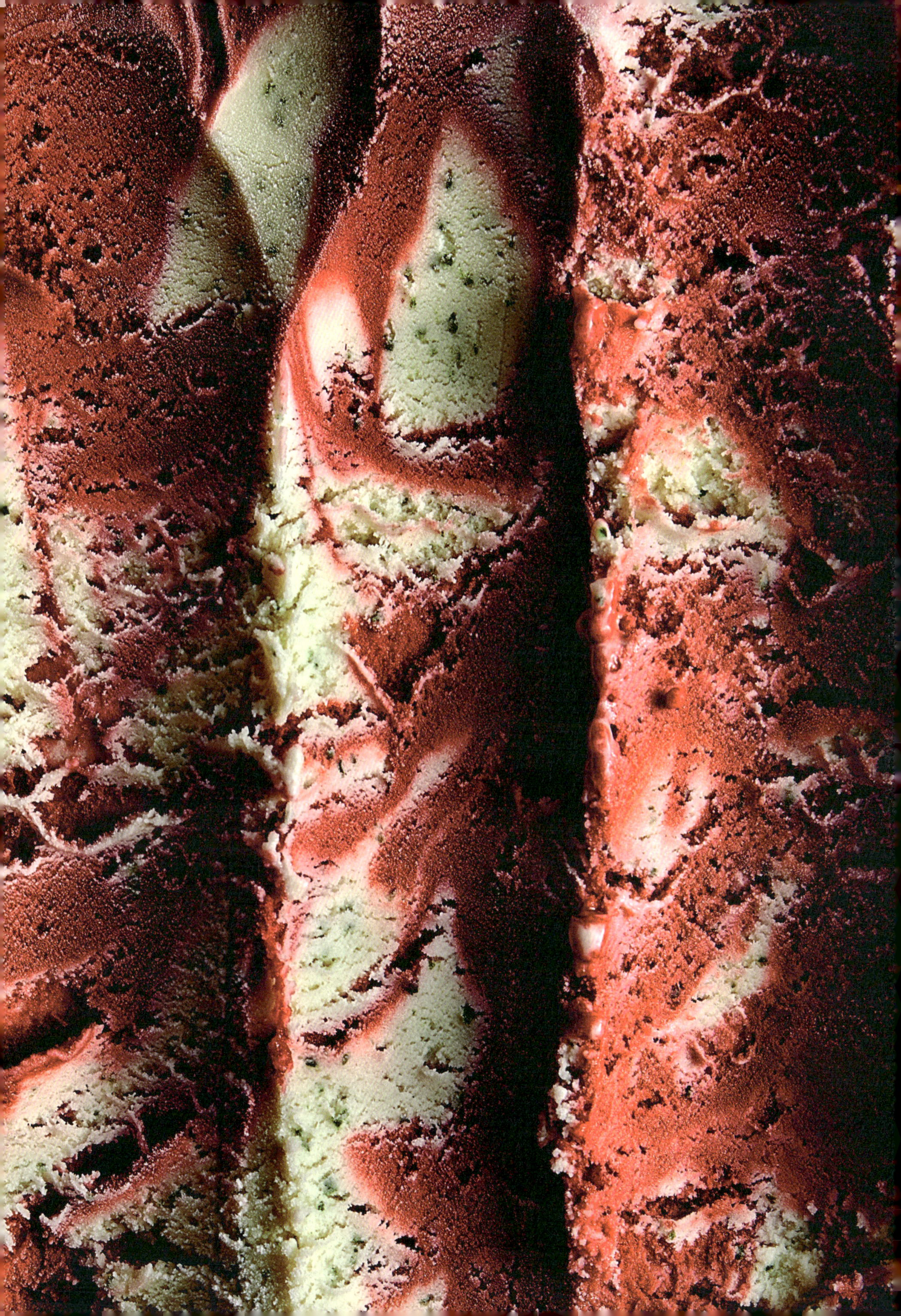

Maca rons

Quelques grammes de bonheur

馬卡龍
―――
小確幸

怎麼能不特別分出一個章節給馬卡龍呢？這些僅僅幾克重的小確幸，是我永遠無法離開的創作主線。

純植物烘焙為我開闢了一個新的遊樂場，讓我得以重新詮釋這種能夠結合無限創造力的一口小點。對一個完美馬卡龍的想像，在此發揮了其全副意義。除了展現獨特的風味和味道組合，最大的挑戰是製作不含蛋白的馬卡龍殼，而這樣的馬卡龍殼必須能夠重現其鬆脆而柔軟的質地。經過多次嘗試後，我們最終選擇以馬鈴薯蛋白替代。比起鷹嘴豆水，馬鈴薯蛋白更容易重現馬卡龍的質地，也更容易大量生產，能製作出令人信服的成品。而為了達到理想的黏稠度，烘烤至關重要。

相較之下，純植物版本的馬卡龍內餡製作更為容易。人造奶油、植物奶和油脂，與依風味選擇的優質食材相結合，可以開發出各種無限美味的製品。

植物性原料成為靈感泉源，使這些嶄新的馬卡龍成為 Pierre Hermé Paris 品牌系列的一部分。我也誠摯邀請所有馬卡龍愛好者，分享對這些獨特創作的感受。

無限巧克力馬卡龍
Macaron Infiniment Chocolat

若是沒有重現馬卡龍殼的質地，以及在優秀內餡對比下更顯鬆脆的餅皮，我無法想像這幾公克的小確幸會成為什麼模樣。至於巧克力奶餡，燕麥奶和巧克力本身的油脂，絕對足以強化巧克力風味的強烈與純粹。

皮耶・艾曼

分量：約 72 個馬卡龍（即 144 個馬卡龍殼）

製作時間
3 小時
靜置時間
24 小時
烘烤與烹煮時間
16 分鐘

巧克力馬卡龍殼
285g 杏仁粉

285g 糖粉

65g 可可粉，過篩

325g 礦泉水

19g 馬鈴薯蛋白

335g 細砂糖

將杏仁粉和糖粉混合成為等量杏仁糖粉。混合 120g 水和 7g 馬鈴薯蛋白，然後將其混拌入等量杏仁糖粉和可可粉中備用。

以溫度計或電子探針輔助，將糖和 85g 水在單柄湯鍋中煮至 118°C。同時間混合 120g 水和 12g 馬鈴薯蛋白。當糖漿升溫至 110°C 時，將馬鈴薯蛋白混合液放入裝了球型攪拌頭的桌上型攪拌機鋼盆中開始打發。打發至不過於硬挺的程度時，將攪拌機調至第二檔速，並倒入煮好的糖漿。持續攪打，直到降溫至 35-40°C 時取下攪拌盆。將蛋白霜混拌入先前的可可杏仁糖粉與馬鈴薯蛋白糊中，適度消泡、產生流動性後擠花使用。

擠花與烘烤

用裝了 11 號圓形擠花嘴的擠花袋，在鋪了烘焙紙的烤盤上擠出 150 個直徑 3.5-4cm 的馬卡龍殼。在室溫下靜置約 30 分鐘使表面形成薄膜。放入開啟旋風功能的烤箱中，以 150°C 烘烤約 16 分鐘，期間快速打開烤箱門兩次，讓水氣逸出。將馬卡龍連烘焙紙移至網架上冷卻。

巧克力奶餡

300g 燕麥奶或豆漿
15g 葡萄糖漿
375g 黑巧克力
（法芙娜孟加里 [Manjari] 64%）
60g 花生油 / 芥花油 / 葡萄籽油
（自行選擇）

切碎黑巧克力，放入調理盆中。將燕麥奶、葡萄糖漿一起倒在鍋中，一邊加熱一邊稍微混拌，直到沸騰，然後倒在巧克力上。從中央開始混合，一邊攪拌一邊向外擴大攪拌範圍。加入油，接著以手持均質機均質。倒入長方形不鏽鋼容器中，以保鮮膜貼緊表面。放入冰箱中靜置冷卻 30 分鐘凝固後，直接擠在馬卡龍殼上。

鹽之花巧克力碎片

200g 黑巧克力
（法芙娜孟加里 [Manjari] 64%）
3.6g 葛宏德鹽之花

以擀麵杖將鹽之花結晶顆粒壓碎，然後以中或細網目的篩網過篩，留下最細的顆粒。調溫黑巧克力，以保持其光澤度、柔滑與穩定性。將巧克力以鋸齒刀切碎，放入碗中，再放至單柄湯鍋中隔水加熱融化。以木匙輕輕攪拌，直到升溫至 50-55°C。將巧克力碗從單柄湯鍋中取出，放入另一個裝有水和 4、5 個冰塊的碗內。由於巧克力會開始在碗壁凝固，需不時攪拌，保持融化狀態。一旦降溫至 27-28°C，便將巧克力碗放回裝了熱水的單柄湯鍋中，同時密切監控溫度，溫度應落在 31-32°C 之間。此時巧克力已調溫完成，混拌入鹽之花。在一張烘焙紙上，將調溫後的鹽之花巧克力鋪開，蓋上第二張烘焙紙並壓上重物，以防止巧克力結晶時變形。放入冰箱讓其結晶數小時。將鹽之花巧克力壓碎，即刻使用或置於密封容器中於冰箱冷藏備用。

組裝馬卡龍

在不鏽鋼網架上,將馬卡龍殼從烘焙紙上取下。用裝了 11 號圓形擠花嘴的擠花袋,在半數的馬卡龍殼上擠上大量巧克力奶餡,中心撒上鹽之花巧克力碎片。蓋上剩餘的馬卡龍殼,注意殼的尺寸大小需相符。不加蓋於冰箱冷藏至少 24 小時,但 36 小時更好。然後將馬卡龍存放在密封容器中,置於冰箱保存。享用前 2 小時從冰箱中取出。

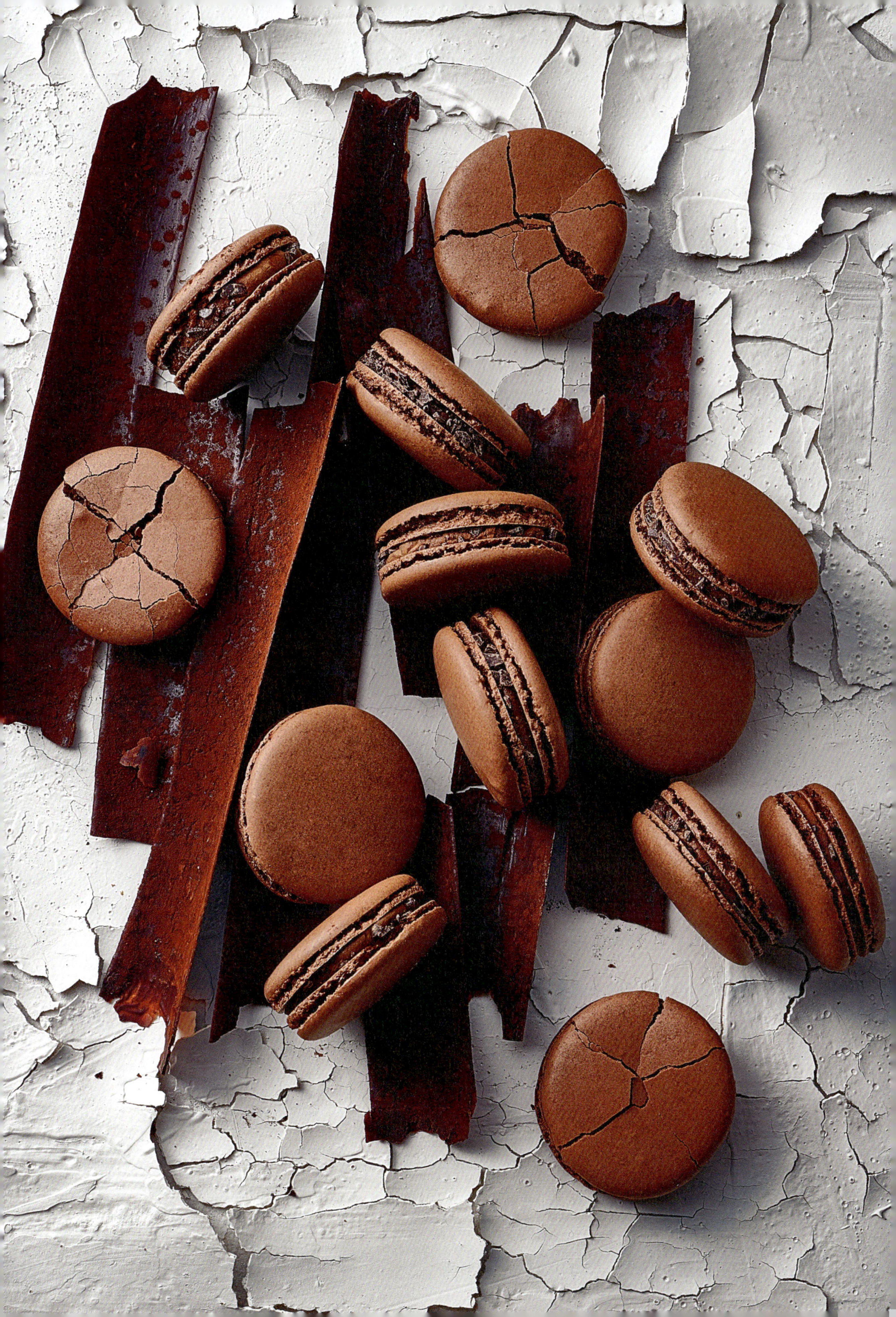

無限柚子馬卡龍
Macaron Infiniment Yuzu

對柚子馬卡龍來說，奶餡的嘗試要複雜一些，因為與巧克力不同，果汁不含油脂。因此，必須設計一種結合植物奶、植物油、米精與洋菜的配方，將柚子汁調製成濃郁芳香的奶餡。

皮耶・艾曼

分量：約 72 個馬卡龍（即 144 個馬卡龍殼）

製作時間
3 小時
靜置時間
36 小時
烘烤與烹煮時間
16 分鐘

柚子奶餡（前日準備）

240g 細砂糖
4g 有機黃檸檬皮屑
3g 洋菜粉
50g 米精
180g 豆漿
300g 高知柚子汁
90g 橄欖油
90g 去味椰子油

混合糖、檸檬皮屑、洋菜粉和米精。以溫度計或電子探針輔助，在單柄湯鍋中倒入豆漿和柚子汁加熱，達到 40°C 時撒入事先混合的糖與粉類。煮至沸騰後，倒在橄欖油和去味椰子油上。以手持均質機均質幾分鐘以完全乳化。倒入焗烤盤中，以保鮮膜貼緊表面，待冷卻後放入冰箱靜置凝固約 12 小時。

注意：柚子汁會讓豆漿結塊，但這對最終的奶餡沒有影響。

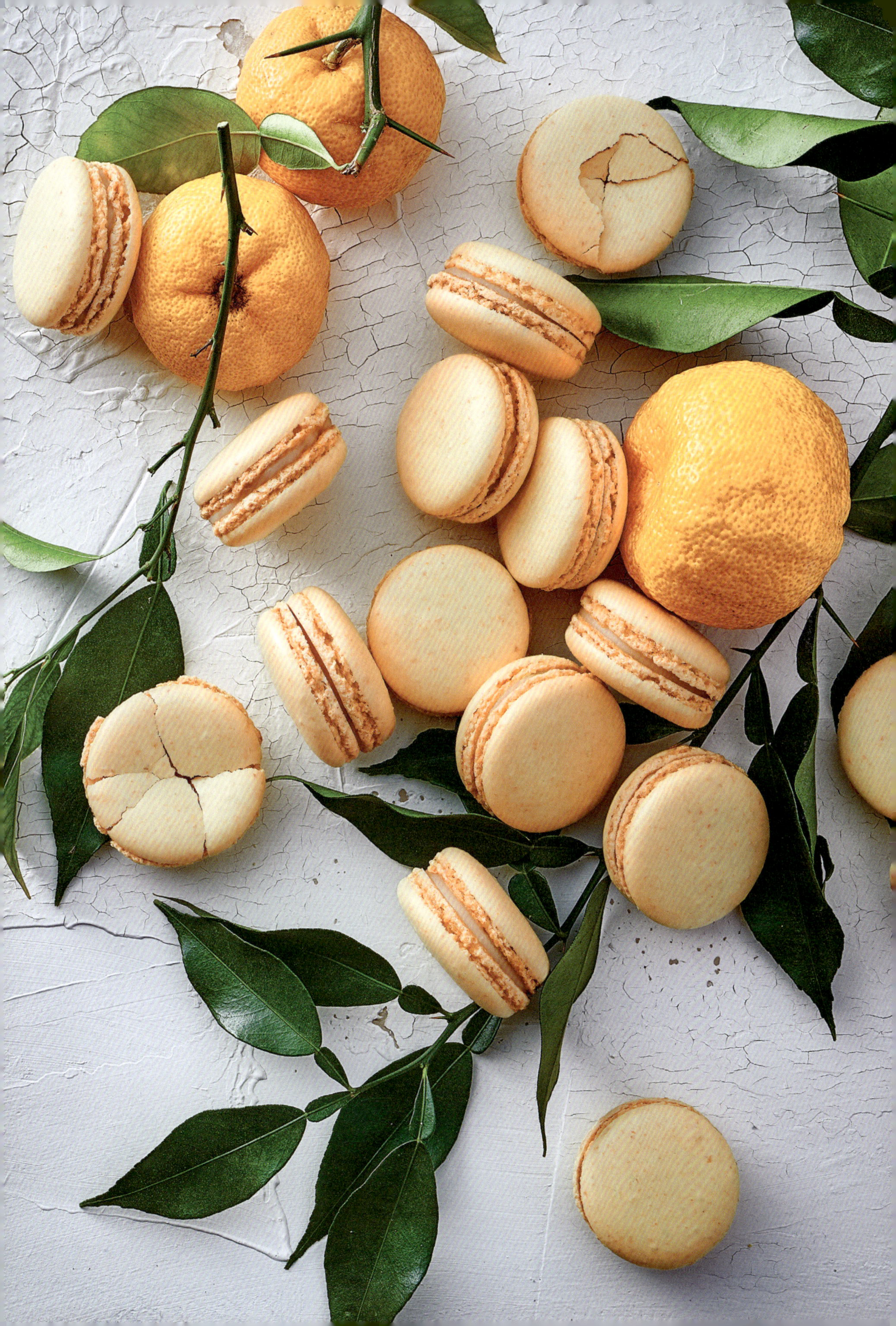

黃色馬卡龍殼

300g 杏仁粉

300g 糖粉

數滴黃色天然食用色素

295g 礦泉水

17g 馬鈴薯蛋白

300g 細砂糖

將杏仁粉、糖粉與色素混合成為等量杏仁糖粉。混合 110g 水和 6g 馬鈴薯蛋白，然後將其混拌入染色的等量杏仁糖粉中備用。

以溫度計或電子探針輔助，將糖和 75g 水在單柄湯鍋中煮至 118°C。同時間混合 110g 水和 11g 馬鈴薯蛋白。當糖漿升溫至 110°C 時，將馬鈴薯蛋白混合液放入裝了球型攪拌頭的桌上型攪拌機鋼盆中開始打發。打發至不過於硬挺的程度時，將攪拌機調至第二檔速，並倒入煮好的糖漿。持續攪打，直到降溫至 35-40°C 時取下攪拌盆。將蛋白霜混拌入先前的染色杏仁糖粉與馬鈴薯蛋白糊中，適度消泡、產生流動性後擠花使用。

擠花與烘烤

用裝了 11 號圓形擠花嘴的擠花袋，在鋪了烘焙紙的烤盤上擠出 150 個直徑 3.5-4cm 的馬卡龍殼。在室溫下靜置約 30 分鐘使表面形成薄膜。放入開啟旋風功能的烤箱中，以 150°C 烘烤約 16 分鐘，期間快速打開烤箱門兩次，讓水氣逸出。將馬卡龍連烘焙紙移至網架上冷卻。

組裝馬卡龍

在不鏽鋼網架上，將馬卡龍殼從烘焙紙上取下。用裝了 11 號圓形擠花嘴的擠花袋，在半數的馬卡龍殼上擠上大量柚子奶餡。蓋上剩餘的馬卡龍殼，注意殼的尺寸大小需相符。不加蓋於冰箱冷藏至少 24 小時，但 36 小時更好。然後將馬卡龍存放在密封容器中，置於冰箱保存。享用前 2 小時從冰箱中取出。

無限玫瑰馬卡龍
Macaron Infiniment Rose

在純植物烘焙中,配方層出不窮,但並不相似。為了開發玫瑰風味的內餡,我們使用了人造奶油和義大利蛋白霜。這款奶餡擁有輕盈質地的祕密就在於打發!

皮耶・艾曼

分量:約 72 個馬卡龍(即 144 個馬卡龍殼)

製作時間
3 小時
靜置時間
24 小時
烘烤與烹煮時間
16 分鐘

粉紅馬卡龍殼
300g 杏仁粉

300g 糖粉

數滴紅色天然食用色素

295g 礦泉水

17g 馬鈴薯蛋白

300g 細砂糖

將杏仁粉、糖粉與色素混合成為等量杏仁糖粉。混合 110g 水和 6g 馬鈴薯蛋白,然後將其混拌入染色的等量杏仁糖粉中備用。

以溫度計或電子探針輔助,將糖和 75g 水在單柄湯鍋中煮至 118°C。同時間混合 110g 水和 11g 馬鈴薯蛋白。當糖漿升溫至 110°C 時,將馬鈴薯蛋白混合液放入裝了球型攪拌頭的桌上型攪拌機鋼盆中開始打發。打發至不過於硬挺的程度時,將攪拌機轉至第二檔速,並倒入煮好的糖漿。持續攪打,直到降溫至約 35-40°C 時取下攪拌盆。將蛋白霜混拌入先前的染色杏仁糖粉與馬鈴薯蛋白糊中,適度消泡、產生流動性後擠花使用。

擠花與烘烤

用裝了 11 號圓形擠花嘴的擠花袋，在鋪了烘焙紙的烤盤上擠出 150 個直徑 3.5-4cm 的馬卡龍殼。在室溫下靜置約 30 分鐘使表面形成薄膜。放入開啟旋風功能的烤箱中，以 150°C 烘烤約 16 分鐘，期間快速打開烤箱門兩次，讓水氣逸出。將馬卡龍連烘焙紙移至網架上冷卻。

義大利蛋白霜

- 235g 礦泉水
- 13g 豌豆蛋白
- 0.3g 玉米糖膠
- 315g 細砂糖

以手持均質機均質 140g 礦泉水、豌豆蛋白和玉米糖膠。在冰箱中靜置 20 分鐘，然後將混合物放入裝了球型攪拌頭的桌上型攪拌機鋼盆中，以中速打發。以溫度計或電子探針輔助，將剩餘的水和糖在單柄湯鍋中煮至 121°C。將煮好的糖漿以流線方式淋在打發的混合物上，以相同速度持續攪打至冷卻。

注意：蛋白霜一旦冷卻，最好繼續低速攪打而非靜置使其凝固，這樣質地與維持度都會更好。

玫瑰花瓣奶餡

- 385g 義大利蛋白霜
- 415g 人造奶油
- 4.5g 天然玫瑰香精
- 數滴紅色天然食用色素

在裝了球型攪拌頭的桌上型攪拌機鋼盆中打發室溫人造奶油，然後手動混拌入義大利蛋白霜。繼續打發使其輕盈蓬鬆，並賦予柔滑濃稠的質地。奶餡變得均勻柔滑時，加入天然玫瑰香精、色素並混合均勻。即刻使用，或放在密封容器中於冰箱冷藏備用。

組裝馬卡龍

在不鏽鋼網架上，將馬卡龍殼從烘焙紙上取下。用裝了 11 號圓形擠花嘴的擠花袋，在半數的馬卡龍殼上擠上大量玫瑰花瓣奶餡。蓋上剩餘的馬卡龍殼，注意殼的尺寸大小需相符。不加蓋於冰箱冷藏至少 24 小時，但 36 小時更好。然後將馬卡龍存放在密封容器中，置於冰箱保存。享用前 2 小時從冰箱中取出。

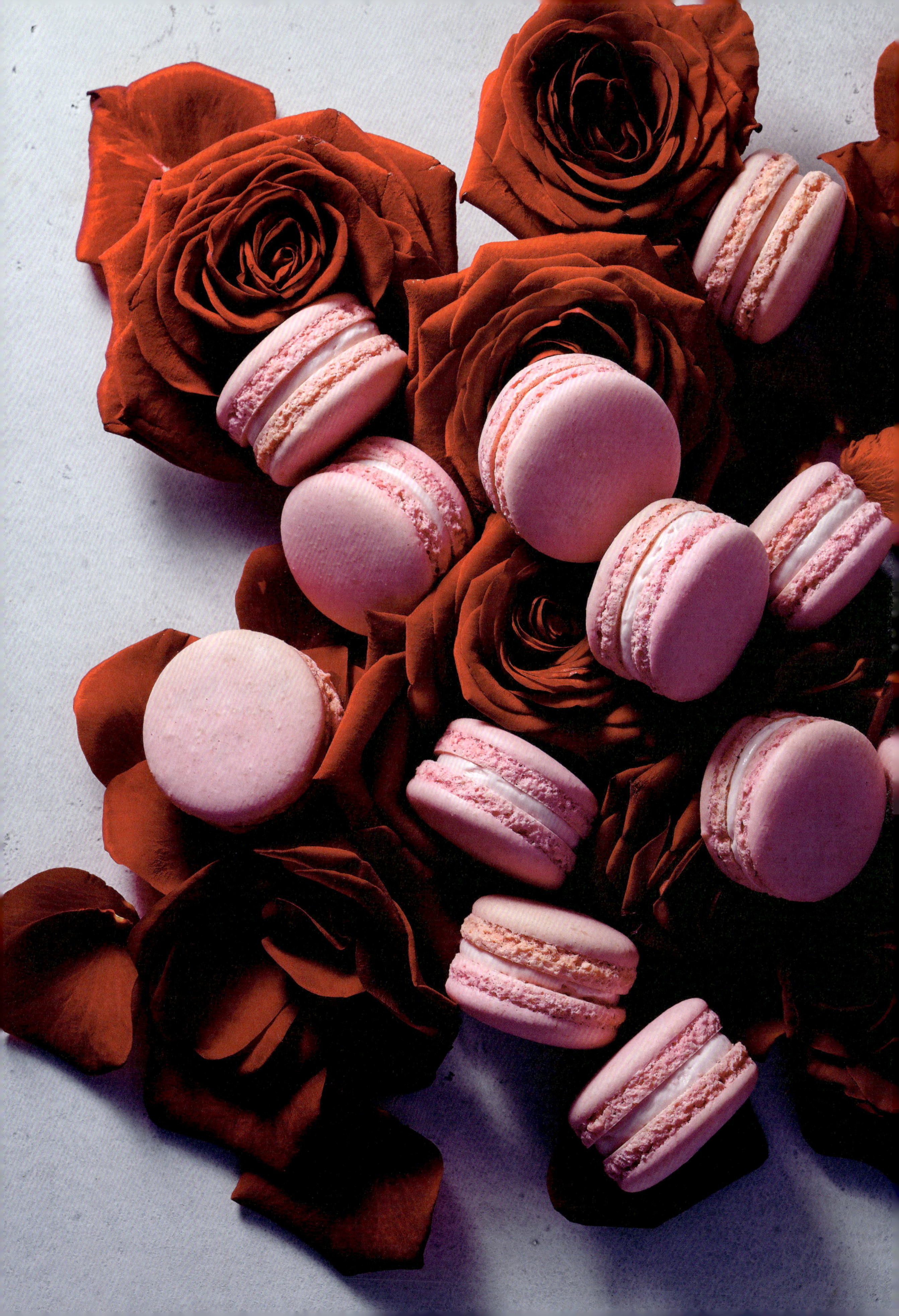

無限榛果帕林內馬卡龍
Macaron Infiniment Praliné Noisette

榛果本身就讓人忍不住嘴饞。為了呈現清晰的堅果風味,打發人造奶油製作的奶餡是不可或缺的。此外,為了強化風味並創造驚喜,我在馬卡龍的中心加了酥脆榛果帕林內。

皮耶・艾曼

分量:約 72 個馬卡龍(即 144 個馬卡龍殼)

製作時間
3 小時
靜置時間
24 小時
烘烤與烹煮時間
16 分鐘

榛果馬卡龍殼

300g 杏仁粉
300g 糖粉
數滴棕色天然食用色素
295g 礦泉水
17g 馬鈴薯蛋白
300g 細砂糖

將杏仁粉、糖粉與色素混合成為等量杏仁糖粉。混合 110g 水和 6g 馬鈴薯蛋白,然後將其混拌入染色的等量杏仁糖粉中備用。
以溫度計或電子探針輔助,將糖和 75g 水在單柄湯鍋中煮至 118°C。同時間混合 110g 水和 11g 馬鈴薯蛋白。當糖漿升溫至 110°C 時,將馬鈴薯蛋白混合液放入裝了球型攪拌頭的桌上型攪拌機鋼盆中開始打發。打發至不過於硬挺的程度時,將攪拌機轉至第二檔速,並倒入煮好的糖漿。持續攪打,直到降溫至約 35-40°C 時取下攪拌盆。將蛋白霜混拌入先前的染色杏仁糖粉與馬鈴薯蛋白糊中,適度消泡、產生流動性後擠花使用。

擠花
適量生帶皮榛果片

擠花與烘烤
用裝了 11 號圓形擠花嘴的擠花袋，在鋪了烘焙紙的烤盤上擠出 150 個直徑 3.5-4cm 的馬卡龍殼，撒上生榛果片。在室溫下靜置約 30 分鐘使表面形成薄膜。放入開啟旋風功能的烤箱中，以 150°C 烘烤約 16 分鐘，期間快速打開烤箱門兩次，讓水氣逸出。將馬卡龍連烘焙紙移至網架上冷卻。

義大利蛋白霜
235g 礦泉水
13g 豌豆蛋白
0.3g 玉米糖膠
315g 細砂糖

以手持均質機均質 140g 礦泉水、豌豆蛋白和玉米糖膠。在冰箱中靜置 20 分鐘，然後將混合物放入裝了球型攪拌頭的桌上型攪拌機鋼盆中，以中速打發。以溫度計或電子探針輔助，將剩餘的水和糖在單柄湯鍋中煮至 121°C。將煮好的糖漿以流線方式淋在打發的混合物上，以相同速度持續攪打至冷卻。

注意：蛋白霜一旦冷卻，最好繼續低速攪打而非靜置使其凝固，這樣質地與維持度都會更好。

榛果帕林內奶餡
275g 義大利蛋白霜
300g 人造奶油
80g 榛果帕林內（65% 榛果）
65g 純焙烤榛果膏（100% 榛果）

在裝了球型攪拌頭的桌上型攪拌機鋼盆中打發室溫人造奶油，然後手動混拌入義大利蛋白霜。繼續打發使其輕盈蓬鬆，並賦予柔滑濃稠的質地。奶餡變得均勻柔滑時，加入帕林內與純榛果膏，混合均勻。即刻使用或放在密封容器中，於冰箱 4°C 下冷藏備用。

自製榛果帕林內
100g 細砂糖
30g 礦泉水
1 根馬達加斯加香草莢
160g 去皮整粒榛果

在鋪了烘焙紙的烤盤上平鋪上榛果，注意不要相互重疊。將它們放入 160°C、開啟旋風功能的烤箱中烤 15 分鐘。以溫度計或電子探針輔助，在單柄湯鍋中將糖和水煮至 121°C。將香草籽、剖半取籽後的香草莢與榛果加入熱糖漿中，一邊以木匙輕輕混拌直到糖漿反砂結晶，維持中火使其焦糖化。倒在不沾矽膠烘焙墊上靜置冷卻。

將焦糖榛果略略壓碎，倒入食物調理機中研磨成糊，保留一些粗顆粒、不要研磨得太細。即刻使用或放入冰箱中冷藏備用。

注意：焦糖榛果冷卻後須立即壓碎、研磨和使用。由於有受潮、變質的風險，一旦焦糖化就無法長期儲存。

酥脆化口帕林內
100g 榛果帕林內（65% 榛果）
100g 自製榛果帕林內
35g 黑巧克力
（法芙娜阿拉瓜尼 [Araguani] 72%）

首先調溫黑巧克力，以保持其光澤度、柔滑與穩定性。將巧克力以鋸齒刀切碎，放入碗中，再放至單柄湯鍋中隔水加熱融化。以木匙輕輕攪拌，直到升溫至 50-55°C。將巧克力碗從單柄湯鍋中取出，放入另一個裝有水和 4、5 個冰塊的碗內。由於巧克力會開始在碗壁凝固，需不時攪拌，保持融化狀態。一旦降溫至 27-28°C，便將巧克力碗放回裝了熱水的單柄湯鍋中，同時密切監控溫度，溫度應落在 31-32°C 之間。此時巧克力已調溫完成。混拌入其他食材，攪拌均勻後，填入未裝擠花嘴的擠花袋中，即刻使用。

組裝馬卡龍
在不鏽鋼網架上，將馬卡龍殼從烘焙紙上取下。用裝了 11 號圓形擠花嘴的擠花袋，在半數的馬卡龍殼上擠上大量榛果帕林內奶餡。用未裝擠花嘴的擠花袋，在中心擠上一點酥脆化口帕林內。蓋上剩餘的馬卡龍殼，注意殼的尺寸大小需相符。不加蓋於冰箱冷藏至少 24 小時，但 36 小時更好。然後將馬卡龍存放在密封容器中，置於冰箱保存。享用前 2 小時從冰箱中取出。

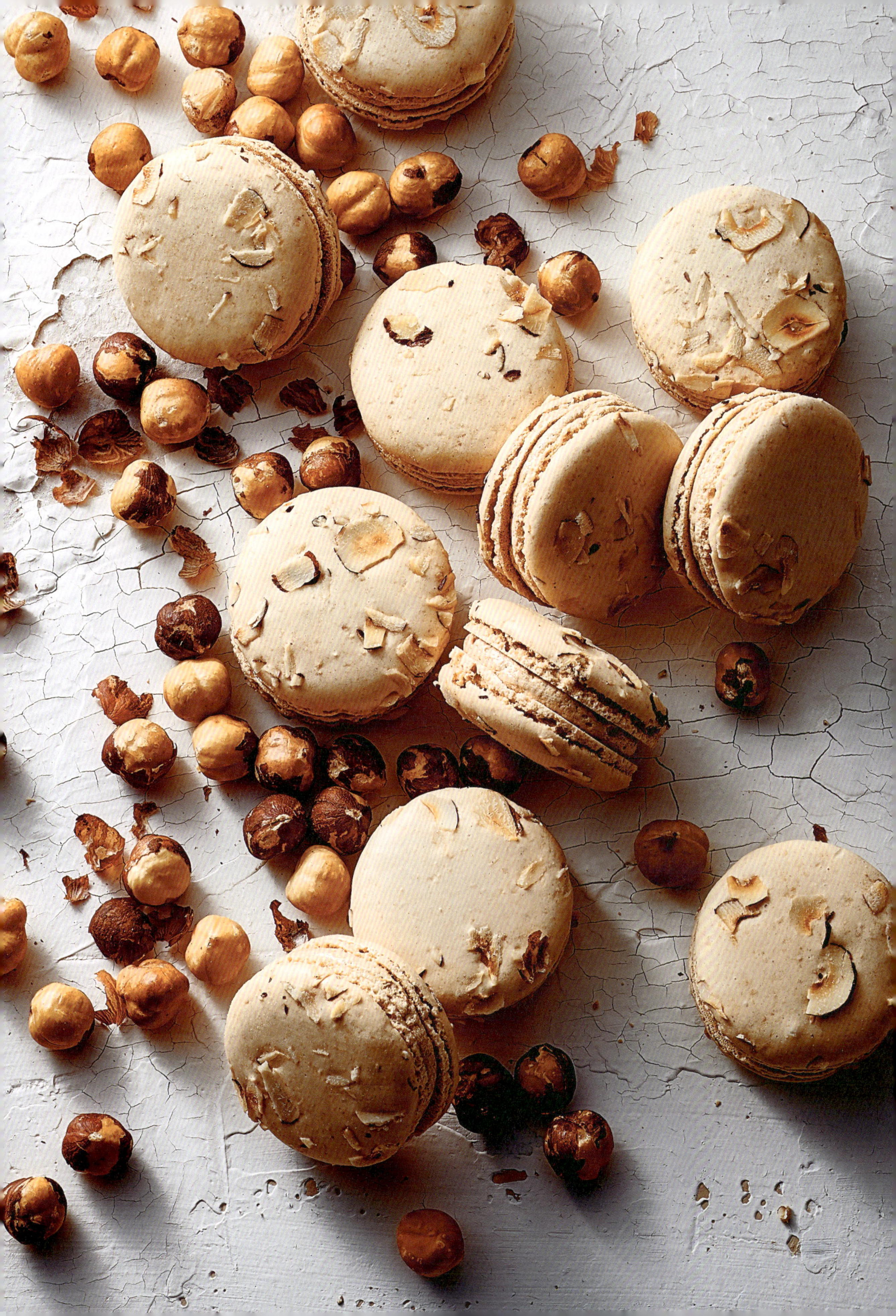

沙漠玫瑰馬卡龍
Macaron Rose des Sables

受到沙漠玫瑰塔（第 101 頁）口味的啟發，我製作了這款馬卡龍。它是焙烤杏仁和玫瑰杏仁奶巧克力的纖細組合。

皮耶・艾曼

分量：約 144 個馬卡龍（即 288 個馬卡龍殼）

製作時間
3 小時
靜置時間
24 小時
烘烤與烹煮時間
31 分鐘

粉紅馬卡龍殼

300g 杏仁粉
300g 糖粉
數滴紅色天然食用色素
295g 礦泉水
17g 馬鈴薯蛋白
300g 細砂糖

將杏仁粉、糖粉與色素混合成為等量杏仁糖粉。混合 110g 水和 6g 馬鈴薯蛋白，然後將其混拌入染色的等量杏仁糖粉中備用。
以溫度計或電子探針輔助，將糖和 75g 水在單柄湯鍋中煮至 118°C。同時間混合 110g 水和 11g 馬鈴薯蛋白。當糖漿升溫至 110°C 時，將馬鈴薯蛋白混合液放入裝了球型攪拌頭的桌上型攪拌機鋼盆中開始打發。打發至不過於硬挺的程度時，將攪拌機轉至第二檔速，並倒入煮好的糖漿。持續攪打，直到降溫至約 35-40°C 時取下攪拌盆。將蛋白霜混拌入先前的染色杏仁糖粉與馬鈴薯蛋白糊中，適度消泡、產生流動性後擠花使用。

原色馬卡龍殼

300g 杏仁粉
300g 糖粉
295g 礦泉水
17g 馬鈴薯蛋白
300g 細砂糖

將杏仁粉與糖粉混合成為等量杏仁糖粉。混合 110g 水和 6g 馬鈴薯蛋白，然後將其混拌入等量杏仁糖粉中備用。

以溫度計或電子探針輔助，將糖和 75g 水在單柄湯鍋中煮至 118°C。同時間混合 110g 水和 11g 馬鈴薯蛋白。當糖漿升溫至 110°C 時，將馬鈴薯蛋白混液放入裝了球型攪拌頭的桌上型攪拌機鋼盆中開始打發。打發至不過於硬挺的程度時，將攪拌機轉至第二檔速，並倒入煮好的糖漿。持續攪打，直到降溫至 35-40°C 時取下攪拌盆。將蛋白霜混拌入先前的杏仁糖粉與馬鈴薯蛋白糊中，適度消泡、產生流動性後擠花使用。

擠花與烘烤

用裝了 11 號圓形擠花嘴的擠花袋，在鋪了烘焙紙的烤盤上擠出每個顏色各 150 個直徑 3.5-4cm 的馬卡龍殼。在室溫下靜置約 30 分鐘使表面形成薄膜。放入開啟旋風功能的烤箱中，以 150°C 烘烤約 16 分鐘，期間快速打開烤箱門兩次，讓水氣逸出。將馬卡龍連烘焙紙移至網架上冷卻。

玫瑰杏仁奶巧克力甘納許

390g 杏仁奶巧克力
（法芙娜阿瑪蒂卡 [Amatika] 46%）
325g 燕麥奶
8g 天然玫瑰香精
90g 去味椰子油
11.5g X58 果膠粉

切碎巧克力，放入調理盆中。以手持均質機將 X58 果膠粉均勻打散至燕麥奶中。再將其混合液在單柄湯鍋中煮沸，然後倒在巧克力上。從中央開始混合，一邊攪拌一邊向外擴大攪拌範圍。加入天然玫瑰香精和去味椰子油，接著以手持均質機均質甘納許。倒入焗烤盤中，以保鮮膜貼緊表面。放入冰箱中靜置冷卻 20 分鐘凝固後，將甘納許直接擠在馬卡龍殼上。

自製杏仁帕林內

100g 細砂糖
30g 礦泉水
1 根馬達加斯加香草莢
160g 去皮杏仁

將杏仁平鋪在鋪了烘焙紙的烤盤上，注意不要相互重疊。放入 160°C、開啟旋風功能的烤箱中烘烤 15 分鐘。以溫度計或電子探針輔助，將糖和水在單柄湯鍋中煮至 121°C。將香草籽、剖半取籽後的香草莢與仍溫熱的焙烤去皮杏仁加入熱糖漿中。輕輕攪拌至糖漿反砂結晶，接著維持中火使其焦糖化。倒在不沾矽膠烘焙墊上冷卻。大略壓碎後，以食物調理機研磨成糊狀，保留一些粗顆粒、不要研磨得太細。冷藏於冰箱中備用。

注意：焦糖杏仁冷卻後須立即壓碎、研磨和使用。由於有受潮、變質的風險，一旦焦糖化就無法長期儲存。

化口杏仁帕林內

160g 自製杏仁帕林內
80g 純焙烤杏仁膏（100% 杏仁）
50g 杏仁奶巧克力
（法芙娜阿瑪蒂卡 [Amatika] 46%）

融化杏仁奶巧克力，然後與自製杏仁帕林內及純焙烤杏仁膏混合。填入擠花袋中並即刻使用。

組裝馬卡龍

在不鏽鋼網架上，將馬卡龍殼從烘焙紙上取下。用裝了 11 號圓形擠花嘴的擠花袋，在半數的馬卡龍殼上擠上大量玫瑰杏仁奶巧克力甘納許。用未裝擠花嘴的擠花袋，在中心擠上一點化口杏仁帕林內與一點甘納許。蓋上剩餘的馬卡龍殼，注意殼的尺寸大小需相符。不加蓋於冰箱冷藏至少 24 小時，但 36 小時更好。然後將馬卡龍存放在密封容器中，置於冰箱保存。享用前 2 小時從冰箱中取出。

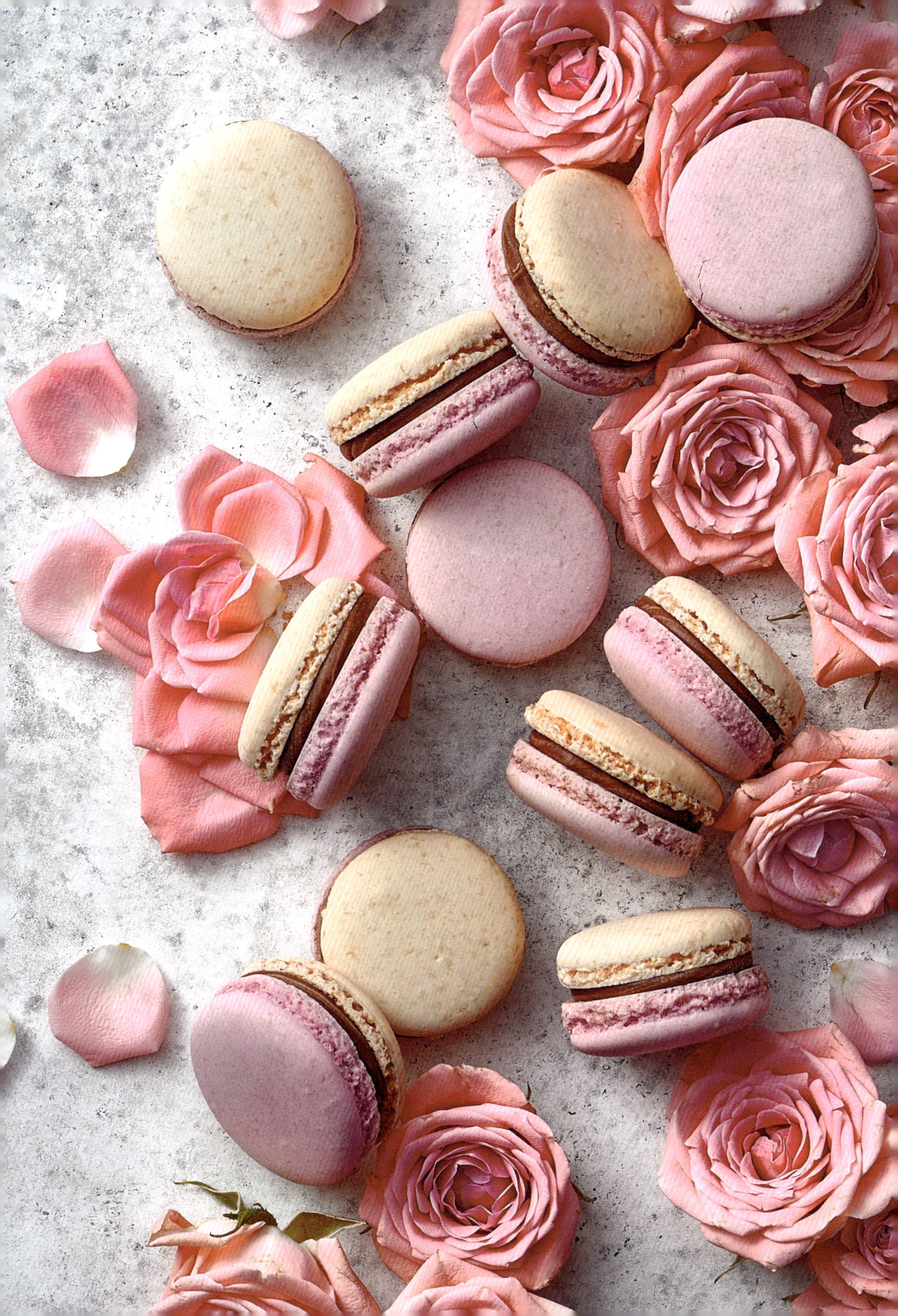

無限胡桃馬卡龍
Macaron Infiniment Noix de pécan

堅果的優點在其成分組成，它們提供風味和油脂。相對地，我們面臨的挑戰也在於如何設法將其相結合，才能同時獲得柔滑卻馥郁的奶餡。而解決方法是柑橘纖維。它的味道中性，因此能保留足夠的空間讓胡桃展現香氣調性，而且能製作成容易擠花的質地！

皮耶・艾曼

分量：約 72 個馬卡龍（即 144 個馬卡龍殼）

製作時間
3 小時
靜置時間
24 小時
烘烤與烹煮時間
1 小時

胡桃馬卡龍殼
275g 杏仁粉
275g 糖粉
60g 胡桃粉
295g 礦泉水
17g 馬鈴薯蛋白
300g 細砂糖

將杏仁粉、糖粉與胡桃粉混合成為等量杏仁糖粉。混合 110g 水和 6g 馬鈴薯蛋白，然後將其混拌入胡桃杏仁糖粉中備用。

以溫度計或電子探針輔助，將糖和 75g 水在單柄湯鍋中煮至 118°C。同時間混合 110g 水和 11g 馬鈴薯蛋白。當糖漿升溫至 110°C 時，將馬鈴薯蛋白混合液放入裝了球型攪拌頭的桌上型攪拌機鋼盆中開始打發。打發至不過於硬挺的程度時，將攪拌機轉至第二檔速，並倒入煮好的糖漿。持續攪打，直到降溫至 35-40°C 時取下攪拌盆。將蛋白霜混拌入先前的胡桃杏仁糖粉與馬鈴薯蛋白糊中，適度消泡、產生流動性後擠花使用。

擠花與烘烤

用裝了 11 號圓形擠花嘴的擠花袋，在鋪了烘焙紙的烤盤上擠出 150 個直徑 3.5-4cm 的馬卡龍殼。在室溫下靜置約 30 分鐘使表面形成薄膜。放入開啟旋風功能的烤箱中，以 150°C 烘烤約 16 分鐘，期間快速打開烤箱門兩次，讓水氣逸出。將馬卡龍連烘焙紙移至網架上冷卻。

焙烤胡桃

450g 胡桃

在鋪了烘焙紙的烤盤上鋪上胡桃，注意不要重疊。將它們放入開啟旋風功能的烤箱中，以 140°C 烘烤 25 分鐘。

胡桃奶餡

450g 焙烤胡桃
150g 糖粉
3g 葛宏德鹽之花
180g 礦泉水
105g 杏仁粉
4.5g 柑橘纖維

在鋪了烘焙紙的烤盤上，將杏仁粉均勻地倒入薄薄一層。烤箱開啟旋風功能，放入烤盤，以 170°C 烘烤 10 分鐘，然後取出，靜置冷卻。將焙烤胡桃與糖粉、鹽之花一起以食物調理機研磨成柔滑的膏狀。然後混拌入水和柑橘纖維，最後混拌入烤過的杏仁粉。製成後即刻使用。

自製杏仁帕林內

100g 細砂糖
30g 礦泉水
1 根馬達加斯加香草莢
160g 去皮杏仁

將杏仁平鋪在鋪了烘焙紙的烤盤上，注意不要相互重疊。放入 160°C、開啟旋風功能的烤箱中烘烤 15 分鐘。以溫度計或電子探針輔助，將糖和水在單柄湯鍋中煮至 121°C。將剖半取籽的香草莢、香草籽與仍溫熱的焙烤杏仁倒入熱糖漿中。輕輕攪拌至糖漿反砂結晶，接著維持中火使其焦糖化。倒在不沾矽膠烘焙墊上冷卻。大略壓碎後，以食物調理機研磨成糊狀，保留一些粗顆粒、不要研磨得太細。冷藏於冰箱中備用。

注意：焦糖杏仁冷卻後須立即壓碎、研磨和使用。由於有受潮、變質的風險，一旦焦糖化就無法長期儲存。

化口杏仁帕林內

160g 自製杏仁帕林內

80g 純杏仁膏（100% 杏仁）

50g 杏仁奶巧克力
（法芙娜阿瑪蒂卡 [Amatika] 46%）

以隔水加熱方式融化杏仁奶巧克力，然後與自製杏仁帕林內及純杏仁膏混合。填入擠花袋中，即刻使用。

組裝馬卡龍

在不鏽鋼網架上，將馬卡龍殼從烘焙紙上取下。用裝了 11 號圓形擠花嘴的擠花袋，在半數的馬卡龍殼上擠上大量胡桃奶餡。用未裝擠花嘴的擠花袋，在中心擠上一點化口杏仁帕林內。蓋上剩餘的馬卡龍殼，注意殼的尺寸大小需相符。不加蓋於冰箱冷藏至少 24 小時，但 36 小時更好。然後將馬卡龍存放在密封容器中，置於冰箱保存。享用前 2 小時從冰箱中取出。

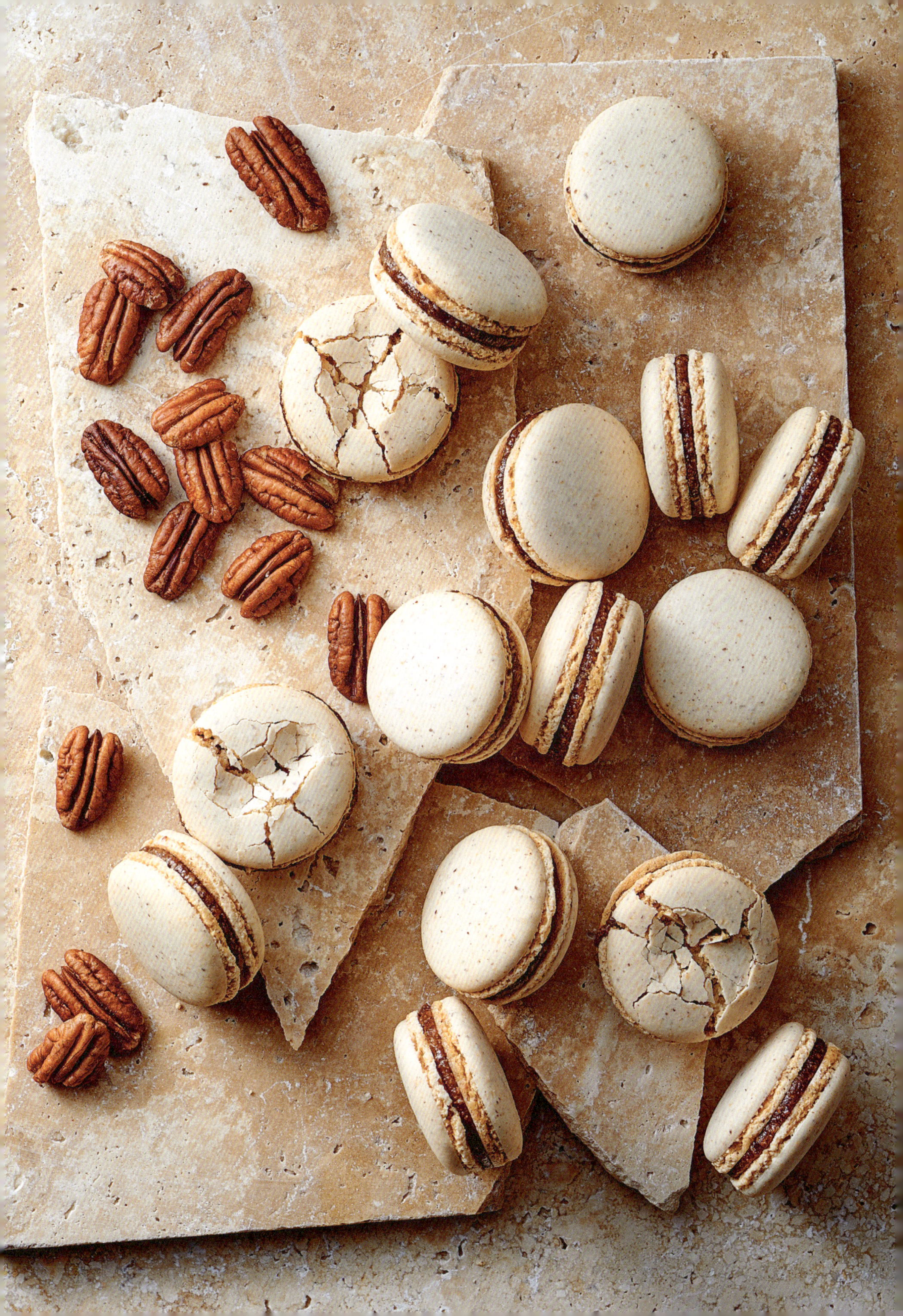

DESSERTS À
l'assiette

Desserts à partager... ou pas

盤式甜點

獨樂眾樂皆可樂

在本章中，傳統甜點的味道是一個指標、一條共同引線，不斷提醒我們：糕點最重要的是必須引起品嚐者的情感和感受。隨著純植物烘焙創作的推進，我持續探索並加深理解植物領域，以延長作品的愉悅感、讓美味更上一層樓。我因此好幾次被其細緻和輕盈的質地所震驚。由於沒有奶油和雞蛋，味道更清晰鮮明、更接近天然食材本身、更精準。在質地方面也展現了多種樣貌——酥脆、多層、易碎或化口，在品嚐的樂趣中發揮著重要作用。

這種豐富性讓我們能夠開始創作非常經典的盤式甜點，例如無蛋的漂浮島（œufs à la neige）或布里歐許法式吐司（brioche perdue），甚至將我過去的一些作品進行了嶄新的詮釋，例如「2000層派」（2000 Feuilles）和分享甜點「之間」（Entre）。

我於2007年創作「之間」系列之際，希望擺脫普通的分享蛋糕形式，以在當時非常另類和反傳統的風味組合，製作具顛覆和創造性的版本，更接近餐廳甜點一些。對此處純植物版本的詮釋，我選擇使用「迷戀」（Fetish）風味組合之一——菲莉希雅（Felicia，榛果和檸檬）。如果我在大膽的風味組合上已挑戰成功過，又為何不用植物性食材嘗試經典的風味組合呢？這就是我開發「之間——菲莉希雅」（Entre Felicia）食譜的起源。它是一個原創作品，外觀極簡，但在味道和質地上卻經過深思熟慮。

至於「無限杏仁義式奶酪」（Panna Cotta Infiniment Amande），它始終是我在這個系列之中最難以忘懷的甜點。在酥脆的菲洛薄派皮（filo）基底上結合杏仁奶、摩洛哥杏仁醬（amlou）和焦糖杏仁，難以置信的簡單明瞭，卻帶來了驚喜的發現。每種食材在風味和質地上都完美融合，以致於這款甜點被列入馬拉喀什（Marrakech）[63] La Mamounia 酒店[64] 其中一間餐廳的菜單。

---

63 摩洛哥著名的古都之一，有眾多歷史建築、景點與摩洛哥最大的露天市集。
64 這間酒店設有 Pierre Hermé Paris 品牌甜點店與茶沙龍。

之間——菲莉希雅
Entre Félicia

我一直都在尋求從裝飾的桎梏中解放，將作品重點放在凸顯風味和愉悅感上。專為本書開發的這款甜點，便體現了我在「美味的渴望」和「與人分享」之間的平衡。在此處，我嘗試將榛果和檸檬的美味最大化。它不僅是一道甜點，更是一種生活體驗，一種值得分享的情感。

皮耶・艾曼

分量：8-10 人份

製作時間
6 小時
靜置時間
15 小時
烘烤與烹煮時間
2 小時 50 分鐘

自製淺漬檸檬（前日準備）
1 顆有機黃檸檬
500g 礦泉水
250g 細砂糖

以鋸齒刀切除檸檬頭尾兩端，然後從上至下切成四等分。連續汆燙三次：放入大量沸水中，在沸騰狀態下煮 2 分鐘，接著以冷水沖洗。再次重複以上操作二次，瀝乾水分。將細砂糖與礦泉水混合並煮沸，製作糖漿。然後加入檸檬，蓋上蓋子煮以維持其柔軟度，維持微沸狀態以文火慢燉約 2 小時。離火後繼續浸在糖漿中，在冰箱靜置隔夜。取出後以篩網瀝乾糖漿 1 小時。果皮切成細條。於冰箱冷藏保存。

檸檬奶餡（前日準備）

- 2g 有機黃檸檬皮屑
- 90g 豆漿
- 150g 黃檸檬汁
- 1.5g 洋菜粉
- 25g 米精
- 120g 細砂糖
- 45g 橄欖油
- 45g 去味椰子油

混合糖、檸檬皮屑、洋菜粉和米精。以溫度計或電子探針輔助，在單柄湯鍋中倒入豆漿和檸檬汁加熱，達到 40°C 時撒入事先混合的糖與粉類。煮至沸騰後，倒在橄欖油和去味椰子油上。以手持均質機均質幾分鐘以完全乳化。倒入焗烤盤中，以保鮮膜貼緊表面，待冷卻後放入冰箱靜置凝固約 12 小時。

注意：檸檬汁會讓豆漿結塊，但這對最終的奶餡沒有影響。

焙烤皮埃蒙榛果碎

- 400g 皮埃蒙帶皮生榛果

在鋪了烘焙紙的烤盤上鋪上榛果，注意不要重疊。將它們放入開啟旋風功能的烤箱中，以 165°C 烘烤 15 分鐘。將榛果放在粗網目的篩網或漏勺上晃動，以去除外皮。留 300g 為後續製作焦糖榛果碎用，其餘以刀在砧板上大致壓碎，即刻使用，或放入密封容器中於室溫下保存。

榛果雷歐納海綿蛋糕

- 30g 去味椰子油
- 30g 花生油
- 90g 豆漿
- 4g 蘋果酒醋
- 45g 蔗糖
- 1g 葛宏德鹽之花
- 30g 榛果粉
- 70g T55 麵粉
- 5g 泡打粉
- 17g 馬鈴薯澱粉
- 20g 焙烤皮埃蒙榛果碎

在 30-35°C 下融化去味椰子油。將麵粉、泡打粉和馬鈴薯澱粉一起過篩。在裝有葉片型攪拌頭的桌上型攪拌機鋼盆中，混合豆漿、蔗糖、鹽之花、榛果粉和蘋果酒醋，然後混拌入過篩的粉類。以流線方式注入油並混合成滑順的麵糊。在鋪了烘焙紙的烤盤上放一個直徑 17cm 的蛋糕圈，倒入 215g 海綿蛋糕麵糊和 20g 焙烤皮埃蒙榛果碎。在開啟旋風功能的烤箱中，以 180°C 烘烤 10 至 12 分鐘，每 5 分鐘稍微打開烤箱門幾秒鐘，讓水氣逸出。從烤箱中取出後靜置冷卻。

柔滑榛果奶餡

665g 礦泉水
6g 轉化糖
15g 葡萄糖漿
80g 純焙烤榛果膏（100% 榛果）
45g 榛果帕林內（60-65% 榛果）
15g 可可脂（法芙娜）

將礦泉水加熱至 45°C，加入轉化糖和葡萄糖漿煮沸。立即分三次倒在可可脂、榛果膏和榛果帕林內混合物上，每倒一次皆需攪拌均勻再倒下一次。均質成均勻的奶餡。倒入焗烤盤中，以保鮮膜貼緊表面，放入冰箱靜置冷卻。

焦糖米香

40g 細砂糖
15g 礦泉水
30g 膨化米（riz soufflé）[65]

以溫度計或電子探針輔助，將糖和水在單柄湯鍋中煮至 118°C。將膨化米（需預先在 150°C 的烤箱中加熱 5 分鐘）加入熱糖漿中，翻炒至反砂結晶，然後使其焦糖化。攤平在鋪了不沾矽膠墊的烤盤上冷卻。

酥脆榛果帕林內

15g 榛果帕林內（60-65% 榛果）
45g 純焙烤榛果膏（100% 榛果）
18g 杏仁奶巧克力
（法芙娜阿瑪蒂卡 [Amatika] 46%）
21g 焦糖米香
6g 人造奶油或去味椰子油
21g 焙烤皮埃蒙榛果碎

將巧克力和人造奶油以隔水加熱方式，在 45°C 下融化。混合榛果帕林內和純榛果膏，然後將其加入巧克力和人造奶油混合物中。加入略略切碎的焦糖米香和焙烤皮埃蒙榛果碎。在鋪了一張烘焙紙的不鏽鋼烤盤上，將酥脆榛果帕林內攤平成 1cm 厚，然後放入冰箱中定型。切成 1cm 大小的小方塊。放入密封容器，儲存於冷凍庫中。

---

[65] 乾燥加熱後膨化的米，法國有市售品。可以用小火將米炒至膨化自製。

檸檬凝膠

85g 有機黃檸檬汁

1.7g 洋菜粉

15g 細砂糖

在調理盆中混合糖和洋菜粉。將檸檬汁在單柄湯鍋中加熱至 40°C，然後倒入糖和洋菜粉混合物。將所有食材煮沸，一邊規律攪拌。倒出後於冰箱靜置至完全冷卻。使用前將其放入食物調理機中，均質成滑順柔軟的凝膠。

注意：此凝膠不可冷凍。

榛果酥粒

48g 榛果粉

46g 高蛋白 T45 麵粉

36g 細砂糖

1g 葛宏德鹽之花

36g 去味椰子油

13g 礦泉水

17.5g 焙烤皮埃蒙榛果碎

在 30-35°C 下融化去味椰子油。在裝了葉片型攪拌頭的桌上型攪拌機鋼盆中，倒入榛果粉、鹽之花、糖、麵粉，然後倒入融化的 30°C 椰子油。充分混拌均勻，然後加入礦泉水（加熱至 40°C）和焙烤榛果碎。倒在鋪了烘焙紙的烤盤上，並放入冰箱冷藏 2 小時。將麵團按壓入極粗網目的篩網，形成粗顆粒，然後將其鋪在鋪了烘焙紙的烤盤上，注意不要相互重疊。在開啟旋風功能的烤箱中，以 160°C 烘烤約 20 分鐘，直到形成金黃色酥粒。

瓦片

42g 去味椰子油

60g 轉化糖

40g 細砂糖

50g T55 麵粉

8g 礦泉水

在 30-35°C 下融化去味椰子油。在裝了葉片型攪拌頭的桌上型攪拌機鋼盆中依序混合所有食材（或在調理碗中用刮刀混勻），並在室溫下靜置 30 分鐘後，即刻使用。在鋪了不沾矽膠墊的烤盤上，放上直徑 5-6cm 的多連矽膠網孔模具（moule moucharabieh）[66]，均勻鋪上瓦片麵糊。在開啟旋風功能的烤箱中，以 160°C 烘烤約 5 分鐘。將模具翻轉在不沾矽膠墊上並小心脫模。靜置冷卻後即刻使用，或儘速存放於密封容器中。

注意：瓦片可保存數天。

---

[66] 此模具為鏤空的阿拉伯格柵窗風格圖案，其造型可參考 https://tinyurl.com/uzrsyxtb。

焦糖榛果碎
125g 細砂糖
40g 礦泉水
300g 焙烤皮埃蒙榛果
5g 可可脂（法芙娜）

以溫度計或電子探針輔助，將水和糖在單柄湯鍋中煮至 118°C，然後將焙烤過的皮埃蒙榛果加入熱糖漿中，翻炒至反砂結晶，然後焦糖化。榛果焦糖化後，加入可可脂，然後將其倒入鋪了不沾矽膠墊的烤盤上，盡可能地平鋪開使其冷卻。將它們大致壓碎並即刻使用。

注意：須待焦糖榛果冷卻後再壓碎。

組裝
在裝了球型攪拌頭的桌上型攪拌機鋼盆中，打發檸檬奶餡，然後放入冰箱冷藏 1 小時。將榛果雷歐納海綿蛋糕圓片放在盤子底部，然後用裝了 9 號圓形擠花嘴的擠花袋，在整片海綿蛋糕上擠上螺旋狀的柔滑榛果奶餡。將自製淺漬檸檬丁和酥脆榛果帕林內塊輕輕按壓入奶餡中。用未裝擠花嘴的擠花袋，擠上數球檸檬凝膠。接著在上方擠入數球打發的檸檬奶餡與柔滑榛果奶餡。放入冰箱冷藏 1 小時。準備食用時，在奶餡上撒上榛果酥粒、焦糖榛果碎，然後放上淺漬檸檬果肉與條狀檸檬皮，最後插上 3 片瓦片，即時享用。

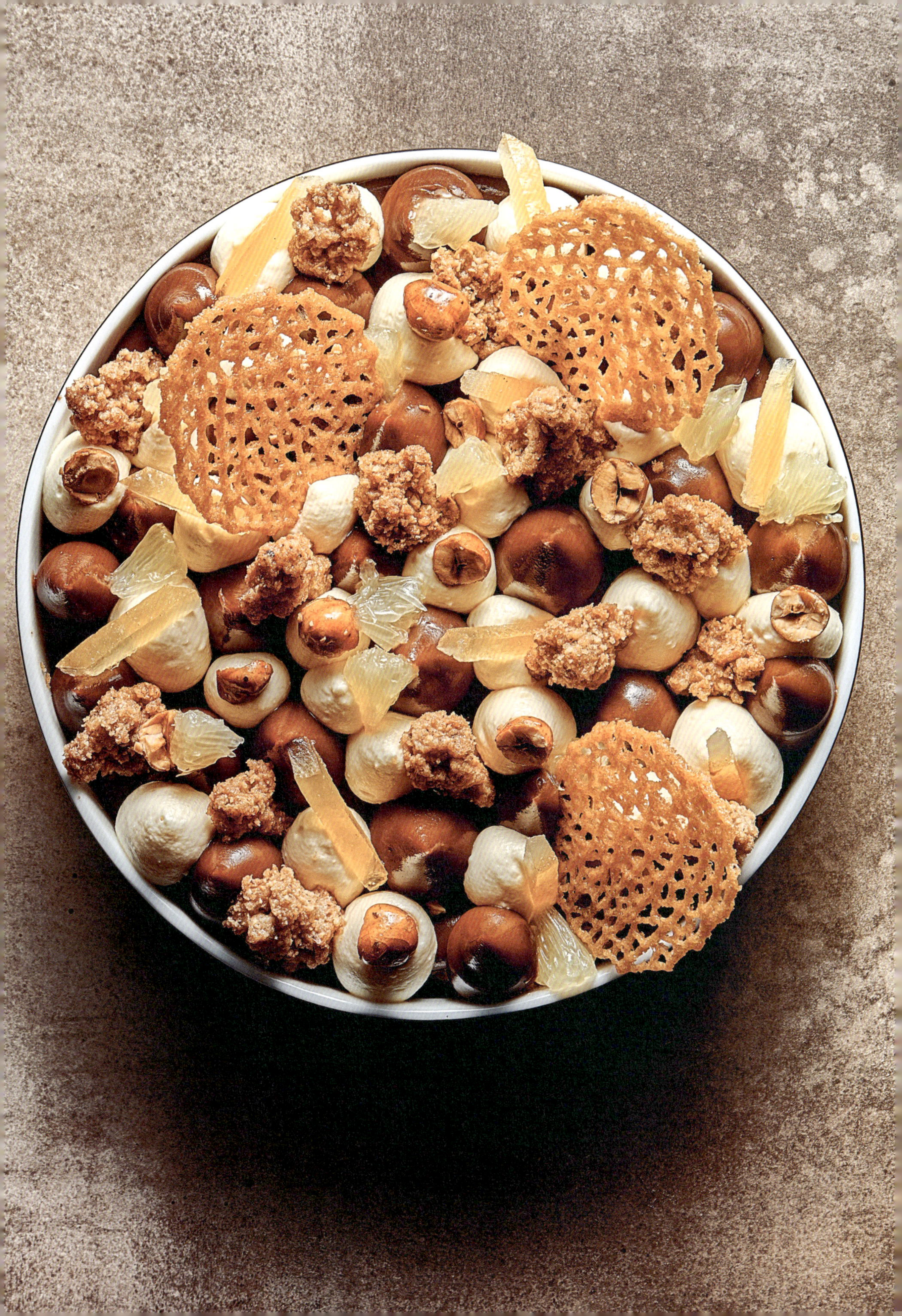

漂浮島
Œufs à la neige

佛密可慕斯（mousse fomico）是一種通常由水果為基底製作的慕斯。但在這個版本中，我使用了燕麥奶和豆漿，並做成可內樂（quenelle）[67]的形狀置於英式蛋奶醬上。

王李娜

分量：6 人份

製作時間
2 小時
靜置時間
4 小時
烘烤與烹煮時間
15 分鐘

植物奶佛密可慕斯
100g Yumgo Blanc 液態植物蛋白
（或 160g 鷹嘴豆水）
40g 黃蔗糖
200g 原味豆漿
200g 燕麥奶
2g 洋菜粉

在裝了球型攪拌頭的桌上型攪拌機鋼盆中，攪打 Yumgo Blanc 液態植物蛋白，同時逐漸撒入黃蔗糖，直到成為質地非常緊實的蛋白霜。從攪拌機上取下攪拌盆。將豆漿、燕麥奶與洋菜粉一起煮沸。離火，將 1/3 的液態植物蛋白霜加入鍋中，以打蛋器攪拌。然後將鍋中混合物倒入攪拌盆中，以打蛋器由上至下混拌均勻。用一支抹了少許油的湯匙，做出 18 個可內樂（每份甜點 3 個），放在鋪了保鮮膜的烤盤上，再放入冰箱冷卻並冷藏備用。

---

67 參閱第 140 頁譯註。

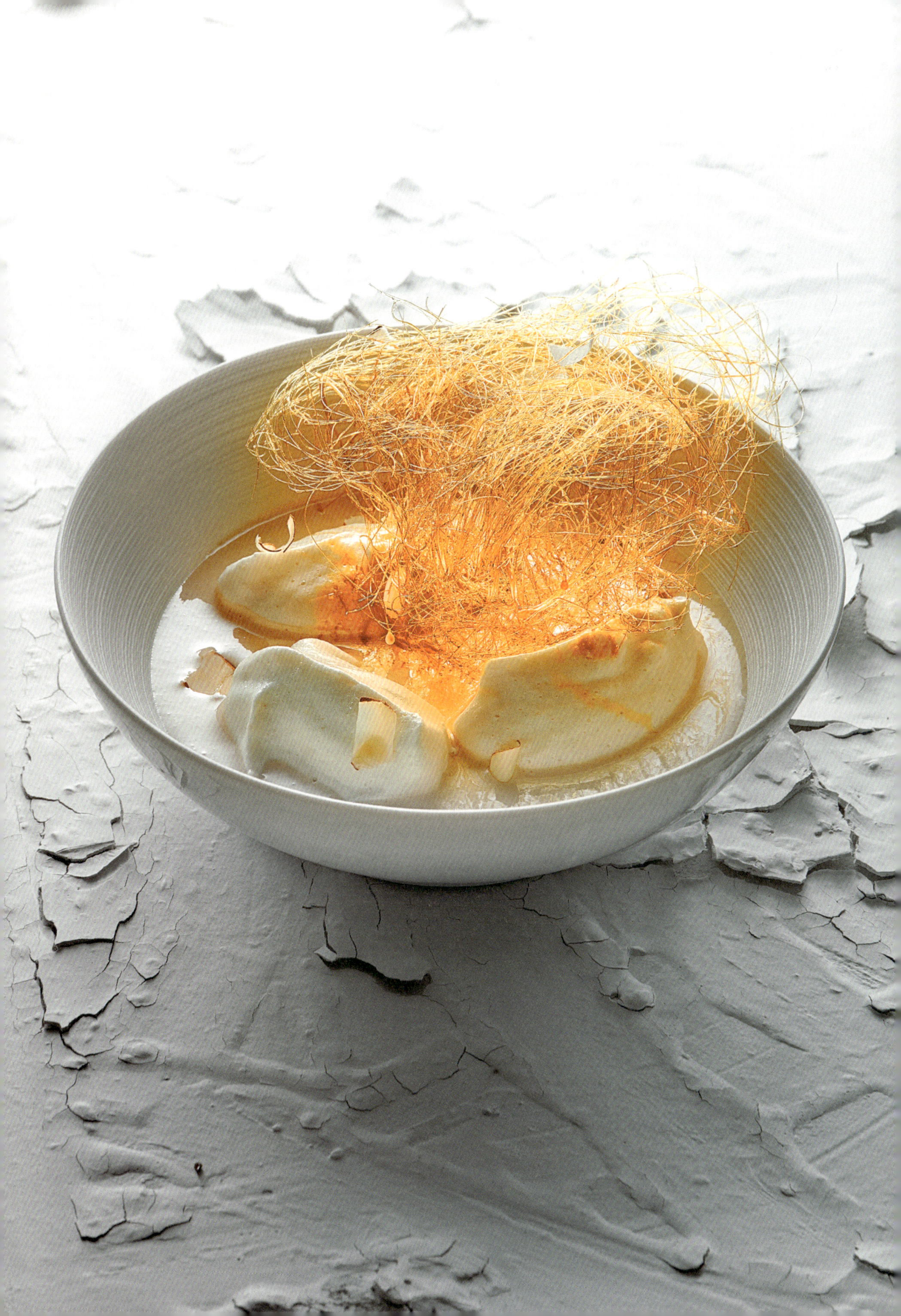

純植物英式蛋奶醬
3 根大溪地香草莢
400g 杏仁奶
400g 燕麥奶
80g 黃蔗糖
15g 玉米澱粉
50g 腰果泥

將香草莢剖半並刮出香草籽。在單柄湯鍋中，混合兩種植物奶、黃蔗糖、香草籽和香草莢、玉米澱粉。煮沸後，離火，取出香草莢，加入腰果泥並以手持均質機乳化。於冰箱中靜置冷卻並冷藏備用。

焙煎杏仁
100g 杏仁片
50g 細砂糖
5g 去味椰子油

在平底煎鍋中，以大火加熱所有食材，直到砂糖焦糖化。將杏仁平攤在烘焙紙上，靜置冷卻。

「天使之髮」拉糖裝飾
300g 細砂糖
100g 礦泉水

用一張烘焙紙保護工作檯面。平行排上 2 根筷子或金屬棒，相距約 15cm。在它們兩端的下方墊上底座，使其懸空、以免接觸工作檯面。以溫度計或電子探針輔助，將糖和水在單柄湯鍋中煮至可拉糖絲的程度，溫度約為 165-170°C。將鍋底浸在一碗冷水中，停止加熱焦糖。將打蛋器浸入焦糖中，然後在兩根筷子上方擺動，在兩者之間形成細線。依需要重複多次。集結凝固的「天使之髮」糖絲，使其成型。製成後即刻使用。

擺盤
在容器中倒入英式蛋奶醬，然後放入 3 球佛密可慕斯可內樂。享用時撒上焙煎杏仁，並加上「天使之髮」。

注意：焦糖必須充分上色，才能展現其風味。

芒果椰奶米布丁漂浮島
Œufs à la neige Mangue Riz au lait de coco

我的父母來自寮國，這個漂浮島的靈感便出自一份寮國常見的食譜。風味上結合了芒果和以椰奶烹煮的糯米飯，並加入少量鹽之花。

王李娜

分量：6 人份

製作時間
4 小時
靜置時間
6 小時
烘烤與烹煮時間
30 分鐘

芒果半球慕斯
50g Yumgo Blanc 液態植物蛋白
（或 80g 鷹嘴豆水）
25g 黃蔗糖
200g 芒果果泥
1g 洋菜粉

在裝了球型攪拌頭的桌上型攪拌機鋼盆中，攪打 Yumgo Blanc 液態植物蛋白，同時逐漸撒入黃蔗糖，直到成為質地非常緊實的蛋白霜。從攪拌機上取下攪拌盆。將芒果果泥和洋菜粉一起煮沸。離火，將 1/3 的液態植物蛋白霜加入鍋中，以打蛋器攪拌。然後將鍋中混合物倒入攪拌盆中，以打蛋器由上至下混拌均勻。將慕斯倒入 6 個直徑 6cm 的半球形矽膠模具中。於冰箱中靜置冷卻並冷藏備用。

原味佛密可慕斯

50g Yumgo Blanc 液態植物蛋白（或 80g 鷹嘴豆水）
40g 黃蔗糖
200g 原味豆漿
1g 洋菜粉

在裝了球型攪拌頭的桌上型攪拌機鋼盆中，攪打 Yumgo Blanc 液態植物蛋白，同時逐漸撒入黃蔗糖，直到成為質地非常緊實的蛋白霜。從攪拌機上取下攪拌盆。將原味豆漿和洋菜粉一起煮沸。離火，將 1/3 的液態植物蛋白霜加入鍋中，以打蛋器攪拌。然後將鍋中混合物倒入攪拌盆中，以打蛋器由上至下混拌均勻。將慕斯倒入一個攪拌盆中，放入冰箱冷藏 2 小時備用。

椰奶米布丁醬汁

600g 椰奶
300g 燕麥奶
45g 泰國香米米穀粉
90g 黃蔗糖
1.5g 葛宏德鹽之花

在單柄湯鍋中混合所有食材後煮沸。於冰箱中靜置冷卻並冷藏備用。

擺盤

椰絲
新鮮椰子刨絲（1/2 個椰子分量）
芒果小球與薄片（2 粒芒果分量）
青檸皮屑 1 顆份

在杯底倒入冰涼的椰奶米布丁醬汁。將芒果半球慕斯脫模，小心地將 1 個半球放在醬汁上，然後在凸面上撒上椰絲。以新鮮芒果薄片圍繞芒果半球慕斯，然後挖 3 球新鮮芒果小球放在芒果薄片間，再用裝了 8 號圓形擠花嘴的擠花袋，擠入 3 小球原味佛密可慕斯，並撒上新鮮椰絲、青檸皮屑作裝飾。

注意：若要使用鷹嘴豆水代替 Yumgo Blanc 液態植物蛋白，需以 80g 鷹嘴豆水取代 50g Yumgo Blanc 液態植物蛋白。建議將鷹嘴豆水與糖一起煮沸，使質地變稠並增加其黏度（如糖漿一般），然後趁熱打發。

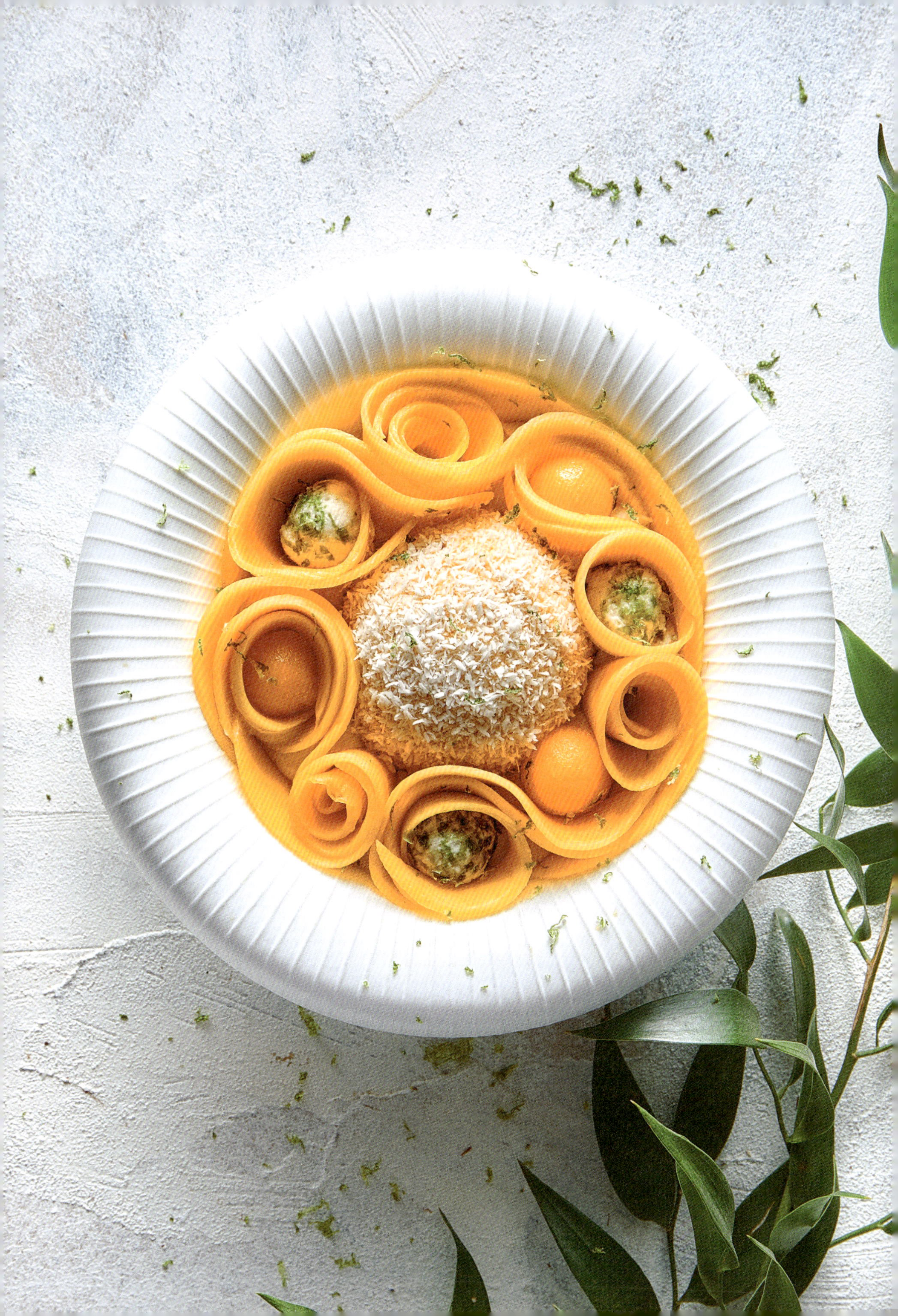

香草與焦糖
布里歐許法式吐司
Brioche perdue
Vanille & Caramel

在這個超級懷舊的甜點中,我需要重現自己喜愛的法式吐司口感——濕潤、微溫以及帶有焦糖香。透過以椰子油和植物性鮮奶油間的適當平衡來取代鮮奶油,我們成功地完成了這項挑戰。這款布里歐許法式吐司,若搭配一球無限榛果或無限香草冰淇淋會非常美味,既然如此,何不也嘗試一下椰子口味呢?

皮耶・艾曼

分量:8 份布里歐許法式吐司

製作時間
6 小時
靜置時間
15 小時
烘烤與烹煮時間
1 小時

水合綜合植物種子
(前日準備)
10g 奇亞籽
10g 亞麻籽
10g 燕麥片
30g 礦泉水

在製作布里歐許麵團前 30 分鐘,以食物調理機將植物種子與燕麥片大致研磨混合,使它們能充分吸收水分。加入室溫礦泉水。

布里歐許麵團（前日準備）

425g T45 麵粉
10g 葛宏德鹽之花
65g 細砂糖
20g 新鮮酵母
310g 礦泉水
107.5g 可可脂（法芙娜）
107.5g 去味椰子油
60g 水合綜合植物種子
6g 向日葵卵磷脂

將去味椰子油與可可脂一同融化，然後在 25°C 的溫度下靜置備用。在適用少量食材的桌上型攪拌機裝上鉤型或葉片型攪拌頭，攪拌盆中放入事先過篩的麵粉、細砂糖、酵母與向日葵卵磷脂，以第一檔攪拌，一邊倒入約 70% 的礦泉水。持續以第一檔攪拌至麵團變稠。分兩次加入剩餘的水，兩次之間需等水被完全吸收、麵團變得更稠後再加水。當麵團脫離攪拌盆壁後，加入鹽之花、水合綜合植物種子，以及在 25°C 下靜置的融化可可脂與去味椰子油。以第二檔攪拌至麵團脫離攪拌盆壁。取出麵團放入調理盆中，以保鮮膜貼緊表面，在室溫下發酵 1 小時。稍微折疊一下麵團以排氣，放入冰箱發酵約 2 至 2.5 小時。取出麵團後再次折疊，放回冰箱發酵 12 小時。當麵團均勻冷卻後，即可進行加工和擀製。

成形與烘烤

1kg 布里歐許麵團
適量人造奶油

為 4 個 14x8cm、高 8cm 的長條蛋糕模薄薄上油。將麵團塑形為 4 條各 250g 的圓柱體，然後放入模具中，同時輕輕按壓。在 28°C 的發酵箱中靜置 3 小時。烤箱開啟旋風功能，以 160°C 烘烤約 45 至 55 分鐘，每 10 分鐘稍微打開烤箱門幾秒鐘，讓水氣逸出。稍微冷卻後脫模。

植物奶液

1kg 燕麥奶
100g 細砂糖
35g 玉米澱粉
1.25g 天然橙花香精

混合糖和玉米澱粉，溶解在燕麥奶中並煮沸。加入天然橙花香精。以均質機均質後，即刻使用或放於冰箱中冷藏備用。

香草焦糖

95g 燕麥奶
95g 植物性鮮奶油
1 根馬達加斯加香草莢
70g 去味椰子油或人造奶油
150g 細砂糖
1.5g 葛宏德鹽之花
0.4g 玉米糖膠

將燕麥奶和植物性鮮奶油在單柄湯鍋中煮沸。香草莢剖半、刮出香草籽，與香草籽一起加入鍋中，浸泡 30 分鐘。取出香草莢。在另一個單柄湯鍋中一點一點地加入糖，同時用木匙攪拌，製成乾式焦糖。當焦糖呈現美麗的琥珀色時，一點一點加入燕麥奶與植物性鮮奶油混合液，然後加入去味椰子油，煮沸。以手持均質機一邊均質一邊加入玉米糖膠和鹽之花。放入密封容器中，以保鮮膜貼緊表面，置於冰箱中冷藏保存。

香草冰淇淋

410g 燕麥奶
3 根馬達加斯加香草莢
20g 菊苣纖維
75g 細砂糖
40g 轉化糖
60g 去味椰子油
1.5g 柑橘纖維
0.75g 關華豆膠
0.75g 刺槐豆膠

將燕麥奶在單柄湯鍋中煮沸。加入剖半並刮出香草籽的香草莢，浸泡 30 分鐘，然後過濾。將香草燕麥奶倒入單柄湯鍋中加熱，以溫度計或電子探針輔助，在 25°C 時加入菊苣纖維；在 30°C 時，加入 70g 糖與轉化糖；在 40°C 時，加入預先融化的 40°C 去味椰子油；在 45°C 時，加入關華豆膠、刺槐豆膠、柑橘纖維和剩餘的糖。持續加熱至 85°C，保持該溫度煮 2 分鐘。以手持均質機均質後，冷卻至 4°C，然後於冰箱靜置熟成至少 4 小時，才能以冰淇淋機攪拌。將不鏽鋼冰淇淋攪拌桶放入冷凍庫冷凍 30 分鐘。將香草冰淇淋以手持均質機再次均質，然後以冰淇淋機攪拌。攪拌完成後倒入不鏽鋼托盤中，放入冷凍庫備用。

切片與煎製
布里歐許法式吐司

600g 細砂糖
50g 人造奶油

以量尺輔助，將布里歐許切成 2.5cm 的厚片。將植物奶液倒入一個容器中，然後放入布里歐許麵包片。放入冰箱冷藏至少 1 小時。享用時，將麵包片瀝乾，除去多餘的植物奶液，然後將布里歐許麵包片焦糖化：在平底煎鍋中，以砂糖製作乾式焦糖，然後加入人造奶油稀釋，焦糖完成後，將布里歐許麵包片兩面煎至上色。如果焦糖無法沾附上布里歐許，可以用少許植物奶液稀釋，這樣可以讓布里歐許被焦糖完好覆蓋。將法式吐司盛盤，放上一球香草冰淇淋，淋上香草焦糖液。

注意：也可以提前將布里歐許焦糖化，待享用時再放入烤箱中烘烤。

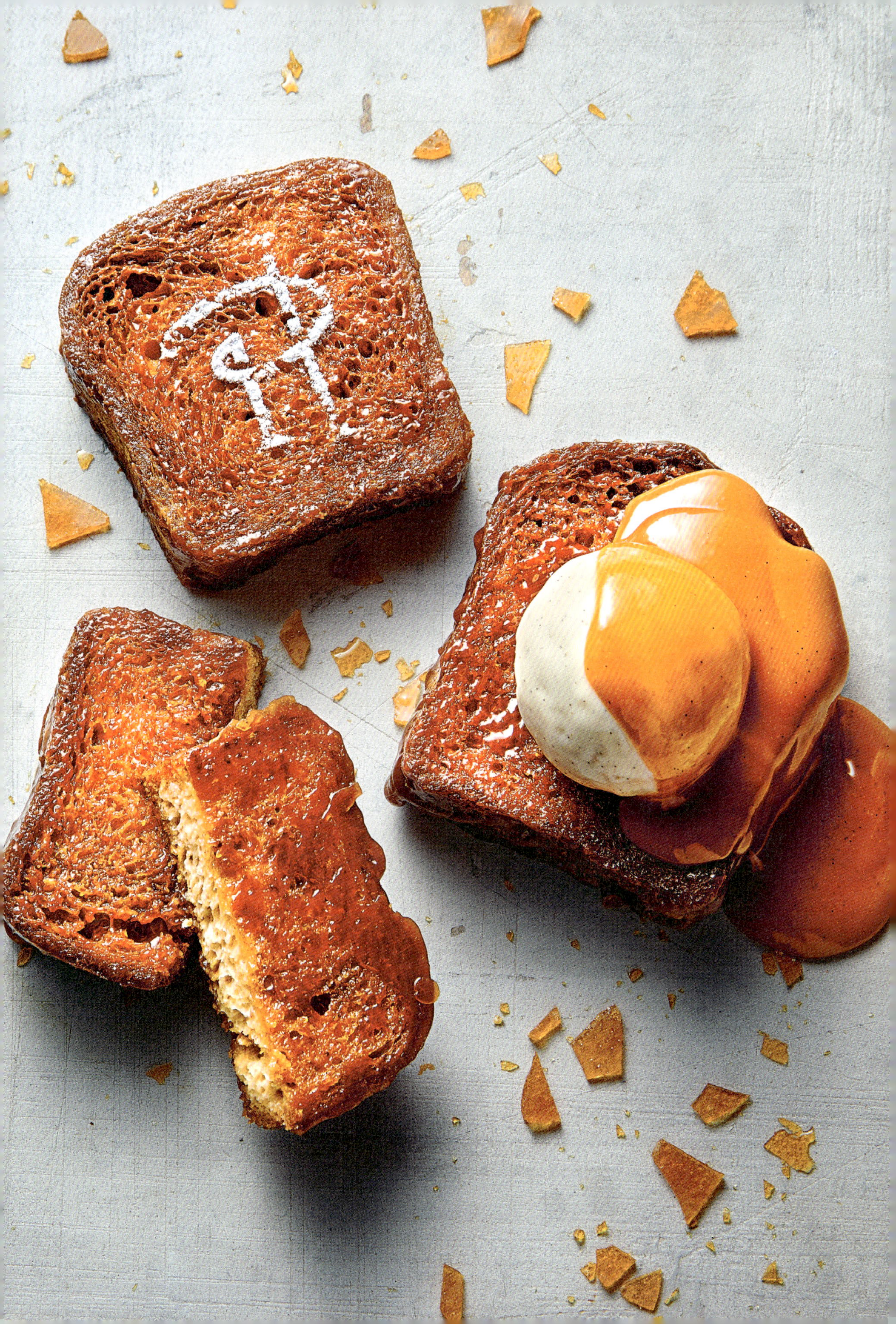

厄瓜多單一產地巧克力風味、質地與溫度研究
Initiation de goûts, de textures & de températures autour du chocolat Pure origine Équateur

創作這款甜點如同一次在巧克力世界裡隨心所欲的旅程。我喜歡讓賓客能自由體驗每一口的不同感受。

皮耶・艾曼

分量：10 人份

製作時間
6 小時
靜置時間
12 小時
烘烤與烹煮時間
30 分鐘

柔滑巧克力奶餡（前日準備）

275g 燕麥奶
50g 細砂糖
5g X58 果膠粉
0.5g 葛宏德鹽之花
130g 黑巧克力（法芙娜單一產地厄瓜多 Hacienda Eleonor 64%）
25g 去味椰子油
15g 葵花籽油

切碎黑巧克力。混合糖和果膠粉。以溫度計或電子探針輔助，將燕麥奶在單柄湯鍋中加熱至 40°C，然後加入鹽之花、糖和果膠粉混合物。煮沸後，分三次倒在切碎的巧克力和去味椰子油、葵花籽油中，均質。倒入焗烤盤中，以保鮮膜貼緊表面。放入冰箱冷藏 12 小時後使用。

巧克力香緹（前日準備）

335g 燕麥奶
200g 黑巧克力（法芙娜單一產地厄瓜多 Hacienda Eleonor 64%）

將黑巧克力切碎。將燕麥奶於單柄湯鍋中煮沸，接著倒在切碎的巧克力上。從中央開始混合，一邊攪拌一邊向外擴大攪拌範圍。以手持均質機均質。倒入焗烤盤中，以保鮮膜貼緊表面，放入冰箱冷卻凝固約 12 小時後再使用。這款香緹鮮奶油可以直接冷凍。

鹽之花巧克力飾片

200g 黑巧克力（法芙娜單一產地厄瓜多 Hacienda Eleonor 64%）
3.6g 葛宏德鹽之花

以擀麵杖將鹽之花結晶顆粒壓碎，然後以中或細網目篩網過篩，留下最細的顆粒。調溫黑巧克力，以保持其光澤度、柔滑與穩定性。將巧克力以鋸齒刀切碎，放入碗中，再放至單柄湯鍋中隔水加熱融化。以木匙輕輕攪拌，直到升溫至 50-55°C。將巧克力碗從單柄湯鍋中取出，放入另一個裝有水和 4、5 個冰塊的碗內。由於巧克力會開始在碗壁凝固，需不時攪拌，保持融化狀態。一旦降溫至 27-28°C，便將巧克力碗放回裝了熱水的單柄湯鍋中，同時密切監控溫度，溫度應該落在 31-32°C 之間。此時巧克力已調溫完成。混拌入鹽之花。在一張塑膠片上，薄薄鋪上一層調溫後的鹽之花巧克力，厚度約 1mm。蓋上第二張塑膠片並壓上重物，以防止巧克力結晶時變形。放入冰箱並讓其結晶數小時。將鹽之花巧克力片略略壓碎成大約 5-7cm 大小的飾片，放入密封容器中，於冰箱冷藏備用。

巧克力雪酪

355g 礦泉水

55g 細砂糖

2g 關華豆膠

2g 刺槐豆膠

16.5g 可可粉

35g 黑巧克力（法芙娜單一產地厄瓜多 Hacienda Eleonor 64%）

將礦泉水倒入單柄湯鍋中加熱。當溫度達到 30°C 時，加入 90% 的糖；達到 45°C 時，加入事先與剩餘的 10% 糖混合的關華豆膠和刺槐豆膠。將 250g 液體倒在融化的巧克力和可可粉上，一邊從中央開始攪拌，形成柔軟有光澤的核心，這表示開始乳化。繼續一點一點地加入剩餘的液體並攪拌。以手持均質機均質，使其完全乳化。將所有食材放入單柄湯鍋中，以溫度計或電子探針輔助，加熱至 85°C，保持該溫度煮 2 分鐘，然後快速冷卻至 4°C。倒入冰淇淋機攪拌。攪拌完成後存放於冷凍庫中。

無限巧克力沙布列麵團

75g 人造奶油

60g 黃蔗糖

25g 細砂糖

2.5g 葛宏德鹽之花

1g 天然香草精

75g 黑巧克力（法芙娜阿拉瓜尼 [Araguani] 72%）

90g T55 麵粉

15g 可可粉（法芙娜）

2.5g 碳酸氫鈉（小蘇打）

以食物調理機將巧克力碎成小塊。將麵粉、可可粉和碳酸氫鈉混合後過篩。在裝了葉片型攪拌頭的桌上型攪拌機鋼盆中，攪打軟化人造奶油，然後拌入糖、鹽之花和天然香草精，接著加入混合的粉類及切碎的巧克力。如同製作塔皮麵團，盡可能讓攪拌次數越少越好，並於製成後即刻使用。在稍微撒了麵粉的工作檯面上，將無限巧克力沙布列麵團擀成約 7mm 厚。待冷卻後切成 7mm 大小的小方塊。蓋上保鮮膜放入冰箱冷藏。在鋪了一張烘焙紙的烤盤上，排上小方塊，彼此間隔 1.5cm。在開啟旋風功能的烤箱中，以 165°C 烘烤 10 分鐘。靜置冷卻後即刻使用，或放入密封容器中於室溫下保存。

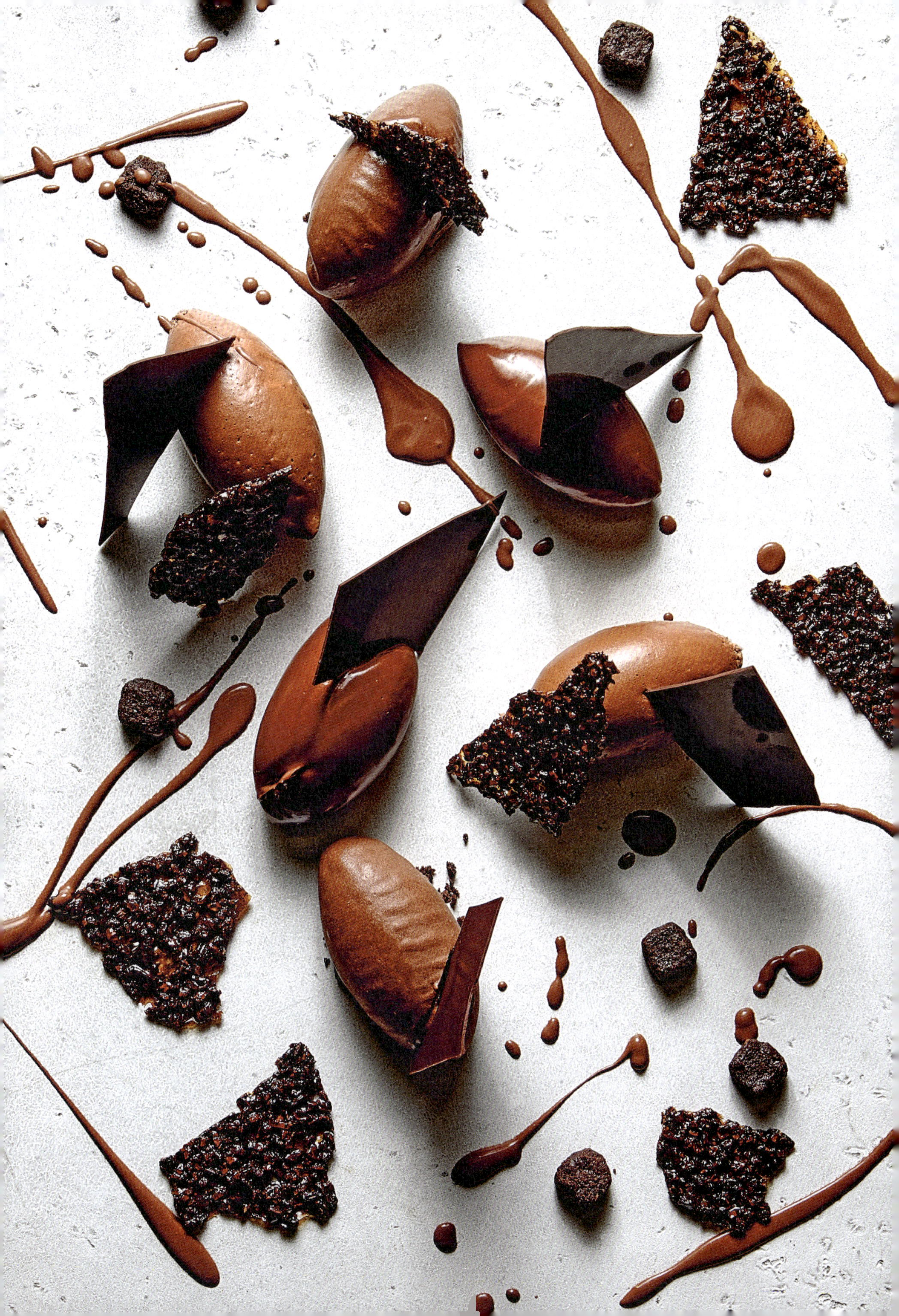

可可碎粒牛軋糖片

20g 礦泉水
20g 葡萄糖漿
60g 細砂糖
1g NH 果膠粉
26g 芥花油或葡萄籽油
60g 可可碎粒（法芙娜）
1g 柑橘纖維
0.4g 砂勞越黑胡椒

將水和葡萄糖漿在單柄湯鍋中加熱至 45-50°C。加入預先混合的糖和果膠粉，然後以溫度計或電子探針輔助，煮至 106°C。混拌入油和柑橘纖維，並以手持均質機乳化。加入可可碎粒和研磨黑胡椒碎粒。將混合物倒在一張烘焙紙上，並以抹刀抹平。覆蓋上第二張烘焙紙，繼續以擀麵杖擀平。以保鮮膜覆蓋後保存於冷凍庫中。

完工

適量葛宏德鹽之花
適量砂勞越黑胡椒

完工與烘烤

在鋪了烘焙紙的烤盤上，放上可可碎粒牛軋糖片。均勻地撒上幾粒鹽之花，然後將砂勞越黑胡椒研磨罐轉動兩圈。在開啟旋風功能的烤箱中，以 170°C 烘烤 18 至 20 分鐘。靜置冷卻後即刻使用，或放入密封容器中於室溫下保存。

冰巧克力醬汁

10g 細砂糖
300g 礦泉水
160g 黑巧克力（法芙娜單一產地厄瓜多 Hacienda Eleonor 64%）
0.5g 葛宏德鹽之花

將礦泉水在單柄湯鍋中煮沸，然後將糖和鹽之花溶於其中。接著分三次倒入預先切碎的巧克力中，每次倒入後皆需混拌均勻再倒下一次。以手持均質機均質，然後放入冰箱冷藏備用。使用時以打蛋器混合均勻。

擺盤

在裝了葉片型攪拌頭的桌上型攪拌機鋼盆中，打發巧克力香緹並即刻使用。捏碎 3 塊無限巧克力沙布列方塊，放在橢圓形盤子的中軸線上，上方分別放上 1 球巧克力雪酪可內樂[68]、1 球巧克力香緹可內樂和 1 球柔滑巧克力奶餡可內樂。擺上無限巧克力沙布列方塊。在可內樂中插上鹽之花巧克力飾片及可可碎粒牛軋糖片。準備一杯冰巧克力醬汁。立即享用。

---

68 可內樂，請參閱第 140 頁譯註。

烏瑞亞盤式甜點
Dessert Ouréa

烏瑞亞風味組合表現能夠以多種方式詮釋。柚子雪酪和柚子果泥的明亮香氣率先展現，以一種清新、微酸且無限美味的起伏律動，凸顯出皮埃蒙榛果的馨香甘美。

皮耶・艾曼

分量：10 份甜點

製作時間
6 小時
靜置時間
17 小時
烘烤與烹煮時間
30 分鐘

柔滑榛果奶餡（前日準備）

500g 礦泉水
125g 葡萄糖漿
650g 純焙烤榛果膏（100% 榛果）
350g 榛果帕林內（60-65% 榛果）
100g 可可脂（法芙娜）

將礦泉水和葡萄糖漿倒入單柄湯鍋中並煮沸，立即分二次倒入預先以刀切碎的可可脂、純榛果膏和榛果帕林內上，每倒入一次後皆需混合均勻。以手持均質機均質成為均勻的奶餡。倒入焗烤盤中，以保鮮膜貼緊表面，於冰箱靜置冷卻並冷藏12 小時後再使用。

自製高知柚子果泥

125g 糖漬柚子皮
65g 高知柚子汁
25g 礦泉水
5g NH 果膠粉
5g 細砂糖

混合糖和果膠粉。以食物調理機將糖漬柚子皮碎成小塊。以溫度計或電子探針輔助，將水、糖漬柚子皮和柚子汁一起在單柄湯鍋中混合加熱，升溫至 40°C 時，倒入糖和果膠粉，煮沸。放入冰箱冷藏備用。

焦糖米香

200g 細砂糖

75g 礦泉水

150g 膨化米

1g 鹽之花

以溫度計或電子探針輔助，將糖和水在單柄湯鍋中煮至 118°C。將膨化米（需預先在 150°C 的烤箱中加熱 5 分鐘）加入熱糖漿中，輕輕翻炒至反砂結晶，然後以小火焦糖化。加入鹽之花，混勻。攤平在鋪了不沾矽膠墊的烤盤上靜置冷卻。

焙烤皮埃蒙榛果碎

150g 皮埃蒙帶皮生榛果

在鋪了烘焙紙的烤盤上鋪上榛果，注意不要重疊。將它們放入開啟旋風功能的烤箱中，以 165°C 烘烤 15 分鐘。將榛果放在粗網目的篩網或漏勺上晃動，以去除外皮。以刀子在砧板上將其大致壓碎，即刻使用，或放入密封容器中於室溫下保存。

酥脆榛果帕林內

60g 榛果帕林內（60-65% 榛果）

180g 純焙烤榛果膏（100% 榛果）

75g 杏仁奶巧克力
（法芙娜阿瑪蒂卡 [Amatika] 46%）

85g 焦糖米香

25g 人造奶油或去味椰子油

85g 焙烤皮埃蒙榛果碎

以溫度計或電子探針輔助，將巧克力和人造奶油以隔水加熱方式，在 45°C 下融化。混合榛果帕林內和純榛果膏，然後將其加入巧克力和人造奶油混合物中。加入略略切碎的焦糖米香和焙烤皮埃蒙榛果碎。在鋪了一張烘焙紙的不鏽鋼烤盤上，將酥脆榛果帕林內攤平成 1cm 厚，然後放入冰箱中定型。切成 1cm 大小的小方塊。蓋上保鮮膜，放入冷凍庫中保存備用。

榛果酥粒

96g 榛果粉

92g 高蛋白 T45 麵粉

72g 細砂糖

2g 葛宏德鹽之花

72g 去味椰子油

26g 礦泉水

35g 焙烤皮埃蒙榛果碎

以溫度計或電子探針輔助，在 30-35°C 下融化去味椰子油。在裝了葉片型攪拌頭的桌上型攪拌機鋼盆中，倒入榛果粉、鹽之花、糖、麵粉，然後倒入融化的 30°C 椰子油。充分混拌均勻，然後加入礦泉水（加熱至 40°C）和焙烤榛果碎。倒在鋪了烘焙紙的烤盤上，並放入冰箱冷藏 2 小時。將麵團按壓入極粗網目的篩網，形成粗顆粒，然後將其鋪在鋪了烘焙紙的烤盤上，注意不要相互重疊。在開啟旋風功能的烤箱中，以 160°C 烘烤約 20 分鐘，直到形成金黃色酥粒。靜置冷卻，保存於乾燥處。

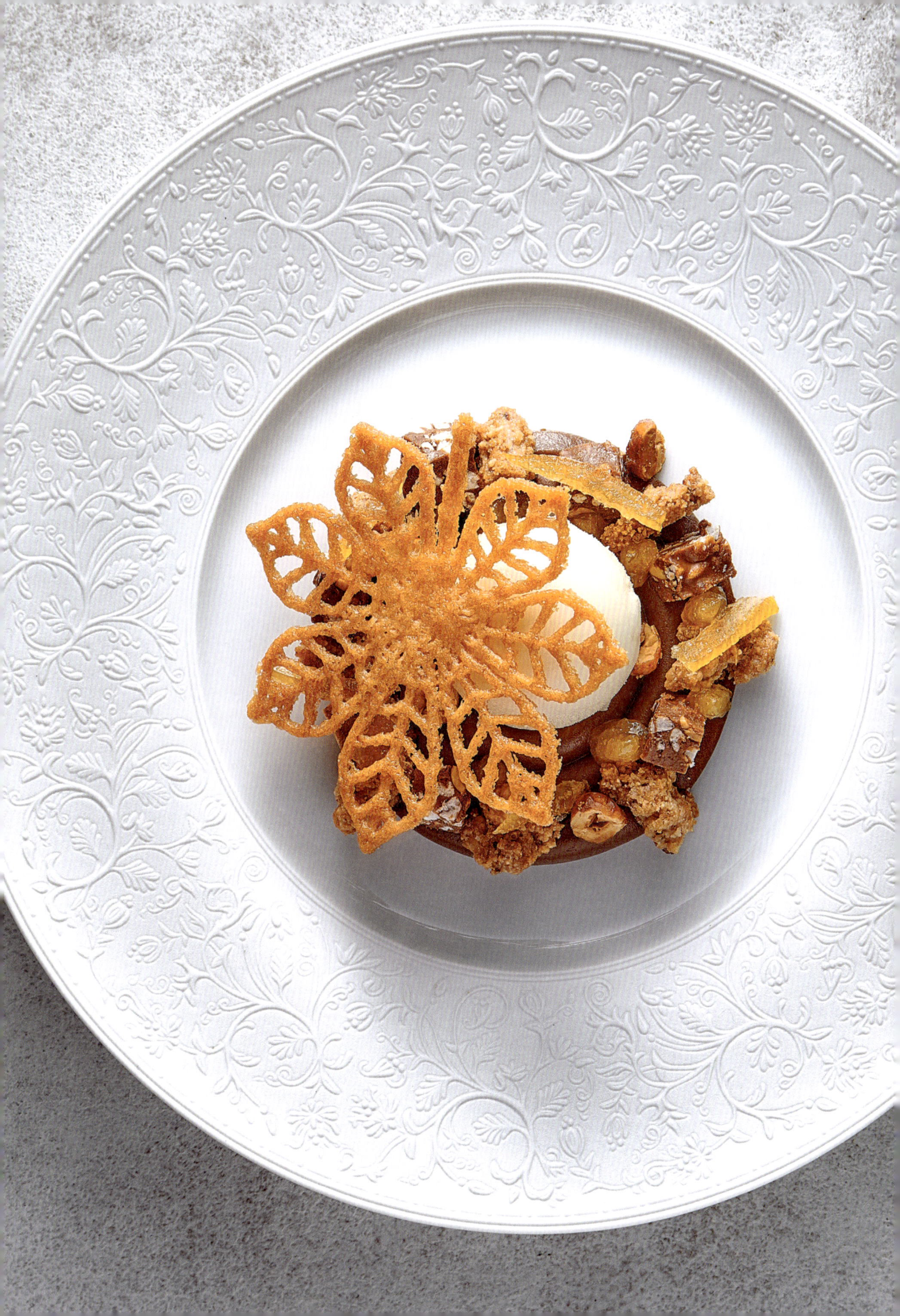

柚子雪酪

405g 礦泉水
210g 細砂糖
5g 有機黃檸檬皮屑
285g 高知柚子汁
2.5g 乾燥柚子粉
17.5g 菊苣纖維
70g 霧化葡萄糖
1.5g 關華豆膠
1.5g 刺槐豆膠

以 Microplane® 刨絲器刨出檸檬皮屑，與一半的糖揉合。以溫度計或電子探針輔助，在單柄湯鍋中混合水、糖與檸檬皮屑、柚子粉、霧化葡萄糖和菊苣纖維並加熱，在 45°C 時，加入預先混合的關華豆膠、刺槐豆膠和剩餘的糖。持續加熱至 85°C，保持該溫度煮 2 分鐘。以手持均質機均質，然後冷卻至 4°C。在冰箱中靜置熟成至少 4 小時，才能以冰淇淋機攪拌。加入柚子汁，再次均質，並以冰淇淋機攪拌。放入冷凍庫中保存備用。

酥脆瓦片

84g 去味椰子油
120g 轉化糖
80g 細砂糖
100g T55 麵粉
16g 礦泉水

以溫度計或電子探針輔助，在 30-35°C 下融化去味椰子油。在裝了葉片型攪拌頭的桌上型攪拌機鋼盆中，依序混合所有食材（或在調理碗中用刮刀混勻），並在室溫下靜置 30 分鐘後，即刻使用。在鋪了不沾矽膠墊的烤盤上，放上一個葉片花紋的矽膠模具，均勻鋪上瓦片麵糊。在開啟旋風功能的烤箱中，以 160°C 烘烤約 5 分鐘。將模具翻轉在不沾矽膠墊上並小心脫模。放入密封容器中，置於乾燥處保存。瓦片可保存數天。

擺盤

適量糖漬柚子皮

用裝了 12 號擠花嘴的擠花袋，將 30g 柔滑榛果奶餡在盤子中央擠出螺旋形。用未裝擠花嘴的擠花袋，擠入數點高知柚子果泥，加入酥脆榛果帕林內方塊、榛果酥粒和糖漬柚子皮。在中央放上一球柚子雪酪，然後在雪酪上方稍微偏移中心的地方，蓋上瓦片。立即享用。

杏仁香草千層派
Millefeuille Amande & Vanille

作為法式糕點的經典之作,千層派當然少不了純植物版本。此處使用杏仁香草奶餡搭配酥脆派皮,使口味保持簡單明瞭。

王李娜

分量:11 份單人份千層派

製作時間
6 小時
靜置時間
6 小時
烘烤與烹煮時間
45 分鐘

反轉折疊派皮

1) 人造奶油麵粉層

　　375g 折疊用人造奶油
　　150g T45 麵粉

2) 基本揉合麵團

　　150g 礦泉水
　　2.5g 白醋
　　17.5g 葛宏德鹽之花
　　350g T45 麵粉
　　115g 折疊用人造奶油

1) 在裝了葉片型攪拌頭的桌上型攪拌機鋼盆中,攪打人造奶油使其軟化。加入預先過篩的麵粉,混合均勻,盡可能讓攪拌次數越少越好。在一張烘焙紙上擀成長方形,蓋上第二張烘焙紙,冷藏 1 小時。

2) 以微波爐軟化人造奶油,使其呈膏狀。在裝了鉤型攪拌頭的桌上型攪拌機鋼盆中,混合所有食材。將麵團在鋪了烘焙紙的烤盤上壓成正方形,以保鮮膜包覆,在冰箱中靜置 1 小時。

將基本揉合麵團包入人造奶油麵粉層中,兩者需軟硬質地相同。將麵團縱向擀開,進行兩次雙折[69],每次折疊間需將麵團放入冰箱中靜置鬆弛 2 小時。然後在擀製切分前再進行一次單折[70]。兩次雙折後的派皮可以在冰箱中保存數天。

擀製反轉折疊派皮

在撒了少許麵粉的工作檯面上，將反轉折疊派皮擀成約 2mm 厚，以叉子在上面扎孔，然後切成烤盤的尺寸。將一張烘焙紙放在烤盤上，然後攤上反轉折疊派皮。將烤盤放入冰箱：麵團必須靜置鬆弛至少 2 小時，才能在烘烤時充分膨脹且不回縮。擀平後的反轉折疊派皮可以放入冷凍庫中保存備用。

焦糖化反轉折疊派皮

80g 細砂糖
50g 糖粉

將擀平的反轉折疊派皮放在鋪了烘焙紙的烤盤上。均勻地撒上 80g（一張 60x40cm 派皮分量）細砂糖，然後將其放入開啟旋風功能的 230°C 烤箱中。立即降溫至 190°C，讓派皮烘烤 10 分鐘，然後壓上一個不鏽鋼網架，防止其過度膨脹，繼續烘烤 10 分鐘。在不鏽鋼網架上再加上一個烤盤，輕輕按壓，然後繼續烘烤 10 分鐘。將派皮從烤箱中取出，移開網架和烤盤，以一張烘焙紙蓋住派皮，然後蓋上與第一個烤盤相同大小的第二個烤盤。牢牢固定兩個烤盤並上下翻轉。之前在底部的烤盤現在位於頂部，在工作檯面上，取下頂端在第一次烘烤時使用的烤盤和烘焙紙。

在派皮上均勻撒上糖粉，然後放入 250°C 的烤箱中完成烘烤。在持續數分鐘的烘烤過程中，糖粉會變黃，接著融化，最後焦糖化。從烤箱中取出派皮時，表面應光滑有光澤，底部則無光澤且酥脆。靜置冷卻。沿著焦糖化反轉折疊派皮的長邊，切出 3 條寬 11cm 的長條，以備組裝時使用。

注意：千萬不要將焦糖化反轉折疊派皮烤過頭，否則千層派會有苦味。

---

69 雙折（tour double），可將麵團分別由上往下、由下往上各折 1/4，在中央對齊後再對折，形成四層的平整麵團。
70 單折請參閱第 30 頁譯註。

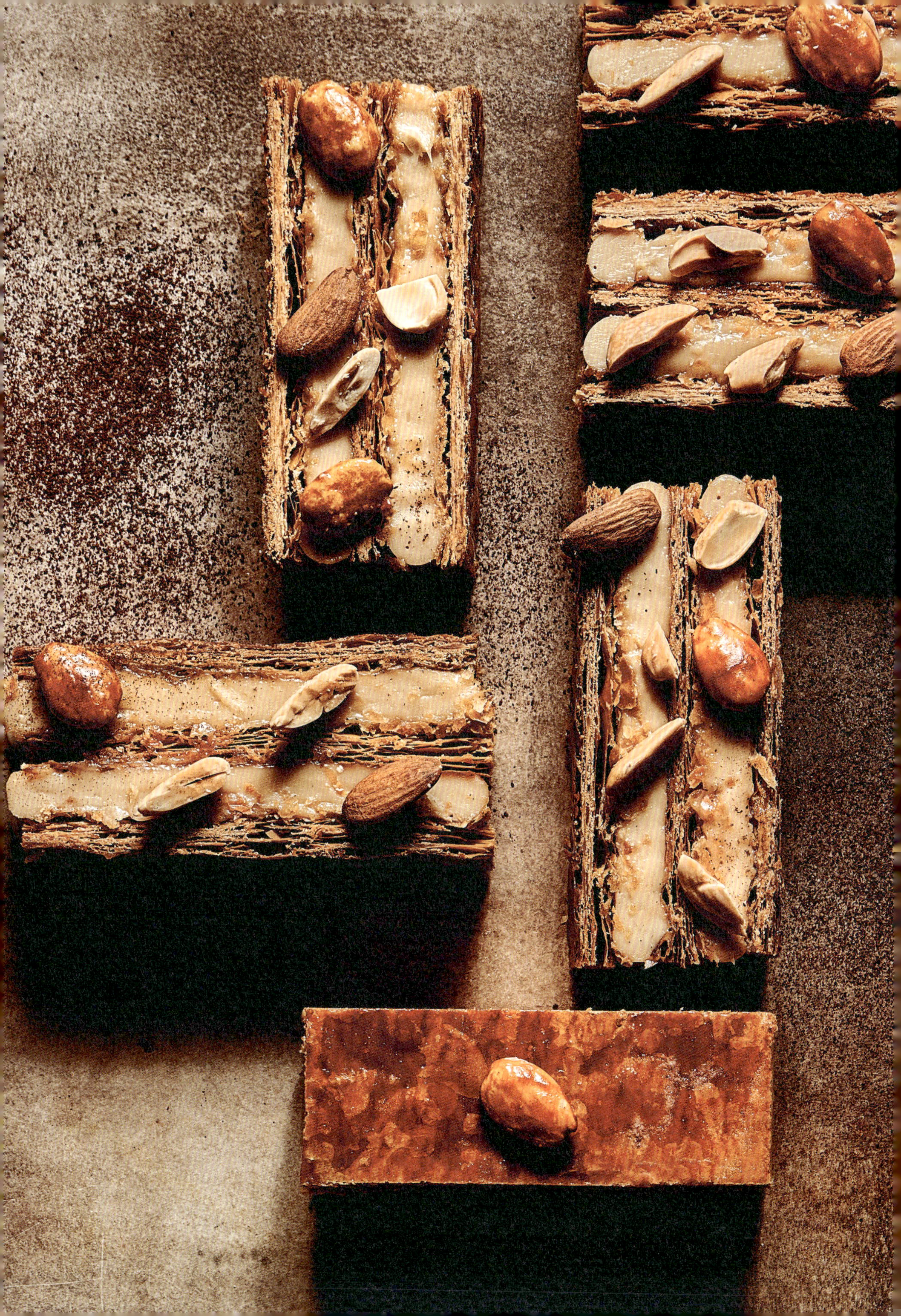

杏仁香草奶霜

220g 焙烤杏仁醬
290g 黃蔗糖
200g 去味椰子油
80g 玉米澱粉
6g 洋菜粉
3g 葛宏德鹽之花
500g 香草味豆漿

將豆漿、玉米澱粉、洋菜粉和黃蔗糖在單柄湯鍋中煮沸。以手持均質機趁熱將其與杏仁醬、鹽之花和去味椰子油一起乳化。放入冰箱中快速冷卻直至使用。

焦糖杏仁

70g 去皮杏仁
250g 細砂糖
75g 礦泉水

在鋪了烘焙紙的烤盤上鋪上杏仁，注意不要重疊。將它們放入開啟旋風功能的烤箱中，以 165°C 烘烤 15 分鐘。以溫度計或電子探針輔助，將水和糖在單柄湯鍋中煮至 118°C，然後倒入溫熱的杏仁，以小火翻炒至焦糖化。接著將其倒入鋪了不沾矽膠墊的烤盤上，邊翻動邊將杏仁彼此分開，使其冷卻。保存於密封容器中備用。

組裝

在烤盤上放上第一條焦糖化反轉折疊派皮，閃亮的焦糖面朝上。用裝了 14 號圓形擠花嘴的擠花袋，擠上一半的杏仁香草奶霜。放上第二條焦糖化反轉折疊派皮，然後擠上剩餘的奶霜。最後放上第三條焦糖化反轉折疊派皮並輕輕按壓。放入冰箱靜置定型後，切成相同大小的 11 塊。

完工

在每個千層派上放一粒焦糖杏仁。享用前於冰箱冷藏。

2000 層派
2000 Feuilles

這款 2000 層派的純植物版本，必須傳達強烈的愉悅感。榛果帕林內的濃郁風味和反轉折疊派皮的酥脆，讓人忘記其中沒有奶油，並且創造出一個能夠品味 2000 種感覺的時刻。

皮耶・艾曼

分量：11 份單人份 2000 層派

製作時間
6 小時
靜置時間
6 小時
烘烤與烹煮時間
45 分鐘

反轉折疊派皮

1) 人造奶油麵粉層
- 375g 折疊用人造奶油
- 150g T45 麵粉

2) 基本揉合麵團
- 150g 礦泉水
- 2.5g 白醋
- 17.5g 葛宏德鹽之花
- 350g T45 麵粉
- 115g 折疊用人造奶油

1) 在裝了葉片型攪拌頭的桌上型攪拌機鋼盆中，攪打人造奶油使其軟化。加入預先過篩的麵粉，混合均勻，盡可能讓攪拌次數越少越好。在一張烘焙紙上擀成長方形，蓋上第二張烘焙紙，冷藏 1 小時。

2) 以微波爐軟化人造奶油，使其呈膏狀。在裝了鉤型攪拌頭的桌上型攪拌機鋼盆中，混合所有食材。將麵團在鋪了烘焙紙的烤盤上壓成正方形，以保鮮膜包覆，在冰箱中靜置 1 小時。

將基本揉合麵團包入人造奶油麵粉層中，兩者需軟硬質地相同。將麵團縱向擀開，進行兩次雙折，每次折疊間需將麵團放入冰箱中靜置鬆弛 2 小時。然後在擀製切分前再進行一次單折。兩次雙折後的派皮可以在冰箱中保存數天。

擀製反轉折疊派皮

在撒了少許麵粉的工作檯面上，將反轉折疊派皮擀成約 2mm 厚，以叉子在上面扎孔，然後切成烤盤的尺寸。將一張烘焙紙放在烤盤上，然後攤上反轉折疊派皮。將烤盤放入冰箱：麵團必須靜置鬆弛至少 2 小時，才能在烘烤時充分膨脹且不回縮。擀平後的反轉折疊派皮可以放入冷凍庫中保存備用。

焦糖化反轉折疊派皮

80g 細砂糖

50g 糖粉

將擀平的反轉折疊派皮放在鋪了烘焙紙的烤盤上。均勻地撒上 80g（一張 60x40cm 派皮分量）細砂糖，然後將其放入開啟旋風功能的 230°C 烤箱中。立即降溫至 190°C，讓派皮烘烤 10 分鐘，然後壓上一個不鏽鋼網架，防止其過度膨脹，繼續烘烤 10 分鐘。在不鏽鋼網架上再加上一個烤盤，輕輕按壓，然後繼續烘烤 10 分鐘。將派皮從烤箱中取出，移走網架和烤盤，以一張烘焙紙蓋住派皮，然後蓋上與第一個烤盤相同大小的第二個烤盤。牢牢固定兩個烤盤並上下翻轉。之前在底部的烤盤現在位於頂部，在工作檯面上，取下頂端在第一次烘烤時使用的烤盤和烘焙紙。

在派皮上均勻撒上糖粉，然後放入 250°C 的烤箱中完成烘烤。在持續數分鐘的烘烤過程中，糖粉會變黃，接著融化，最後焦糖化。從烤箱中取出派皮時，表面應光滑有光澤，底部則無光澤且酥脆。靜置冷卻。沿著焦糖化反轉折疊派皮的長邊，切出 3 條寬 11cm 的長條，以備組裝時使用。

注意：千萬不要將焦糖化反轉折疊派皮烤過頭，否則千層派會有苦味。

焙烤皮埃蒙榛果碎

100g 皮埃蒙帶皮生榛果

在鋪了烘焙紙的烤盤上鋪上榛果,注意不要重疊。將它們放入開啟旋風功能的烤箱中,以 165°C 烘烤 15 分鐘。將榛果放在粗網目的篩網或漏勺上晃動,以去除外皮。以刀子在砧板上將其大致壓碎,即刻使用,或放入密封容器中於室溫下保存。

焦糖米香

50g 細砂糖
20g 礦泉水
40g 膨化米

以溫度計或電子探針輔助,將糖和水在單柄湯鍋中煮至 118°C。將膨化米(需預先在 150°C 烤箱中加熱 5 分鐘)加入熱糖漿中,翻炒至反砂結晶,然後使其焦糖化。攤平在鋪了不沾矽膠墊的烤盤上冷卻。

酥脆榛果帕林內

60g 榛果帕林內(60-65% 榛果)
180g 純焙烤榛果膏(100% 榛果)
75g 杏仁奶巧克力
(法芙娜阿瑪蒂卡 [Amatika] 46%)
85g 焦糖米香
25g 人造奶油或去味椰子油
85g 焙烤皮埃蒙榛果碎

將巧克力和人造奶油以隔水加熱方式,在 45°C 下融化。混合榛果帕林內和純榛果膏,然後將其加入巧克力和人造奶油混合物中。加入略略切碎的焦糖米香和焙烤皮埃蒙榛果碎。在鋪了一張烘焙紙的不鏽鋼烤盤上,將酥脆榛果帕林內攤平成 25x22cm,然後放入冰箱中定型。切成 2 條 25x11cm 的長條。以保鮮膜覆蓋,儲存於冷凍庫中備用。

甜點奶餡

135g 燕麥奶
16g 玉米澱粉
26g 細砂糖
35g 人造奶油

玉米澱粉過篩。將燕麥奶與 1/3 的糖在單柄湯鍋中一起煮沸。混合玉米澱粉與剩餘的糖,接著將其溶解於半量的燕麥奶糖液中,然後將其混拌入剩餘的燕麥奶糖液中。煮沸,同時以打蛋器劇烈攪拌。離火後加入人造奶油,混合後冷卻。保存於冰箱中備用。

義大利蛋白霜

150g 礦泉水
10g 豌豆蛋白
0.25g 玉米糖膠
235g 細砂糖

以手持均質機均質 105g 礦泉水、豌豆蛋白和玉米糖膠。在冰箱中靜置 20 分鐘，然後將混合物放入裝了球型攪拌頭的桌上型攪拌機鋼盆中，以中速打發。以溫度計或電子探針輔助，將剩餘的水和糖在單柄湯鍋中煮至 121°C。將煮好的糖漿以流線方式淋在打發的混合物上。以相同速度持續攪打至冷卻。

注意：蛋白霜一旦冷卻，最好繼續低速攪打而非靜置使其凝固，這樣質地與維持度都會更好。

帕林內奶餡

345g 冰涼義大利蛋白霜
（即上述食譜水分蒸發後）
375g 人造奶油
100g 榛果帕林內（60-65% 榛果）
80g 純焙烤榛果膏（100% 榛果）

於裝了球型攪拌頭的桌上型攪拌機鋼盆中打發室溫人造奶油，然後手動混拌入義大利蛋白霜。繼續打發使其輕盈蓬鬆，並賦予柔滑濃稠的質地。奶餡變得均勻柔滑時，加入帕林內與純榛果膏，混合均勻後即刻使用。

帕林內慕斯林奶餡

175g 植物性鮮奶油
（油脂含量 31%）
160g 甜點奶餡
835g 帕林內奶餡

在裝了球型攪拌頭的桌上型攪拌機鋼盆中，打發植物性鮮奶油。在調理盆中，以打蛋器將甜點奶餡攪打滑順。在裝了球型攪拌頭的桌上型攪拌機鋼盆中，打發冰涼的帕林內奶餡，使其質地輕盈且柔滑濃稠。當帕林內奶餡均勻柔滑時，加入甜點奶餡，稍微攪打幾下混拌均勻。以矽膠刮刀輕輕混拌入打發植物性鮮奶油並即刻使用。

焦糖皮埃蒙榛果

70g 皮埃蒙帶皮生榛果
250g 細砂糖
75g 礦泉水

在鋪了烘焙紙的烤盤上鋪上榛果，注意不要重疊。放入開啟旋風功能的烤箱中以 165°C 烘烤 15 分鐘。將榛果放在粗網目的篩網或漏勺上晃動，以去除外皮。以溫度計或電子探針輔助，將水和糖在單柄湯鍋中煮至 118°C，然後加入焙烤後的溫熱榛果，以小火將全體焦糖化。然後將焦糖榛果倒在鋪了不沾矽膠墊的烤盤上，邊翻動邊將杏仁彼此分開，使其冷卻。保存於密封容器中備用。

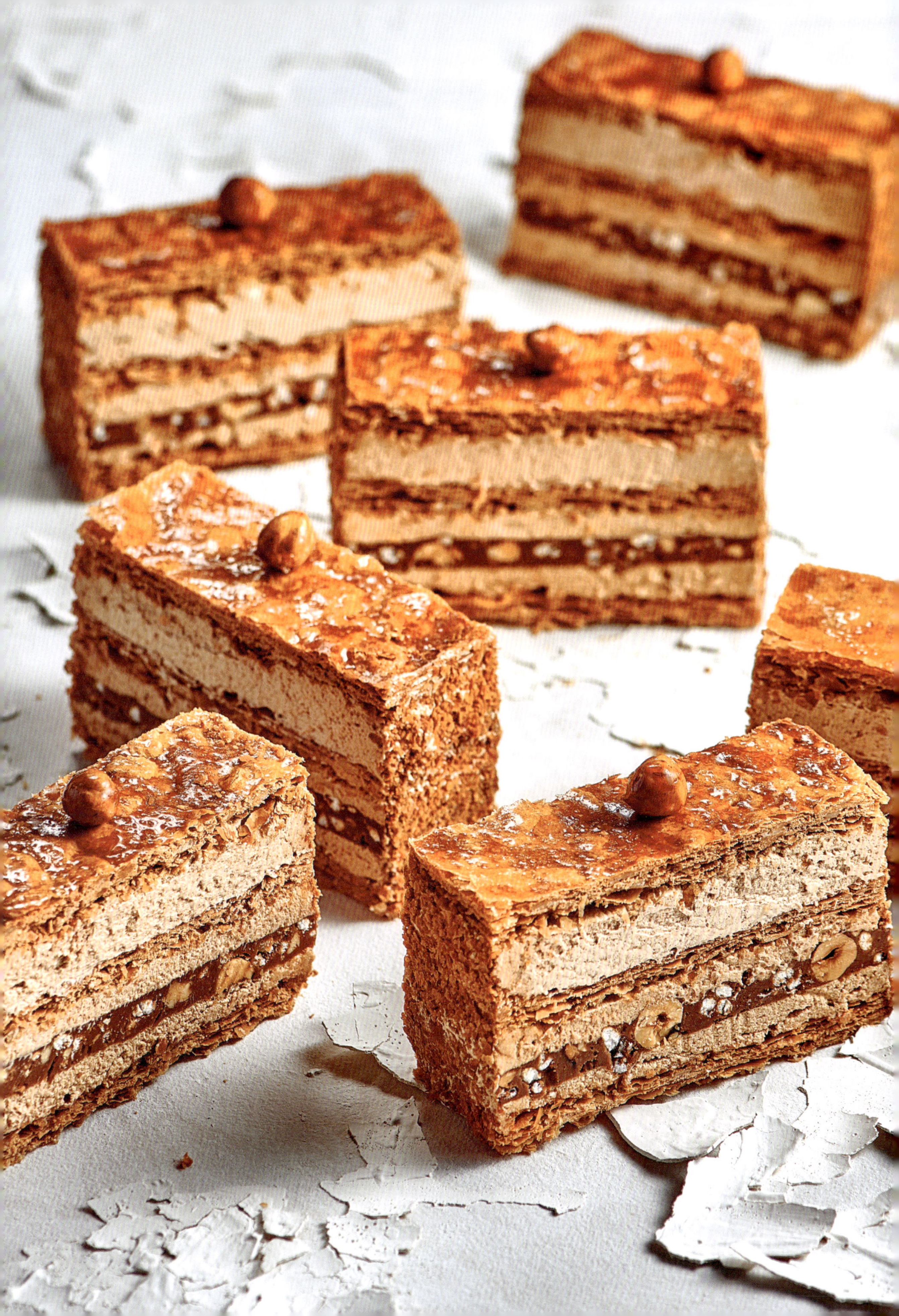

組裝
適量焦糖化反轉折疊派皮碎片

在烤盤上放上第一條焦糖化反轉折疊派皮,閃亮的焦糖面朝上。用裝了 14 號圓形擠花嘴的擠花袋,擠上 250g 的帕林內慕斯林奶餡。放上酥脆榛果帕林內長條,再次擠上 250g 的帕林內慕斯林奶餡。放上第二條焦糖化反轉折疊派皮,然後擠上 500g 帕林內慕斯林奶餡。最後放上第三條焦糖化反轉折疊派皮並輕輕按壓。將邊緣的奶餡抹平,沾上焦糖化反轉折疊派皮碎片,放入冰箱靜置定型,並切成相同大小的 11 塊。

完工
在每個 2000 層派上放一粒焦糖榛果。享用前於冰箱冷藏。

注意:反轉折疊派皮的優點是更酥脆、更化口,烘烤時較不容易回縮,未烘烤的麵團冷凍也能保存得更好。

無限巧克力千層派
Millefeuille Infiniment Chocolat

在沒有雞蛋和奶油時，巧克力能以非常純粹的方式展現其香氣。結合酥脆的反轉折疊派皮，我感受到一個極美味千層派帶來的愉悅。

皮耶‧艾曼

分量：11 份單人份千層派

製作時間
6 小時
靜置時間
12 小時
烘烤與烹煮時間
45 分鐘

黑巧克力香緹（前日準備）
670g 燕麥奶
400g 黑巧克力
（法芙娜 Ampamakia 64%）

將黑巧克力切碎。將燕麥奶於單柄湯鍋中煮沸，接著倒在切碎的巧克力上。從中央開始混合，一邊攪拌一邊向外擴大攪拌範圍。以手持均質機均質。倒入焗烤盤中，以保鮮膜貼緊表面，放入冰箱冷卻凝固約 12 小時後再使用。

反轉折疊派皮

1) 人造奶油麵粉層
- 375g 折疊用人造奶油
- 150g T45 麵粉

2) 基本揉合麵團
- 150g 礦泉水
- 2.5g 白醋
- 17.5g 葛宏德鹽之花
- 350g T45 麵粉
- 115g 折疊用人造奶油

1) 在裝了葉片型攪拌頭的桌上型攪拌機鋼盆中，攪打人造奶油使其軟化。加入預先過篩的麵粉，混合均勻，盡可能讓攪拌次數越少越好。在一張烘焙紙上擀成長方形，蓋上第二張烘焙紙，冷藏1小時。

2) 以微波爐軟化人造奶油，使其呈膏狀。在裝了鉤型攪拌頭的桌上型攪拌機鋼盆中，混合所有食材。將麵團在鋪了烘焙紙的烤盤上壓成正方形，以保鮮膜包覆，在冰箱中靜置1小時。

將基本揉合麵團包入人造奶油麵粉層中，兩者需軟硬質地相同。將麵團縱向擀開，進行兩次雙折，每次折疊間需將麵團放入冰箱中靜置鬆弛2小時。然後在擀製切分前再進行一次單折。兩次雙折後的派皮可以在冰箱中保存數天。

擀製反轉折疊派皮

在撒了少許麵粉的工作檯面上，將反轉折疊派皮擀成約2mm厚，以叉子在上面扎孔，然後切成烤盤的尺寸。將一張烘焙紙放在烤盤上，然後攤上反轉折疊派皮麵團。將烤盤放入冰箱：麵團必須靜置鬆弛至少2小時，才能在烘烤時充分膨脹且不回縮。擀平後的反轉折疊派皮麵團可以放入冷凍庫中保存備用。

焦糖化反轉折疊派皮
- 80g 細砂糖
- 50g 糖粉

將擀平的反轉折疊派皮放在鋪了烘焙紙的烤盤上。均勻地撒上80g（一張60x40cm派皮分量）細砂糖，然後將其放入開啟旋風功能的230°C烤箱中。立即降溫至190°C，讓派皮烘烤10分鐘，然後壓上一個不鏽鋼網架，防止其過度膨脹，繼續烘烤10分鐘。在不鏽鋼網架上再加上一個烤盤，輕輕按壓，然後繼續烘烤10分鐘。將派皮從烤箱中取出，移走網架和烤盤，以一張烘焙紙蓋住派皮，然後蓋上與第一個烤盤相同大小的第二個烤盤。牢牢固定兩個烤盤並上下翻轉。之前在底部的烤盤現在位於頂部，在工作檯面上，取下頂端在第一次烘烤時使用的烤盤和烘焙紙。在派皮上均勻撒上糖粉，然後將其放入250°C的烤箱中完成烘烤。在持續數分鐘的烘烤過程中，糖粉會變黃，接著融化，最後焦糖化。從烤箱中取出派皮時，表面應光滑有光澤，底部則無光澤且酥脆。靜置冷卻。

沿著焦糖化反轉折疊派皮的長邊，切出 3 條寬 11cm 的長條，接著將 3 長條分別切成 11 片寬 2.5cm 的長方形，以備組裝時使用。

注意：千萬不要將焦糖化反轉折疊派皮烤過頭，否則千層派會有苦味。

酥脆可可碎粒

64g 去味椰子油
576g 杏仁帕林內（60% 杏仁）
144g 特濃可可膏
（法芙娜 100% 可可膏）
120g 可可碎粒（法芙娜）

以溫度計或電子探針輔助，將去味椰子油和特濃可可膏放入調理盆中，以隔水加熱方式，在 45°C 下融化。加入杏仁帕林內並混合，接著加入可可碎粒並混合。在鋪了塑膠片的不鏽鋼烤盤上，攤上酥脆可可碎粒。放入冰箱冷藏 1 小時。切分成數條 11x2.5cm 的長方形。放入冰箱或冷凍庫中保存備用。

鹽之花黑巧克力片

500g 黑巧克力（法芙娜 64%）
9g 葛宏德鹽之花

以擀麵杖將鹽之花結晶顆粒壓碎，然後以中或細網目篩網過篩，留下最細的顆粒。調溫黑巧克力，以保持其光澤度、柔滑與穩定性。將巧克力以鋸齒刀切碎，放入碗中，再放至單柄湯鍋中隔水加熱融化。以木匙輕輕攪拌，直到升溫至 50-55°C。將巧克力碗從單柄湯鍋中取出，放入另一個裝有水和 4、5 個冰塊的碗內。由於巧克力會開始在碗壁凝固，需不時攪拌，保持融化狀態。一旦降溫至 27-28°C，便將巧克力碗放回裝了熱水的單柄湯鍋中，同時監控溫度，溫度應落在 31-32°C 之間。此時巧克力已調溫完成。混拌入鹽之花。

在一張塑膠片上，將調溫後的鹽之花巧克力薄薄地鋪開，厚度約 1mm。蓋上第二張塑膠片並壓上重物，以防止巧克力結晶時變形。放入冰箱並讓其結晶數小時。以刀和砧板將一半的鹽之花黑巧克力切成約 0.5-1cm 的碎片，然後放入密封容器中，於冰箱冷藏保存至組裝時使用。另一半的鹽之花黑巧克力將用於裝飾千層派時使用。

組裝

在裝了球型攪拌頭的桌上型攪拌機鋼盆中,打發黑巧克力香緹鮮奶油。將 11 片長方形的焦糖化反轉折疊派皮放在烤盤上,閃亮的焦糖面朝下。用裝了 12 號圓形擠花嘴的擠花袋,將黑巧克力香緹鮮奶油在上方擠出數球,並撒上鹽之花黑巧克力碎片。放上第二層焦糖化反轉折疊派皮,方向相同(焦糖面朝下),再次擠上黑巧克力香緹鮮奶油球。最後,放上第三層焦糖化反轉折疊派皮,焦糖面朝上。

將千層派切面朝上放在盤中,並在整個表面撒上鹽之花黑巧克力碎片。用裝了 20 號聖多諾黑擠花嘴的擠花袋,將黑巧克力香緹鮮奶油以 Z 字形擠在千層派整個表面上。最後放上 3 大片鹽之花黑巧克力片作裝飾,立即享用。

注意:反轉折疊派皮的優點是更酥脆、更化口,烘烤時較不容易回縮,未烘烤的麵團冷凍也能保存得更好。

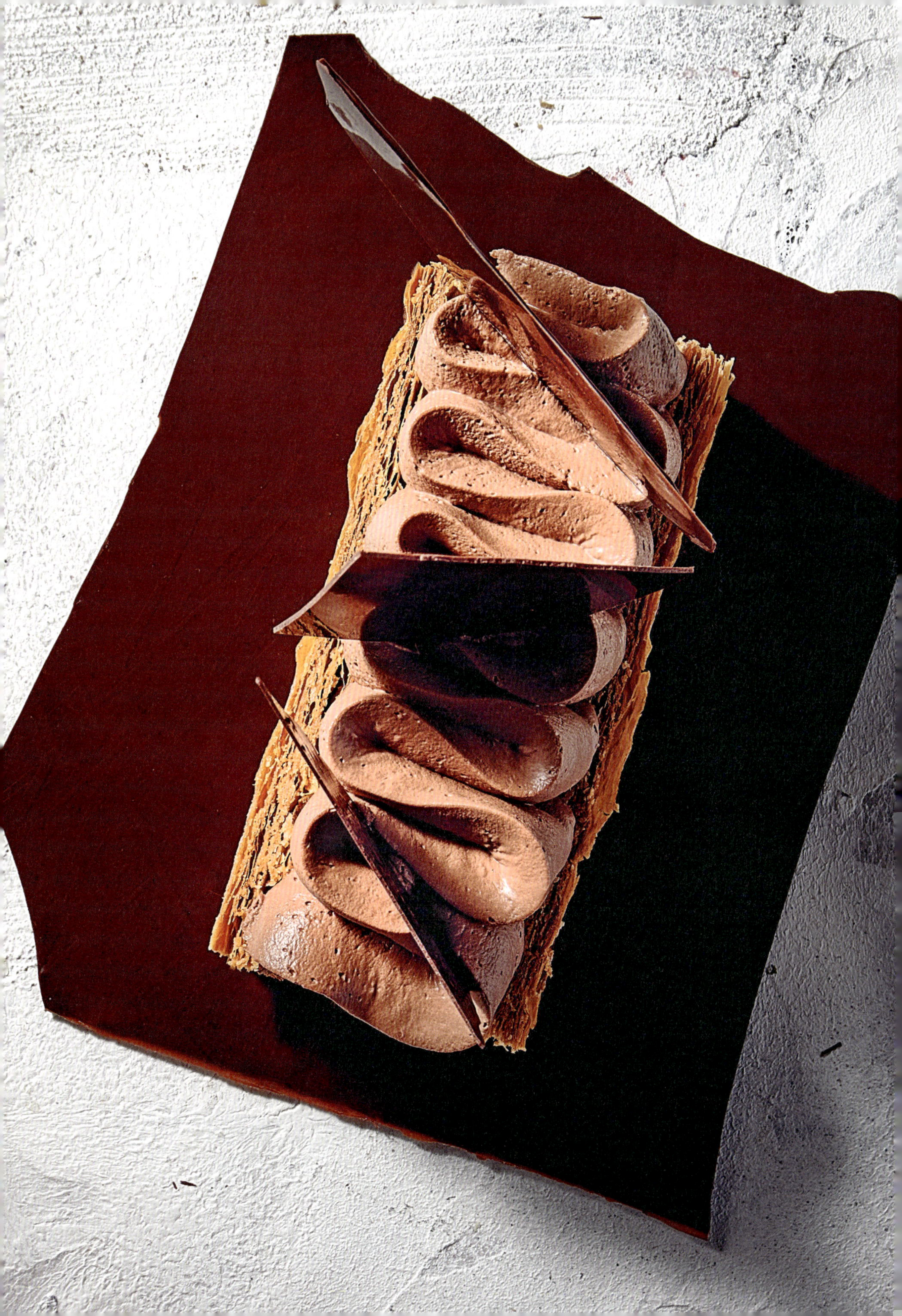

無限杏仁義式奶酪
Panna Cotta Infiniment Amande

對我來說，這款杏仁奶酪堪稱是一個味道清晰的典範。它在純植物領域中顯而易見地榜上有名。其外觀簡潔，但口味和質地之間形成完美和諧，充分展現了杏仁的每個面向。本食譜裡摩洛哥杏仁醬（amlou）中所含的蜂蜜，是這款甜點最突出的亮點。

皮耶・艾曼

分量：10 份甜點

製作時間
3 小時
靜置時間
6 小時
烘烤與烹煮時間
73 分鐘

焙烤杏仁浸漬杏仁奶
2.1kg 杏仁奶
840g 焙烤帶皮生杏仁

在鋪了烘焙紙的烤盤上鋪上杏仁，注意不要重疊。將它們放入開啟旋風功能的烤箱中，以 170°C 烘烤 15 分鐘。以砧板和單柄湯鍋輔助，大略壓碎烤杏仁。將杏仁奶和杏仁在單柄湯鍋中煮沸，然後以手持均質機或食物調理機盡可能研磨打碎。加蓋浸泡 20 分鐘後過濾。即刻使用。

注意：它將用來製作義式杏仁奶酪餡和杏仁冰沙。

義式杏仁奶酪餡

800g 焙烤杏仁浸漬杏仁奶
60g 細砂糖
200g 去皮杏仁醬
1.86g 鹿角菜膠

將焙烤杏仁浸漬杏仁奶放入單柄湯鍋中，加入糖、杏仁醬和鹿角菜膠，均質成為均勻混合液。以溫度計或電子探針輔助，加熱至 65°C。立即使用。在鋪了不沾矽膠墊的烤盤上，放上 10 個直徑 8cm、高 2cm 的不鏽鋼圈，以塑膠片在內部圍邊，倒入 85g 義式杏仁奶酪餡。放入冰箱靜置冷卻。

注意：這種奶酪餡不能冷凍！將其置於冰箱冷卻成型即可，在冰箱中冷藏可保存 3 天。

杏仁冰沙

150g 焙烤杏仁浸漬杏仁奶
400g 礦泉水
105g 細砂糖

將所有食材一起煮沸並以手持均質機均質。倒入不鏽鋼方形容器中，並在冰箱靜置冷卻 4 小時。接著放入冷凍庫，每 10 分鐘攪拌一次，使其成為粗粒冰沙。當冰沙整體結凍後，立即放入密封容器中，於冷凍庫保存。

自製摩洛哥杏仁醬

400g 帶皮生杏仁
0.5g 葛宏德鹽之花
40g 摩洛哥堅果油
（huile vierge d'argan）
8g 橙花蜜或百花蜜

在鋪了烘焙紙的烤盤上鋪上帶皮生杏仁，注意不要重疊。將它們放入開啟旋風功能的烤箱中，以 160°C 烘烤 35 分鐘後靜置冷卻。以食物調理機，將杏仁研磨成糊狀。然後加入鹽之花，並以流線方式加入蜂蜜和摩洛哥堅果油。混勻後即刻使用，或放入密封容器中，於冰箱冷藏備用。

焦糖杏仁碎

125g 細砂糖
40g 礦泉水
300g 去皮杏仁
5g 可可脂（法芙娜）

在鋪了烘焙紙的烤盤上鋪上杏仁，注意不要重疊。將它們放入開啟旋風功能的烤箱中，以 170°C 烘烤 15 分鐘後靜置冷卻。以溫度計或電子探針輔助，將水和糖在單柄湯鍋中煮至 118°C，然後倒入焙烤過的杏仁，翻炒至反砂結晶，然後焦糖化。杏仁焦糖化後，加入可可脂，然後將其倒入鋪了不沾矽膠墊的烤盤上，盡可能地平鋪開使其冷卻。將它們大致壓碎並即刻使用。

注意：須待焦糖杏仁冷卻後再壓碎。

焦糖菲洛薄派皮（pâte filo）

6 片菲洛薄派皮
適量人造奶油
適量糖粉

在一張烘焙紙上放上第一片菲洛薄派皮，刷上融化的人造奶油，撒上糖粉，在上方放上第二片菲洛薄派皮。切出數片直徑 4cm 的圓片。重複操作三次，以得到 100 片菲洛薄派皮圓片。將菲洛薄派皮圓片放在鋪了不沾矽膠墊的烤盤上，上方壓上一張不沾矽膠墊和一個烤盤。在開啟旋風功能的烤箱中，以 170°C 烘烤約 8 分鐘。靜置冷卻，放入密封容器中備用。

注意：不要放太多人造奶油或糖，否則烘烤時所有派皮都會黏在一起，派皮底部也不會酥脆。

擺盤

在一個極冰涼的深盤中，用未裝擠花嘴的擠花袋擠入摩洛哥杏仁醬，注意擠在正中央。將義式杏仁奶酪餡圓片放在上方，周圍放上杏仁冰沙。在奶酪上放 10 片焦糖菲洛薄派皮。中央放上 3 片半顆焦糖杏仁，立即享用。

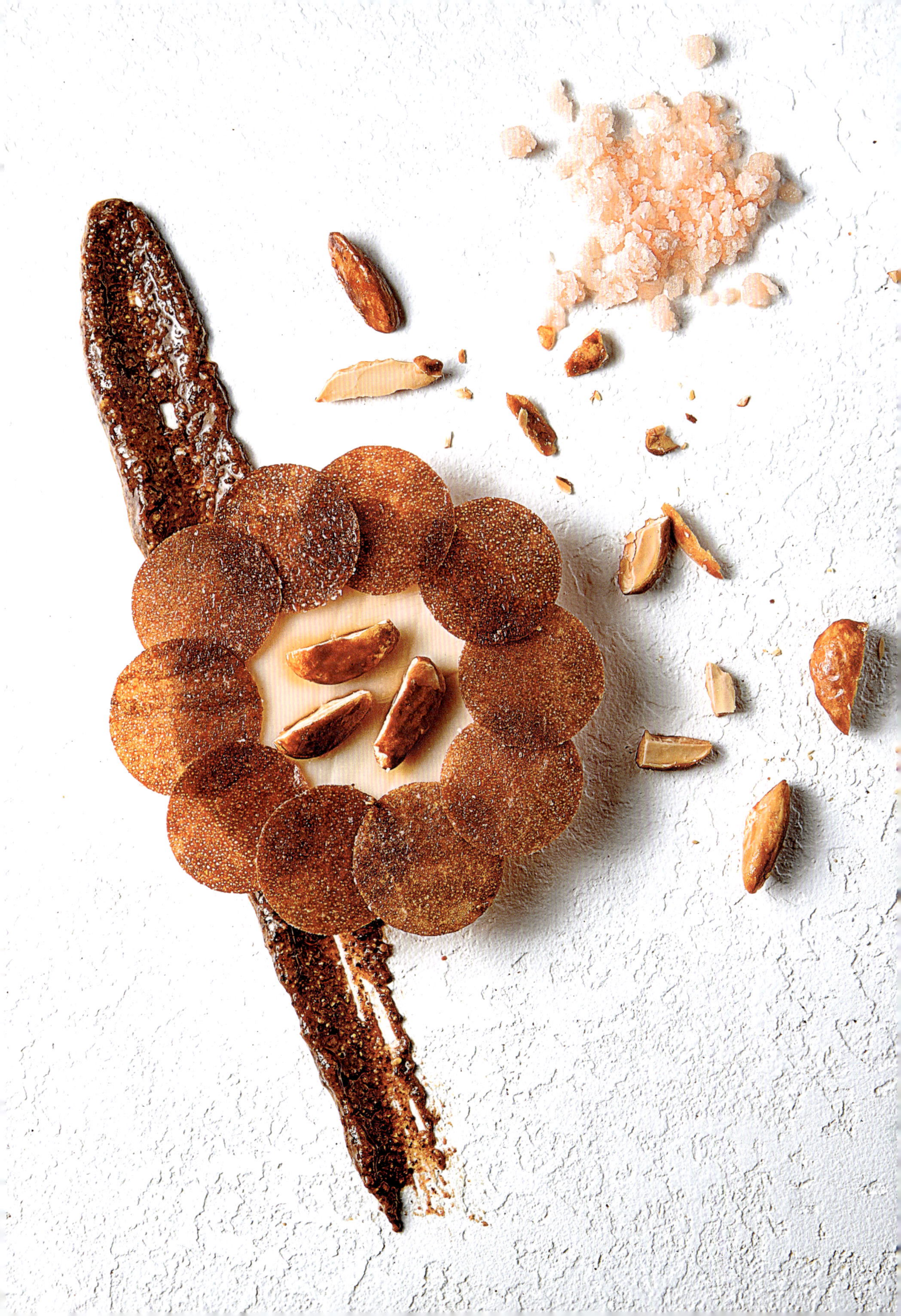

Index des produits
索 引

植物性奶類

植物奶（Boisson végétale）

2000 層派 233
之間——菲莉希雅 204
厄瓜多單一產地巧克力風味、質地與溫度研究 220
厄瓜多單一產地無限巧克力塔 87
可頌麵包 29
四喜蛋糕 60
巧克力熔岩蛋糕 63
巧克力熔岩蒸蛋糕 76
巧克力慕斯 105
巧克力蕎麥塔 82
布列塔尼酥餅 66
弗洛迷你杏仁布丁塔 70
伊斯法罕巴巴 158
伊斯法罕可頌 32
百香果芒果多層蛋糕 133
米蓮娜冰淇淋 175
肉桂布里歐許麵包捲 22
西洋梨焦糖魔法蛋糕 73
杏仁可頌 36
杏仁香草千層派 229
杏仁費南雪 58
沙漠玫瑰馬卡龍 194
沙漠玫瑰塔 101
究極長條蛋糕 50
芒果椰奶米布丁漂浮島 213
松露巧克力 116
法式草莓蛋糕 154
阿特拉斯花園巴巴 149
皇家帕林內巧克力蛋糕 92
香草與焦糖布里歐許法式吐司 216
草莓長條蛋糕 55
無限巧克力千層派 239
無限巧克力馬卡龍 180
無限杏仁義式奶酪 244
無限柚子馬卡龍 184
無限胡桃塔 128
無限馬達加斯加香草冰淇淋 170
無限椰子冰淇淋 164
無限榛果帕林內冰淇淋 166
開心果巧克力麵包 40
黑醋栗之花多層蛋糕 96
漂浮島 210
維多利亞帕芙洛娃 145
覆盆子多層蛋糕 137

植物性優格（Yaourt végétal）

西洋梨焦糖魔法蛋糕 73

植物性鮮奶油（Crème végétale）

2000 層派 233
香草與焦糖布里歐許法式吐司 216
無限胡桃塔 128

可可類

可可脂（Beurre de cacao）

之間——菲莉希雅 204
厄瓜多單一產地無限巧克力塔 87
巴布卡麵包 26
巧克力熔岩蛋糕 63
巧克力熔岩蒸蛋糕 76
巧克力蕎麥塔 82
布里歐許麵包 18
弗洛迷你杏仁布丁塔 70
百香果芒果多層蛋糕 133
西洋梨焦糖魔法蛋糕 73
肉桂布里歐許麵包捲 22
杏仁咖哩帕林內夾心巧克力 112
沙漠玫瑰塔 101
南瓜籽杏仁札塔帕林內夾心巧克力 108
皇家帕林內巧克力蛋糕 92
香草與焦糖布里歐許法式吐司 216
烏瑞亞盤式甜點 225
無限杏仁義式奶酪 244

無限柚子塔 124
無限胡桃塔 128
擠花餅乾 68
覆盆子多層蛋糕 137
魔法花園塔 120

可可（Cacao）
厄瓜多單一產地巧克力風味、質地與溫度研究 220
厄瓜多單一產地無限巧克力塔 87
巧克力熔岩蛋糕 63
巧克力熔岩蒸蛋糕 76
巧克力蕎麥塔 82
究極長條蛋糕 50
松露巧克力 116
皇家帕林內巧克力蛋糕 92
無限巧克力千層派 239
無限巧克力馬卡龍 180
黑醋栗之花多層蛋糕 96

黑巧克力（Chocolat noir）
厄瓜多單一產地巧克力風味、質地與溫度研究 220
厄瓜多單一產地無限巧克力塔 87
巧克力熔岩蛋糕 63
巧克力熔岩蒸蛋糕 76
巧克力慕斯 105
巧克力蕎麥塔 82
杏仁咖哩帕林內夾心巧克力 112
究極長條蛋糕 50
松露巧克力 116
南瓜籽杏仁札塔帕林內夾心巧克力 108
皇家帕林內巧克力蛋糕 92
無限巧克力千層派 239
無限巧克力馬卡龍 180
無限榛果帕林內馬卡龍 190
開心果巧克力麵包 40
黑醋栗之花多層蛋糕 96

擠花餅乾 68

白巧克力（Chocolat blanc）
究極長條蛋糕 50
法式草莓蛋糕 154

杏仁奶巧克力（Chocolat au lait）
杏仁咖哩帕林內夾心巧克力 112
沙漠玫瑰馬卡龍 194
沙漠玫瑰塔 101
烏瑞亞盤式甜點 225
無限胡桃馬卡龍 198

▎堅果・穀物類
杏仁（Amande）
厄瓜多單一產地無限巧克力塔 87
四喜蛋糕 60
巧克力熔岩蛋糕 63
巧克力蕎麥塔 82
布列塔尼酥餅 66
弗洛迷你杏仁布丁塔 70
伊斯法罕可頌 32
伊斯法罕馬卡龍多層蛋糕 141
百香果芒果多層蛋糕 133
西洋梨焦糖魔法蛋糕 73
杏仁可頌 36
杏仁咖哩帕林內夾心巧克力 112
杏仁香草千層派 229
杏仁費南雪 58
沙漠玫瑰馬卡龍 194
沙漠玫瑰塔 101
松露巧克力 116
法式草莓蛋糕 154
南瓜籽杏仁札塔帕林內夾心巧克力 108
無限巧克力千層派 239
無限巧克力馬卡龍 180
無限克萊蒙橙長條蛋糕 46
無限杏仁義式奶酪 244

無限玫瑰馬卡龍 187
無限柚子馬卡龍 184
無限柚子塔 124
無限胡桃馬卡龍 198
無限胡桃塔 128
無限榛果帕林內馬卡龍 190
開心果巧克力麵包 40
黑醋栗之花多層蛋糕 96
漂浮島 210
覆盆子多層蛋糕 137
魔法花園塔 120

榛果（Noisette）
2000 層派 233
之間——菲莉希雅 204
巧克力熔岩蒸蛋糕 76
杏仁可頌 36
皇家帕林內巧克力蛋糕 92
烏瑞亞雪酪 172
烏瑞亞盤式甜點 225
無限榛果帕林內冰淇淋 166
無限榛果帕林內馬卡龍 190

開心果（Pistache）
開心果巧克力麵包 40

核桃（Noix）
杏仁可頌 36

胡桃（Noix de pécan）
無限胡桃馬卡龍 198
無限胡桃塔 128

腰果（Noix de cajou）
漂浮島 210

種子（Graines）
巴布卡麵包 26

布里歐許麵包 18
肉桂布里歐許麵包捲 22
究極長條蛋糕 50
法式草莓蛋糕 154
南瓜籽杏仁札塔帕林內夾心巧克力 108
香草與焦糖布里歐許法式吐司 216
草莓長條蛋糕 55
黑醋栗之花多層蛋糕 96
覆盆子多層蛋糕 137

蕎麥（Blé noir）
巧克力蕎麥塔 82

燕麥片（Flocons d'avoine）
巴布卡麵包 26
布里歐許麵包 18
肉桂布里歐許麵包捲 22
香草與焦糖布里歐許法式吐司 216

膨化米（Riz soufflé）
2000 層派 233
之間——菲莉希雅 204
烏瑞亞盤式甜點 225

▎香草・香料・花卉類
香草（Vanille）
厄瓜多單一產地巧克力風味、質地與溫度研究 220
四喜蛋糕 60
巧克力熔岩蒸蛋糕 76
西洋梨焦糖魔法蛋糕 73
杏仁咖哩帕林內夾心巧克力 112
沙漠玫瑰馬卡龍 194
沙漠玫瑰塔 101
究極長條蛋糕 50
法式草莓蛋糕 154
香草與焦糖布里歐許法式吐司 216
烏瑞亞雪酪 172

無限胡桃馬卡龍 198
　　無限胡桃塔 128
　　無限馬達加斯加香草冰淇淋 170
　　無限榛果帕林內冰淇淋 166
　　無限榛果帕林內馬卡龍 190
　　漂浮島 210
　　維多利亞帕芙洛娃 145
　　擠花餅乾 68

肉桂（Cannelle）
　　肉桂布里歐許麵包捲 22

胡椒（Poivre）
　　厄瓜多單一產地巧克力風味、質地與溫度研究 220
　　黑醋栗之花多層蛋糕 96
　　維多利亞帕芙洛娃 145

艾斯佩雷辣椒（Piment d'Espelette）
　　魔法花園塔 120

札塔香料（Zaatar）
　　南瓜籽杏仁札塔帕林內夾心巧克力 108

孟買咖哩（Curry de Bombay）
　　杏仁咖哩帕林內夾心巧克力 112

芫荽（Coriandre）
　　維多利亞帕芙洛娃 145

薄荷（Menthe）
　　米蓮娜冰淇淋 175
　　維多利亞帕芙洛娃 145

玫瑰（Rose）
　　伊斯法罕巴巴 158
　　伊斯法罕可頌 32
　　伊斯法罕馬卡龍多層蛋糕 141
　　沙漠玫瑰馬卡龍 194
　　沙漠玫瑰塔 101
　　無限玫瑰馬卡龍 187

橙花（Fleur d'oranger）
　　阿特拉斯花園巴巴 149
　　香草與焦糖布里歐許法式吐司 216

水果類

檸檬（Citron）‧青檸（Citron vert）
　　阿特拉斯花園巴巴 149
　　之間──菲莉希雅 204
　　芒果椰奶米布丁漂浮島 213
　　法式草莓蛋糕 154
　　皇家帕林內巧克力蛋糕 92
　　烏瑞亞雪酪 172
　　烏瑞亞盤式甜點 225
　　草莓長條蛋糕 55
　　無限克萊蒙橙長條蛋糕 46
　　無限柚子馬卡龍 184
　　無限柚子塔 124
　　黑醋栗之花多層蛋糕 96
　　維多利亞帕芙洛娃 145
　　覆盆子多層蛋糕 137
　　魔法花園塔 120

柳橙（Orange）
　　阿特拉斯花園巴巴 149
　　維多利亞帕芙洛娃 145

克萊蒙橙（Clémentine）
　　無限克萊蒙橙長條蛋糕 46

柚子（Yuzu）
　　烏瑞亞雪酪 172
　　烏瑞亞盤式甜點 225
　　無限柚子馬卡龍 184
　　無限柚子塔 124

百香果（Fruit de la passion）
百香果芒果多層蛋糕 133

鳳梨（Ananas）
維多利亞帕芙洛娃 145

西洋梨（Poire）
西洋梨焦糖魔法蛋糕 73
四喜蛋糕 60

芒果（Mangue）
百香果芒果多層蛋糕 133
芒果椰奶米布丁漂浮島 213

荔枝（Litchi）
伊斯法罕巴巴 158
伊斯法罕可頌 32
伊斯法罕馬卡龍多層蛋糕 141

草莓（Fraise）
米蓮娜冰淇淋 175
法式草莓蛋糕 154
草莓長條蛋糕 55

覆盆子（Framboise）
伊斯法罕巴巴 158
伊斯法罕可頌 32
伊斯法罕馬卡龍多層蛋糕 141
米蓮娜冰淇淋 175
覆盆子多層蛋糕 137
魔法花園塔 120

黑醋栗（Cassis）
米蓮娜冰淇淋 175
黑醋栗之花多層蛋糕 96

紅醋栗（Groseille）
米蓮娜冰淇淋 175

黑醋栗之花多層蛋糕 96

椰子（Noix de coco）
芒果椰奶米布丁漂浮島 213
無限椰子冰淇淋 164
維多利亞帕芙洛娃 145

▍其他

蘭姆酒（Rhum）
巧克力熔岩蛋糕 63

楓糖漿（Sirop d'érable）
可頌麵包 29
伊斯法罕可頌 32
杏仁可頌 36
開心果巧克力麵包 40

蜂蜜（Miel）
阿特拉斯花園巴巴 149
無限杏仁義式奶酪 244

榛果抹醬（Pâte à tartiner）
巴布卡麵包 26

豆腐（Tofu）
究極長條蛋糕 50
草莓長條蛋糕 55

Yumgo Blanc 液態植物蛋白
巧克力慕斯 105
百香果芒果多層蛋糕 133
芒果椰奶米布丁漂浮島 213
皇家帕林內巧克力蛋糕 92
漂浮島 210
覆盆子多層蛋糕 137

Remerciements
致 謝

我要感謝我親愛的安・德巴希（Anne Debbasch）、米凱爾・馬索里耶（Mickael Marsollier）、楊・伊凡諾（Yann Evanno）以及其品牌研發部門的甜點師團隊——湯瑪・巴索雷（Thomas Bassoleil）、紀堯姆・薇歐列（Guillaume Violette）、法比安・艾莫利（Fabien Emery），以及卡洛琳・阿堤傑（Caroline Hattiger），感謝他們的默契與堅定不移的支持和每一日的合作。特別感謝曼儂・德胡威（Manon Derouet）在整個計畫中的支持和果敢。我謹向我的搭檔兼友人——攝影師羅蘭・佛（Laurent Fau）及才華橫溢的造型師莎拉・瓦斯吉（Sarah Vasseghi）致意，我們與他們共事多年，他們深知如何突出 Pierre Hermé Paris 品牌的創作與創新。最後，非常感謝王李娜和 Solar 出版社提議進行這項新計畫，也謝謝他們對此的貢獻。

皮耶・艾曼（Pierre Hermé）

我要感謝整個 Pierre Hermé Paris 品牌團隊的長期作業，以及我的編輯對這個專案的信心。非常感謝皮耶・艾曼先生同意與我一起參加這次冒險，並向我開啟他實驗室的大門。最後，特別感謝我的朋友魯道夫・朗德曼（Rodolphe Landemaine），他知道如何連結傳統技術與純植物創新，也要感謝他對我的專案和純植物烘焙願景的支持。

王李娜（Linda Vongdara）

與皮耶・艾曼一起工作非常幸運。有著能夠交流、傾聽和分享的默契時刻，這一切，我無限感謝皮耶・艾曼。也要感謝甜點師團隊的米凱爾・馬索里耶、楊・伊凡諾、曼儂・德胡威與湯瑪・巴索雷，謝謝他們的專業知識與友善。

安・德巴希（Anne Debbasch）

甜點教父
PIERRE
HERMÉ
純植物烘焙

台灣廣廈 國際出版集團
Taiwan Mansion International Group

國家圖書館出版品預行編目（CIP）資料

甜點教父Pierre Hermé純植物烘焙：法國傳奇糕點大師的零蛋奶、純素、無麩質創作！58款新式甜點配方與製作技法全書／皮耶．艾曼，王李娜著. -- 初版. -- 新北市：台灣廣廈，2025.10
256 面；19×26公分
譯自：La pâtisserie végétale
ISBN 978-986-130-667-4（精裝）
1.CST: 點心食譜　2.CST: 素食食譜

427.16　　　　　　　　　　　　　　　114009638

台灣廣廈

甜點教父PIERRE HERMÉ 純植物烘焙
法國傳奇糕點大師的零蛋奶、純素、無麩質創作！58款新式甜點配方與製作技法全書

作　　　者／皮耶．艾曼（Pierre Hermé）	編輯中心總編輯／蔡沐晨．編輯／許秀妃
王李娜（Linda Vongdara）	封面設計／曾詩涵．內頁排版／菩薩蠻數位文化
譯者．審訂者／Ying C. 陳穎	製版．印刷．裝訂／東豪．弼聖．秉成

行企研發中心總監／陳冠蒨
媒體公關組／陳柔彣
綜合業務組／何欣穎

發　行　人／江媛珍
法律顧問／第一國際法律事務所 余淑杏律師．北辰著作權事務所 蕭雄淋律師
出　　版／台灣廣廈
發　　行／台灣廣廈有聲圖書有限公司
　　　　　地址：新北市235中和區中山路二段359巷7號2樓
　　　　　電話：（886）2-2225-5777．傳真：（886）2-2225-8052

代理印務．全球總經銷／知遠文化事業有限公司
　　　　　地址：新北市222深坑區北深路三段155巷25號5樓
　　　　　電話：（886）2-2664-8800．傳真：（886）2-2664-8801
郵政劃撥／劃撥帳號：18836722
　　　　　劃撥戶名：知遠文化事業有限公司（※單次購書金額未達1000元，請另付70元郵資。）

■出版日期：2025年10月　　ISBN：978-986-130-667-4
　　　　　　　　　　　　　版權所有，未經同意不得重製、轉載、翻印。

Published in the French language originally under the title:
La Pâtisserie végétale
© 2023, Éditions Solar, an imprint of Édi8, Paris, France.